高含硫气田培训系列丛书

U0809728

气田开发技术

李中超　主编

中国石化出版社
·北京·

图书在版编目(CIP)数据

气田开发技术 / 李中超主编．--北京：中国石化出版社，2025.5．--(高含硫气田培训系列丛书)．
ISBN 978-7-5114-8020-0

Ⅰ．TE375

中国国家版本馆 CIP 数据核字第 2025YN6145 号

中国石化出版社出版发行
地址:北京市东城区安定门外大街 58 号
邮编:100011　电话:(010)57512446
发行部电话:(010)57512575
http://www.sinopec-press.com
E-mail:press@sinopec.com
北京科信印刷有限公司印刷
全国各地新华书店经销
*
787 毫米×1092 毫米 16 开本 14.5 印张 355 千字
2025 年 5 月第 1 版　2025 年 5 月第 1 次印刷
定价:102.00 元

编写指导委员会

主　　任　张庆生

副 主 任　蔡东清　王　飞　王德宇　李中超

　　　　　曹英斌　段金宝

成　　员　陈东升　朱机灵　章　胜　祖钦先

编写委员会

主　　任　曹英斌

副 主 任　刘长松　彭　君　吴红旗　刘　啸

　　　　　刘建亮　于艳秋　臧　磊

成　　员　朱德华　尹琦岭　彭鑫岭　古小红

　　　　　商剑峰　刘红磊　耿安然　杭广社

　　　　　张延风　李永生　王庆银　杨大静

　　　　　韩兴温　周　健　邵志勇

前　言

气田开发技术的应用与提升是不断提高气田开发水平的基础，贯穿于气田开发全过程。开发工作者的主要任务就是创新应用气田开发技术，持续深化气田开发规律认识，推动气田开发调整与优化，充分挖掘气田储量潜力，确保气田开发安全环保、高产高效。气田开发技术的总结、学习、推广、应用对气田的继承性高水平开发具有重要意义。

普光气田是中国石化在四川盆地东北地区发现的迄今为止我国规模最大、丰度最高的特大型整装海相高含硫气田，于2005年全面启动开发建设，同时开展了高含硫气田安全高效开发关键技术研究。经过"十一五"期间的持续攻关研究，解决了特大型、超深、复杂山地、特高含硫气田安全环保、高产高效开发这一世界级难题，建成国家"十一五"重点工程"川气东送"工程的主供气源——百亿立方米级特大型普光气田。目前，普光气田已累计产气超$1200 \times 10^8 m^3$。

普光气田经过近20年的安全高效开发，经济社会效益显著，形成了具有鲜明特色的开发技术。在持续完善、发展海相酸性气田开发技术的同时，致密气、页岩气开发技术也取得了积极进展。普光气田勘探开发工作在持续推进，涉及的气藏类型在增多、目的层段深度在加大，新的问题和挑战将不断推动开发技术的发展与进步。

在普光气田开发建设20周年之际，为了便于开发技术人员全面深入掌握已有开发技术，并适应气田发展需要创新发展新的开发技术，我们在认真梳理普光气田现有技术成果和气田开发资料的基础上，汇总分类、综合评价现有成熟开发技术，编写完成了《气田开发技术》培训教材。本教材内容共分10章，系统总结了前期气田地质及开发规律认识，重点介绍了多类型气藏开发技术实践和成果。编写人员在收集分析前期气田开发技术研究成果、试验成果、应用成果，技术方案、论文和总结评价材料的基础上，结合工作实践和体会，完成了构思和编写。本教材首先对川东北区块勘探开发历程、地层特征、构造特征、储层特征、气藏类型等基础地质情况进行了系统阐述，然后对储层预测、开发方案编制优化、开发动态监测、动态分析与调整挖潜等关键技术创新应用与成果进行了详细介绍，最后围绕气田勘探开发思路与规划，对川东北区块勘探开发前景进行了展望。本教材基础知识介绍简明扼要，地质认识、开发技术分析等都紧密贴近现场，适合新员工、转岗员工和现场操作人员学习培训使用，也可供开发管理、开发技术人员学习参考。

本教材由李中超主编，彭鑫岭、刘红磊、古小红、刘爱华统稿。第1章至第5章由刘爱华、卢瑜瑕、王姝、蒋光迹、胡杰、郝晓磊、杨波、王增刚编写，第6章由汪功怀编写，第7章由余启奎、王君刚、常玉丽、王家琛编写，第8章由余启奎、谢建瓴、蒋文才编写，第9章由刘爱华、蒋光迹、徐剑明、赵真、王增刚编写，第10章由蒋森堡编写。

本教材在编写过程中，得到了各级领导的高度重视和大力支持，吸取了行业内多位专家学者的意见和建议，王军、陈建、姜淑霞、曾浩、祖钦先、侯超、张纪喜、张椿华、任宏、崔长鹏、彭松、祖克威、姜鹏、姚鑫、王玥、魏勇明、陶敏、冯金燕、俞德恩、肖盈、张中等专家和技术骨干提供了基础材料和编写建议，此外编写工作还得到了中原油田党委组织部(人力资源部)、中原油田普光分公司、中原油田勘探开发研究院、中原油田培训中心(党校)等单位的技术支持，在此一并表示感谢!

高含硫气田开发生产管理经验在不断积累完善，恳请同志们在教材使用过程中多提宝贵意见，为进一步修订、完善提供借鉴和参考。书中不当及疏漏之处尚祈业内专家学者雅正。

目　　录

第1章　勘探开发历程

四川盆地是我国四大盆地之一，天然气资源最丰富，有“能源聚宝盆”之称。四川盆地面积约有$26\times10^4km^2$，横跨四川省和重庆市。中原油田分公司（简称中原油田）在四川盆地有两个勘探开发区块，即“宣汉—达县区块”和“通南巴区块”，两区块直线距离约50km，位于四川盆地东北部。普光气田位于“宣汉—达县区块”，通南巴气田位于“通南巴区块”。为了便于读者阅读参考，以下内容“宣汉—达县区块”也称普光气田，“通南巴区块”也称通南巴气田。

1.1　区块概况

宣汉—达县区块、通南巴区块尽管相距很近，但勘探开发历程、主力勘探开发层系及应用开发技术等方面有很大不同。

1.1.1　地理位置

普光气田位于四川省宣汉县境内，地面海拔300～600m。通南巴气田位于四川省通江县、南江县、巴中市境内，地面海拔400～1300m，距离普光气田130km（直线距离约50km）。普光气田和通南巴气田所在区域属中低山区，总体地势偏陡，沟壑纵横；气候温暖潮湿，年平均气温13.4℃，具有春雨、夏洪、秋涝、冬湿的气候特征，易发地质自然灾害；全区物产丰富，公路纵横交错，交通较为便利，便于气田的勘探和开发工程施工（图1－1）。

图1－1　川东北区块地理位置图

1.1.2 构造位置

普光气田和通南巴气田构造上都位于川东北断褶带，区内主要形成有北北东、北西向构造，总的特点是褶皱强烈，断裂发育(图1－2)。

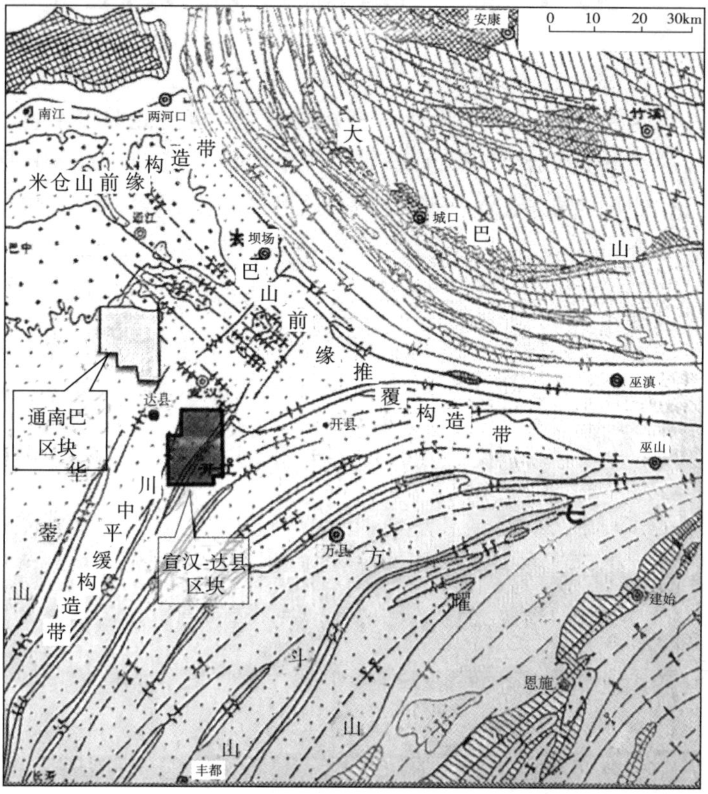

图1－2 川东北区块区域构造位置图

1)普光气田

普光气田构造上处于川东断褶带的东北段与大巴山前缘推覆构造带的双重叠加构造区，整体呈NEE(北东东)向延伸，北侧为大巴山弧形褶皱带，西侧以华蓥山断裂为界与川中平缓褶皱带相接。在地质地貌上呈一向北西突出的弧形展布，主要由一系列轴面倾向南东或北西的背、向斜构造及与之平行的断裂构造组成(图1－2)。

该区主要经历了燕山期及早、晚喜山期三期构造变形，主要形成有北北东、北西向构造。总的特点是褶皱强烈，断裂构造发育，圈闭个数多，圈闭面积小。发育三套脆性变形层、三套塑性变形层，以嘉陵江组上部至雷口坡组下部膏盐岩为最主要的滑脱层，志留系页岩为次要滑脱层，形成了上、中、下三个变形层，具有不协调变形特点。嘉陵江组上部至雷口坡组下部膏盐岩滑脱层和志留系页岩滑脱层形成封闭性很好的区域盖层(图1－3)。

下部变形层包括震旦纪—奥陶纪，主要为碳酸盐岩夹碎屑岩沉积。以志留系、下寒武统为顶底滑脱层，构造变形微弱，起伏平缓，有时表现为极宽缓的背斜，逆冲断层较少发育。

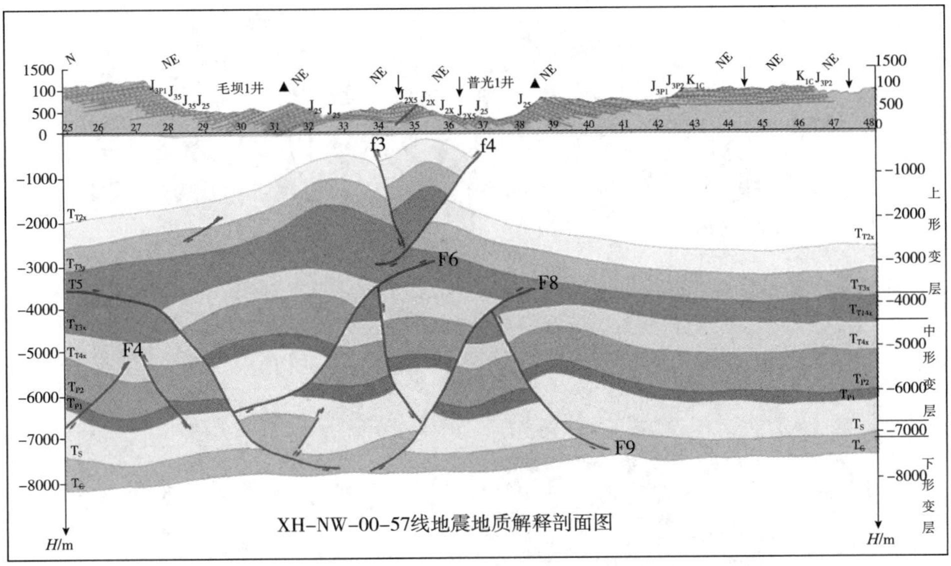

图1-3　宣汉—达县地区地质结构剖面图

中部变形层是本区高应变层，卷入地层为志留系—中三叠统，由中、下三叠统膏盐岩、灰岩及白云岩、二叠系灰岩和石炭系灰岩、志留系页岩组成。构造样式上表现为由一系列逆断层及相关褶皱组成叠瓦状推覆带。逆断层上陡下缓，消失于上部与基底滑脱层中。在本区，中变形层为受北东向断层控制的正负相间的构造格局，形成5个正向单元和5个负向单元；工区东南部受NW(北西)向构造改造，清溪场—宣汉县附近为北西向正负相间的构造格局，形成了2个正向单元和2个负向单元，应主要形成于晚燕山期至晚喜山期。

上部变形层以雷口坡组和嘉陵江组为滑脱层，主要发育于陆相地层中，以高陡褶皱变形为主要特征。以NW向构造为主，背斜带之间发育长轴、平行向斜，呈隆凹格局；NE(北东)向构造主要有北部的黄金口背斜，背斜狭长且不对称，其阻挡了北西向褶皱向南东延伸，二者呈T形相会，形成了横跨、反接、限制等复杂的复合关系。NW向构造左列、NE向构造右列，在宣汉一带形成"十"字交叉构造，在东西两侧分别形成旋卷复杂构造。

中构造变形层是目前本区主要勘探开发目的层段，普光构造所处的双石庙－普光构造带即为中构造变形层中东侧的一个NE向褶皱带。

2)通南巴气田

通南巴气田区域上位于四川盆地川东北褶皱带的东北段，北东向大型背斜构造带(图1-2)。其北侧为秦岭造山带南缘的米仓山冲断构造带，东北侧为大巴山前缘弧形推覆构造带，南邻川中低缓构造带。整体呈"两凹夹一隆"(通南巴背斜带、通江向斜、池溪向斜)构造特征。通南巴构造带纵向也具有3层构造变形特点：上部构造变形层由上三叠统须家河组及之上地层构成，中部构造变形层由志留系—中三叠统雷口坡组构成，下部构造变形层由志留系以下地层构成。上部构造变形层在印支期具NE向鼻状雏形，晚燕山期隆升褶皱形成NNE(北北东)向背斜，构造轴长超80km，褶皱构造向东南倾向于通江向斜，向西北与池溪向斜相连，晚喜山期主要受大巴山由北东向南西方向推覆运动影响，构造带上叠加了一组NW向构造，将构造带分割成南阳场、涪阳坝和黑池梁三个次级构造带(图1-4)。

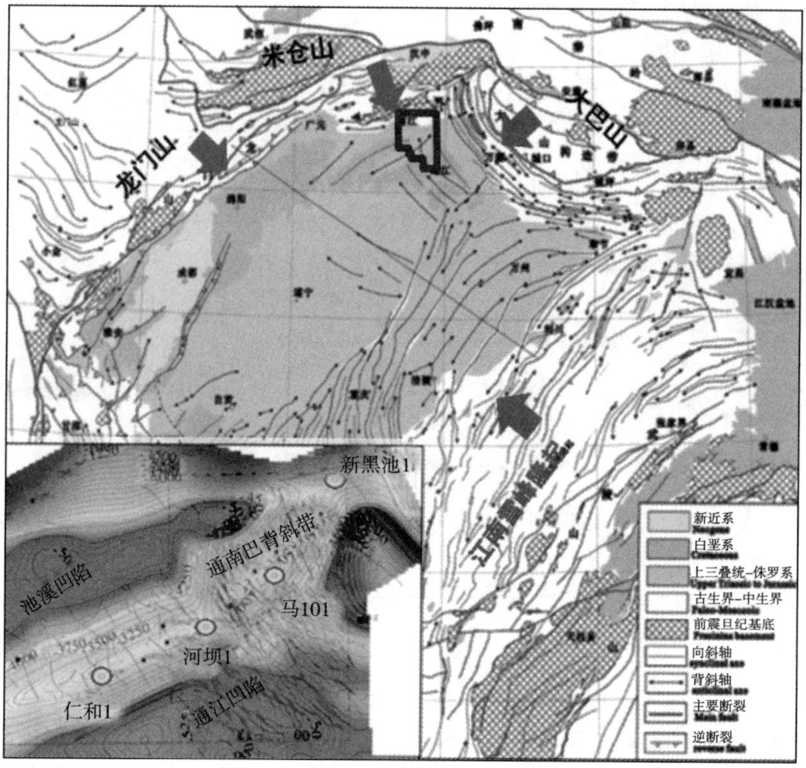

图1－4 通南巴气田区域构造图

上构造变形层是目前本区主要勘探开发目的层段。通南巴背斜带即为上部构造层中东侧的一个 NE 向断褶带。

1.2 勘探历程

四川盆地的勘探工作经历了从初步探索到技术革新，再到深层和超深层勘探的多个阶段。在 20 世纪 70 年代到 20 世纪末，随着先进的工程技术装备的引进应用，地质研究工作提高了对四川盆地油气地质问题的认识，在浅层发现了一些中小型气田。进入 21 世纪，中国石化在四川盆地的勘探工作者不断应用新理论、新技术和新方法，持续深化四川盆地油气成藏理论研究和地质认识，在深层海相地层的勘探上取得了突破，成果显著，先后发现了普光气田、元坝气田、涪陵页岩气田等，为实现“川气出川”奠定了坚实的资源基础。近年来，中国石化在四川盆地的勘探重点转向了陆相致密砂岩气、页岩气等，同时继续向深层和超深层海相拓展新的有利勘探层系。

1.2.1 普光气田

普光气田所在的双石庙—普光构造带于 20 世纪 50 年代始开展地面石油地质调查等工作。1965—1980 年开展了区域构造概查及构造预探，施工浅井 10 余口。1980—1990 年进行了构造带普查、局部构造详查、深层勘探，完成二维数字地震普查，部分测网达 2km ×

4km，共完成二维数字地震252.74km；位于东岳寨构造的川岳83井，于飞仙关组二段获工业气流；其间原四川石油管理局完成双石1井、雷西1、雷西2井共三口揭穿石炭系地层的探井。1990—1999年实施了川岳84井、川付85井及七里23井的钻探，皆未取得实质性突破。至此勘探工作陷于停滞状态。

中国石化南方勘探分公司2000年进行了高分辨率二维地震详查，测线长度680.112km。2001年11月3日部署的普光1井开钻，2003年4月27日钻至井深5700m完钻，完钻层位飞仙关组。2003年7月27日至2003年8月10日对飞仙关组二——一段5610.3~5666.24m井段(中部垂深5286.5m)进行常规测试，射孔厚度55.94m，天然气日产量$42.37\times10^4m^3$。普光1井飞仙关组飞二——一段测试获高产工业气流，成为普光气田的发现井。

普光1井在飞仙关组测试获高产工业气流后，2003—2004年中国石化南方勘探分公司组织完成了高分辨率三维地震详查面积$456.06km^2$，并先后对飞仙关组及长兴组开展了数轮精细构造解释工作，以多井地层精细对比为依据的构造解释，进一步落实了飞仙关组及长兴组气藏构造形态及断层分布情况。

2005年1月，根据普光1井、普光2井和普光4井资料，上报飞仙关组探明含气面积$27.2km^2$，天然气地质储量(Ⅱ类)$1143.63\times10^8m^3$。2006年2月在新增加了普光3、普光5、普光6、普光7等4口探井资料基础上，重新上报普光2井区飞仙关组—长兴组探明含气面积$40.86km^2$，探明天然气地质储量$2310.51\times10^8m^3$；其中，新增含气面积$18.39km^2$，新增探明天然气地质储量$1367.07\times10^8m^3$。2007年2月，又在新增加的普光8、普光9井资料基础上，上报普光8井区飞仙关组—长兴组探明含气面积$27.94km^2$，探明天然气地质储量$272.25\times10^8m^3$。2007年12月，普光气田主体飞仙关组—长兴组勘探工作全部完成，累计上报探明含气面积$59.58km^2$，天然气地质储量$2782.95\times10^8m^3$。其中，烃类地质储量$2112.04\times10^8m^3$，H_2S地质储量$420.57\times10^8m^3$，CO_2地质储量$250.30\times10^8m^3$。

2007年2月，在大湾1、大湾2井测试获工业气流情况下，上报大湾1井区探明含气面积$27.17km^2$，天然气探明地质储量$777.77\times10^8m^3$，包括飞仙关组探明含气面积$27.17km^2$，探明天然气地质储量$765.19\times10^8m^3$；长兴组探明含气面积$2.96km^2$，探明天然气地质储量$12.58\times10^8m^3$。2007年12月，在毛坝4、毛坝6井获工业气流的情况下，上报飞仙关组探明含气面积$7.49km^2$，探明天然气地质储量$251.85\times10^8m^3$。2008年12月在大湾102井和大湾1井飞三段试气获工业气流的情况下，上报大湾南飞仙关组探明含气面积$17.95km^2$，天然气探明地质储量$238.22\times10^8m^3$。2008年12月，大湾区块飞仙关组—长兴组勘探工作全部完成，累计上报探明含气面积$55.18km^2$，天然气地质储量$1267.84\times10^8m^3$。

1.2.2 通南巴气田

通南巴气田勘探历程可分为预探和评价两个阶段。

1)预探阶段(1958—2015年)

(1)海相井兼探马路背区块取得勘探突破。

通南巴气田于20世纪50年代开始地质调查等工作，60年代进行了重力、地磁测量，70年代开展了地震概查，90年代共完成二维地震测线35条，满覆盖总长度958km，测网达到(1~2)km×2km的详查程度，基本落实了通南巴背斜带构造形态，明确了地层和砂体的宏观分布规律；同时侦查腹地构造特征，发现新的圈闭及目标。2007 年马路背区块三维地震资料满覆盖，面积 1132km^2，同时部署实施的海相井马 1 井须四段射孔测试，获 $3.26\times10^4m^3/d$ 工业气流，马路背区块陆相油气勘探取得突破。

(2)通江区块取得勘探突破。

在持续展开马路背区块勘探的同时，为了扩大陆相层系勘探成果，于 2012 年在通江区块部署实施二维地震概查测线 9 条，满覆盖总长度 300km，测网密度约为 4km × 6km，落实了构造形态和地层格架，2015 年向构造相对低部位通江凹陷兴隆断褶带甩开部署实施马 3 井，该井须四 3 砂组射孔测试获产天然气 $10.12\times10^4m^3/d$，取得了通江区块须家河组的勘探突破，发现通江区块须四 3 砂组气藏。

2)评价阶段(2009 至今)

(1)马路背区块评价。

马 1 井突破后，为了落实气藏规模和扩大含气面积，针对须二、须四段气藏开展了多轮的勘探评价工作。2009—2011 年在马路背区块相继部署实施马 101 井、马 102 井、马 103 井、马 201 井，全部试获工业气流，其中马 101 井须二段下亚段射孔测试日产天然气 $60.11\times10^4m^3$、马 103 井须二段上亚段射孔测试日产天然气 $13.28\times10^4m^3$，发现了马路背须二段下亚段、须二段上亚段气藏。2009 年在马路背须四段、须二段下亚段气藏提交天然气探明地质储量 $191.62\times10^8m^3$。

2020—2021 年为落实马路背区块高产、稳产井的沉积模式、气藏类型，推动控制储量升级动用，相继部署了马 10 井等一批井。2021 年马 10 井在须二段上亚段射孔测试获得日产天然气 $3.55\times10^4m^3$、须二段下亚段加砂压裂测试日产天然气 $2.01\times10^4m^3$，勘探成果进一步扩大。

2023 年向南甩开部署水平井马 13H 井，向西甩开部署水平井马 14H 井，其中马 13H 井主探须三段砂泥煤新类型储层，目的层实钻录井解释储层发育，油气显示好。马 14H 井主探须二段砂岩储层，油气显示好。

(2)通江区块评价。

马 3 井突破后，2016 年通江区块部署实施三维地震 650km^2，通江三维地震资料满覆盖。落实了晚期北西向断裂改造有利于气藏富集，在通南巴气田整体含气背景下，落实了甜点区，整体部署、分步实施，逐步甩开。

2018 在通江凹陷兴隆断褶带向北、向西甩开部署实施马 4 井、马 5 井。其中，马 5 井在须四 3 砂组、须四 1 砂组均获工业气流；马 4 井在须二段上亚段、须二段下亚段获工业气流，进一步落实通江区块须四 1 砂组、须二段上亚段、须二段下亚段气藏，证实通江区块须家河组气藏多层系含气。随后进一步开展通江区块的须家河组精细构造解释，落实优质储层和有效裂缝成因机理，明确了成藏主控因素。2020 年进一步向南甩开部署马 6 井、马 8 井，其中马 6 井在须二段上亚段射孔测试、须四 3 砂组加砂压裂测试分别获日产天然气 $36.67\times10^4m^3$、$10.66\times10^4m^3$；马 8 井须四 1 砂组加砂压裂测试、须四 3 砂组射孔测试分别试获日产天然气 $20.63\times10^4m^3$、$3.2\times10^4m^3$，多层系再获高产气流。2021 年在须二段上亚段、须四 1 砂组和须四 3 砂组气藏提交探明储量 $323.67\times10^8m^3$。

2021—2023 年开展了通江及邻区须家河组整体回顾性评价，进一步深化了成藏富集机理，优化了甜点区。向东、向南分别甩开部署马 16 井和马 15 井，其中马 16 井须二段上亚段加砂压裂测试获日产天然气 2.14×10^4m^3，马15井须四1砂组加砂压裂测试获日产天然气10.35×10^4m^3。同时，针对马3井—马5井探明区部署了马301井、马501井，针对马6井向南向北分别部署实施马601井和马602井。其中，马301井须四段、须五段测试获日产天然气8.90×10^4m^3，证实了须四段大面积含气，同时发现须五段气藏。马601井、马602井在须二段上亚段和须四1砂组合层加砂压裂测试分别获日产天然气5.13×10^4m^3、4.16×10^4m^3，进一步证实了含气性，扩大了含气面积。

2009年12月上报通南巴气田须家河组须二下亚段和须四段探明含气面积51.52km^2，天然气探明地质储量191.56×10^8m^3。其中，须四段探明含气面积49.75km^2，天然气地质储量186.14×10^8m^3，须二下亚段探明含气面积1.77km^2，天然气地质储量5.42×10^8m^3。2021年10月19日上报通南巴气田须家河组须二下亚段、须二上亚段和须四段气藏探明含气叠合面积104.90km^2，天然气探明地质储量323.67×10^8m^3。

1.3 开发历程

普光气田提交探明天然气地质储量并投入开发的主要是中部海相上二叠统长兴组和中下三叠飞仙关组含气层系，属于上二叠统—中下三叠统成藏组合；通南巴气田提交探明地质储量并投入开发的主要是上部陆相上三叠统须家河组含油气层系，属于上三叠统—侏罗系成藏组合。

1.3.1 普光气田

普光气田是国内已探明规模最大的高含H_2S、中含CO_2的海相气田，主要包括普光主体、大湾区块、老君区块和分水岭区块等四部分，其中大湾区块又分为大湾气藏和毛坝气藏。气层主要发育在上二叠统长兴组和中下三叠飞仙关组地层，飞仙关组储层整体呈似块状连片分布，长兴组储层受生物礁控制呈点状分布。

2005年1月17日中国石化党组决定，中原油田分公司全面负责普光气田开发工作。2005年3月30日中原油田分公司成立普光气田开发建设工作协调领导小组和普光气田开发建设项目管理部。2005年4月1日中原油田分公司成立普光气田开发项目管理部。

在规模开发超深层、特高含H_2S气田方面，国内尚无成功的先例，更缺少成熟的开发经验、开发技术和人才队伍。这些因素决定普光气田开发工程是项高风险、高难度、极复杂的大型系统工程，面临巨大的风险和挑战。为安全高效开发普光气田，中国石化从2005年起，组织多批专家以多种形式，对国内外高酸性气田的开发、钻井、采气、集输、净化及相关配套技术、装备等进行调研和技术交流。

2005年9月20日中国石化发展计划部组织专家审查通过《普光气田19亿立方米产能建设可行性研究报告》。2005年11月23日中原油田分公司组织完成第一批6口开发井钻井设计，并通过中国石化油田勘探开发事业部组织的专家组审查。2005年12月28日第一口开发井PD-1(P302-1)井开钻，标志着普光气田产能建设现场工作启动。2006年12月25—26日国家发改委组织专家评审通过《川气东送工程项目可行性研究》(150×$10^8m^3/a$)。

2007 年 2 月 14 日普光气田开发工程和净化厂工程环境评价获得国家环保部批复。2007 年 4 月 9 日国家发改委批复《川气东送工程项目可行性研究》。2008 年 2 月 26 日中原油田分公司撤销“中原油田分公司普光气田开发项目管理部”，成立“中国石油化工股份有限公司中原油田普光分公司”。

2008 年 3 月 30 日中国石化油田勘探开发事业部组织专家审查通过《普光气田主体开发调整(优化)方案》，2008 年 4 月 30 日中国石化油田勘探开发事业部组织专家审查通过《普光气田大湾区块开发(优化)方案》。2008 年 9 月 3 日大湾区块第一口开发井 D402 - 2H 井开钻，标志着大湾区块产能建设现场工作启动。2008 年 12 月 8 日普光 302 - 1 井完成投产作业施工，普光气田一期 $20\times10^8m^3/a$ 产能建设 9 口开发井完成投产作业施工。

2009 年 10 月 12 日，$20\times10^8m^3/a$ 产能地面集输系统建压至 8.3MPa 后，打开通往净化厂第一联合装置闸阀，标志着普光气田正式投产，净化厂第一联合一系列引原料气投料试车成功，净化厂投产第一天生产出 $48.27\times10^4m^3$ 合格的商品天然气，通过天然气管道输往普光首站，净化厂商品天然气正式开始外输。2009 年 10 月，普光气田后 $85\times10^4m^3/a$ 产能建设工程顺利完成并开井投产，气井和集输系统生产安全，运行平稳。大湾区块于 2012 年 3 月 28 日正式投产，普光气田产能建设工程全面顺利完工，普光气田整体建成天然气产能超 $100\times10^8m^3/a$，建成百亿立方米级大气田。

截至 2024 年 6 月，累计生产天然气超 $1200\times10^8m^3$。整体开发指标达到或优于开发方案设计，实现了安全高效开发，为实现“川气东送”工程战略目标做出了积极贡献。

1.3.2 通南巴气田

通南巴气田投入开发的主要是上三叠统须家河组须二段和须四段含气层段，属于致密砂岩气藏，具有埋藏超深、储层物性差、气水关系复杂等特点，建产投入大，气井产能低，规模效益开发难度非常大。2021 年通南巴区块在中国石化内部流转给中原油田。从 2021 年开始，中原油田组织开展了相关攻关研究工作，并基于研究成果，进行了老井复试与水平井、大斜度井大规模体积压裂等开发试验。

2021—2022 年针对马 2 井、马 201 井和九龙 1 井开展复试，3 口井在须二上亚段均获得了工业气流。其中，九龙 1 井在须二上亚段压裂测试获得天然气日产量 $5.10\times10^4m^3$，评价无阻流量 $17.46\times10^4m^3/d$，试采效果好，目前已累计产气 $5000\times10^4m^3$。

2021—2023 年以“须二段为主，兼顾须四段”的思路部署实施了一批水平井及大斜度井，进行提产攻关。在马 1 井区部署实施大斜度井马 1 - 11 井及水平井马 1 - 13H 井，在马 1 - 12 井区部署实施大斜度井马 1 - 12 井，在九龙 1 井区部署实施水平井马 2 - 5H 井、大斜度井马 2 - 7 井。在马 5 井区部署实施水平井马 303 - 2H 井，采用分段大规模加砂压裂，马 1 - 11 井、马 1 - 13H 井、马 1 - 12 井、马 2 - 5H 井、马 2 - 7 井和马 303 - 2H 等 6 井测试分别获得天然气日产量 $5.10\times10^4m^3$、$18.60\times10^4m^3$、$6.87\times10^4m^3$、$6.93\times10^4m^3$、$9.21\times10^4m^3$、$13.82\times10^4m^3$，取得了较好的效果，证实了通江—马路背地区须家河组致密砂岩气藏采用水平井和大斜度井大规模体积压裂改造提产效果好。

截至 2024 年 6 月，通南巴气田须家河组累计采气 $9.02\times10^8m^3$，试采效果好。通南巴气田产能建设工作正全面推进。

第2章　地层特征

地层是一层或一组具有某种统一的特征和属性的岩层，与上下层有着明显区别的岩层(图2－1)。陆地环境，如河流、湖泊等环境，沉积形成的地层称为陆相地层。海洋环境，如滨海、浅海、深海等环境，沉积形成的地层称为海相地层。地层具有时代的概念，也有上下或新老关系，这叫作地层层序，也就是相当一本书的页次。如果地层未受到扰动，或未发生逆转，则越处于下部的地层越老，越处于上部的地层越新，这种地层顺序叫作正常层位。地壳上的岩石和地层，形成过程的时间(年龄)和顺序，称为地质年代，不同的地层形成于不同的地质年代。地质年代表述单位包括宙、代、纪、世、期、时，地层表述单位包括宇、界、系、统、阶、带，两者是相互对应的(图2－2、表2－1)。

图2－1　地层(岩层)野外露头

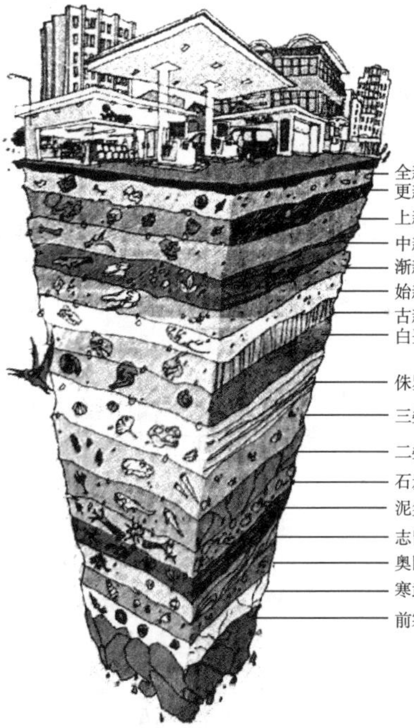

图2－2　地层层序与地质年代示意图

组成地壳的地层是错综复杂的，因某时代地壳上升造成地层缺失，或者因构造变动如逆掩断层造成层序颠倒。地层既要整理出上下顺序，又要确定地层时代和划分出不同等级的阶段，这种工作叫作地层的划分。地层的划分是指对一个地区的地层进行时代的划分；如果把不同地区的地层进行层位和时代的比较，则称为地层对比。我们进行地层划分和地层对比，主要依据实钻井资料和地面露头资料等。

表 2－1　川东北地区地层简表

界	系	统	组	段	层位代号	厚度/m	岩性描述	岩相特征	构造事件
中生界	白垩系		剑门关组		K_1j	680～1100	棕红色泥岩与灰白色岩屑长石石英砂岩	浅湖与河流相	燕山中幕
	侏罗系	上统	蓬莱镇组		J_3p	600～1000	棕灰、棕红色泥岩与棕灰、紫色长石岩屑砂岩	浅湖与河流相	
			遂宁组		J_3s	310～420	棕红色泥岩夹细粒岩屑砂岩	浅湖与滨湖相	
		中统	上沙溪庙组		J_2s	13.5～2273	棕紫色泥岩与灰绿色岩屑长石石英中、细砂岩互层，含钙质团块	浅湖与河流相	
			下沙溪庙组		J_2x	327.5～530	棕紫色泥岩与细粒长石岩屑砂岩不等厚互层，顶有黑色页岩，底部发育厚层砂岩	湖泊与河流相	
			千佛崖组		J_2q	274～504	中下部棕色、灰色泥岩与浅灰、灰绿色细、中粒岩屑砂岩不等厚互层，中部夹深灰、黑色页岩	浅湖与滨湖相	燕山早幕 印支晚幕 印支中幕 印支早幕
		下统	自流井组		J_1z	253～464	顶有灰褐色介壳灰岩，中下部灰绿色、灰色泥岩，与灰色岩屑砂岩互层	湖相与河流相	
	三叠系	上统	须家河组		T_3x	468～1000	中上部黑色页岩、泥岩夹岩屑砂岩、煤线，中下部灰白色块状细粒岩屑砂岩、深灰色灰色泥岩互层，夹煤线，底部黑色页岩	辫状河三角洲	
		中统	雷口坡组	三段	T_2l_3	12～333	以深灰色灰岩、云岩为主夹硬石膏灰岩	浅滩潮间	
				二段	T_2l_2	55～590	深灰色云岩、灰岩夹或与硬石膏互层	潮间	
				一段	T_2l_1	32～243	硬石膏夹云岩及砂屑灰岩，底为“绿豆岩”	潮间	
		下统	嘉陵江组	四—五段	T_1j_{4-5}	88～673	硬石膏、盐岩互层，夹云岩、膏质灰岩、云质灰岩、灰质云岩，局部表现为上部膏盐岩为主，下部夹云岩夹鲕或粒屑云岩	潮间	
				三段	T_1j_3	100～230	灰色云岩夹硬石膏及砂屑灰岩	浅海台地	
				二段	T_1j_2	99～211	云岩、砂屑云岩，间夹硬石膏	潮间	
				一段	T_1j_1	263～382	深灰色、紫灰色灰岩、泥灰岩互层	浅海台地	
			飞仙关组	四段	T_1f_4	25～74	灰紫色泥岩与硬石膏，灰白色云岩	蒸发台地	
				一—三段	T_1f_{1-3}	400～640	部分地区为鲕粒云岩与灰色灰岩；部分地区为灰色灰岩，紫灰色泥质、泥灰岩，上部夹鲕灰岩	陆棚－台地边缘－台地	川黔运动

续表

界	系	统	组	段	层位代号	厚度/m	岩性描述	岩相特征	构造事件
上古生界	二叠系	上统	长兴组		P_2ch	92～240	灰色生物灰岩和/或溶孔云岩，含燧石层	陆棚－浅海台地	川黔运动
			龙潭组		P_2l	91～210	灰色燧石灰岩含燧石层，底为黑色页岩	浅海台地兼有台凹	
		下统	茅口组		P_1m	181～270	深灰色灰岩，顶有硅质，下部夹泥质灰岩	浅海台地	
			栖霞组		P_1q	100～130	深灰色灰岩，含燧石结核	浅海台地	
			梁山组		P_1l	5.5～7.5	黑色页岩夹砂岩	滨岸	加里东运动
	石炭系	中统	黄龙组		C_2h	5～70	云岩夹灰岩	浅海台地兼潮间	
下古生界	志留系	中下统	韩家店组		S_2h	600～900	灰绿、棕灰色砂质、粉砂质泥岩，泥岩，黑色、深灰色页岩	陆棚	

目前，川东北地区勘探开发层系自上而下主要涉及侏罗系、三叠系和二叠系地层；以下深层石炭系、泥盆系、志留系、奥陶系、寒武系等地层是远景勘探开发目标层系。

为了便于参考应用，这里根据勘探开发实际，结合构造变形和成藏组合特征，以构造变形滑脱层“雷口坡、嘉陵江组”和“志留系”地层为界(图1－3)，把三叠系上统须家河组及以上陆相地层称为“上部陆相地层”，三叠系中统雷口坡组到石炭系黄龙组海相地层(泥盆系地层缺失)称为“中部海相地层”，志留系及以下海相地层称为“深部海相地层”。

“宣汉—达县区块”投入试采的陆相含油气层段主要为侏罗系中统千佛崖组、侏罗系下统自流井组、三叠系上统须家河组等，属于“上部陆相地层”；投入开发的含气层段主要为三叠系下统飞仙关组及二叠系上统长兴组等，属于“中部海相地层”。“通南巴区块”投入开发的含气层段主要为三叠系上统须家河组等，也属于“上部陆相地层”。

介绍上部陆相地层特征，以通南巴气田实钻地层资料为例；介绍中、深部海相地层特征，以普光气田实钻地层资料为例。

2.1　上部陆相地层

川东北地区上部陆相地层自上而下主要发育侏罗系的千佛崖组、自流井组和三叠系上统的须家河组。这里以通南巴气田实钻成果资料为主，介绍上部陆相地层的发育特点。

2.1.1　侏罗系千佛崖组

千佛崖组为一套滨湖与线湖相沉积，地层厚度274～504m，自上而下可划分为千(千佛崖)三段、千二段和千一段三个岩性段。

千三段：中上部岩性主要为页岩、粉砂质泥岩，局部见有厚层箱状细砂岩；下部主要为细砂岩或粉砂岩与泥岩呈不等厚互层。

千二段：主要发育泥岩。

千一段：下部发育泥页岩夹薄层粉砂岩、泥质粉砂岩，向上逐渐过渡为厚层块状砂岩与泥岩互层。

普光气田千佛崖组投入试采的页岩气层主要分布在千一段中下部(3 小层)、致密砂岩气层分布在千一段上部(5 小层)；通南巴气田千佛崖组正在进行勘探评价工作。

2.1.2 侏罗系自流井组

自流井组主要为河流相沉积，地层厚度 253 ~ 464m，自上而下分为大安寨段、马鞍山段、东岳庙段、珍珠冲段四个岩性段。

大安寨段：页岩与生物介壳灰岩不等厚互层为主，上部夹泥岩，泥灰岩及细砾岩凸镜体。

马鞍山段：泥岩、粉砂质泥岩为主，夹细砂岩、泥质砂岩、泥质粉砂岩，间夹薄层的黑色炭质泥岩。

东岳庙段：泥岩、粉砂质泥岩为主，夹粉砂岩、泥质粉砂岩。

珍珠冲段：泥岩、粉砂质泥岩与灰色细砂岩、砂岩、粉砂岩呈不等厚互层，局部夹黑色煤层。

普光气田大安寨段含气层段正进行试采评价工作。

2.1.3 三叠系须家河组

须家河组地层主要为辫状河三角洲沉积，自上而下划分为六段，本区须六段和须一段地层部分缺失。

须六段：细砂岩夹薄层泥岩、粉砂质泥岩。

须五段：细砂岩、粉砂岩、泥质粉砂岩与泥岩、粉砂质泥岩呈略等厚互层，间夹煤层、炭质泥岩。

须四段：细砂岩、粉砂岩、石英砂岩为主，夹泥岩、粉砂质泥岩、炭质泥岩、黑色煤线。

须三段：泥岩、粉砂质泥岩夹泥质砂岩、泥质粉砂岩、黑色煤层、炭质泥岩。

须二段：中、细砂岩、砂岩、泥质砂岩、泥质粉砂岩为主，夹泥岩、粉砂质泥岩，间夹黑色煤层，或黑色炭质泥岩。

须一段：深灰色泥岩、粉砂质泥岩。

普光气田须家河组二段、三段和四段含气层已经投入试采。通南巴气田须家河组二段、四段含气层已经投入开发，三段和五段处于勘探评价阶段。

普光气田和通南巴气田上部陆相地层物源有差别，对应岩石矿物组分和颗粒大小等有差异。须家河组储层基质孔隙度、渗透率相对较差，但通南巴气田构造改造相对普光气田更强烈，裂缝更发育，局部储层物性相对较好，具备高产气井地质条件。

2.2　中部海相地层

川东北中部海相地层自上而下主要发育三叠系的雷口坡组、嘉陵江组、飞仙关组，二叠系的长兴组(大隆组)、龙潭组、茅口组、栖霞组、梁山组和石炭系黄龙组等地层(区内泥盆系地层缺失)，是普光气田目前主要勘探开发目的层段。中部海相地层在通南巴气田的勘探工作尚未有突破(表2-1)。这里以普光气田实钻成果资料介绍中部海相地层的发育特点。

2.2.1　三叠系雷口坡组

雷口坡组是普光气田飞仙关组和长兴组气藏的盖层，锂钾资源丰富。地层厚度375m左右，自上而下划分为雷三段、雷二段、雷一段。

雷三段：以厚层灰岩、泥灰岩为主，夹白云岩及灰质白云岩薄层，底部见薄层硬石膏岩。

雷二段：主要为白云岩、灰质白云岩、膏质白云岩与薄、中厚层硬石膏岩不等厚互层。

雷一段：白云岩、泥质白云岩与薄层硬石膏岩呈不等厚互层。

2.2.2　三叠系嘉陵江组

嘉陵江组是普光气田飞仙关组和长兴组气藏的主要盖层。地层厚度1350m左右，自上而下划分为嘉四—五段、嘉三段、嘉二段、嘉一段。

嘉四—五段：厚层硬石膏岩与巨厚层盐岩、厚层膏盐岩呈不等厚互层，间夹薄层白云岩、灰岩、膏质白云岩。

嘉三段：以厚层灰岩为主，底部夹薄层膏质白云岩、灰质白云岩、泥灰岩。

嘉二段：为厚层硬石膏岩与灰岩、白云质灰岩略等厚互层。

嘉一段：以巨厚层灰岩为主，上部夹泥灰岩薄层。

嘉陵江组锂钾资源丰富，目前地方政府已开始组织相关企业进行开发评价工作，应地方政府的要求，中原油田也参与了这项评价工作。

2.2.3　三叠系飞仙关组

飞仙关组自上而下划分为飞(飞仙关)四段、飞三段、飞一二段。

飞四段：白云岩、灰岩、石膏质白云岩与灰白色石膏不等厚互层，以石膏层发育为特征。地层厚度一般在50m左右，整体由东向西增厚，石膏层趋于更发育。

飞三段：灰色、深灰色中至厚层状含泥灰岩、微晶灰岩、白云岩夹鲕粒灰岩、砂屑灰岩、溶孔状白云岩。普光气田主力开发层系。

飞一二段：灰色、深灰色结晶白云岩、溶孔状白云岩、鲕状白云岩、残余藻屑白云岩。普光气田主力开发层系。

2.2.4 二叠系长兴组(大隆组)

长兴组(大隆组)沉积期，宣汉—达县区块东北部为浅水区，西南部为深水区，同期沉积形成了两种不同岩性的地层。东北部区域(老君—普光主体—大湾—毛坝—分水岭一带)以生物礁滩沉积为主，称为长兴组；西南部区域(宣汉东、双石庙、雷音铺、双庙场、铁山北一带)以泥岩、页岩沉积为主，称为大隆组。

长兴组：发育在区块东北部，地层厚度92～240m，顶部为含白云质、硅质、泥质灰岩。中、上部为中厚层状生物礁灰岩、生屑灰岩或溶孔云岩，以富含燧石结核为特征。底部主要为纯灰岩。普光气田主力开发层系。

大隆组：发育在区块西南部，地层厚度40～500m，主要为灰黑、深灰色炭质泥岩、页岩，上部夹深灰色泥质灰岩。普光气田海相页岩气主要试采评价层段。

2.2.5 二叠系龙潭组

龙潭组主要岩性为灰色燧石灰岩含燧石层，底为黑色页岩。普光气田海相页岩气主要勘探评价层段。

2.2.6 二叠系茅口组

茅口组主要岩性为深灰色灰岩生物灰岩，顶有硅质岩，下部夹泥质岩。普光气田碳酸盐岩岩溶气层主要勘探评价层段。

茅二段以灰白色块状灰岩为主，层间夹页岩。

茅一段为深灰色灰岩，含泥质较多，夹黑色炭质页岩。井下多为褐灰到深灰色灰岩、生物灰岩、含燧石灰岩等。底为黑色薄层灰岩夹炭质页岩，与下伏栖霞组呈整合接触。

2.2.7 二叠系栖霞组

栖霞组厚100～130m，总体为深灰色到灰黑色薄层—块状灰岩。上部硅质夹层与泥质灰岩较少，生物碎屑较多，灰岩色渐变浅、质较纯，层理不发育。中、下部泥质灰岩与硅质灰岩较多。底部以黑色生物碎屑灰岩夹黑色炭质页岩与下伏梁山组呈整合接触。

2.2.8 二叠系梁山组

梁山组厚度较薄，为5.5～7.5m，深灰色、黑色碳质页岩、夹黏土岩及煤线，局部夹薄层灰岩，与下伏石炭系黄龙组灰岩或白云岩呈假整合接触。

2.2.9 石炭系黄龙组

石炭系主要发育中石炭统黄龙组，在宣汉—达县地区残厚5～70m，东南厚度较大，向西北减小或缺失。岩石类型主要为灰色角砾状白云岩，角砾状灰岩。保留较全的大致可为三分类：上段以灰岩为主、间夹白云岩；中段白云岩较发育，中含生物屑、鲕粒、角砾白云岩，是主要的天然气产层段；下段为膏盐岩与灰岩，与下伏志留系页岩呈假整合接触。普光气田远景勘探评价层段。

2.3　深部海相地层

深部海相地层自上而下主要包括志留系、奥陶系、寒武系及以下地层，是川东北区块的远景勘探目标层系(表2－1)。

志留系仅残存中下统韩家店组、小河坝组和龙马溪组地层，在本区厚度为600～900m，为滨岸陆棚沉积，主要为灰绿、棕灰色、深灰色页岩、砂质页岩及泥质粉砂岩或砂岩等。

韩家店组：主要发育灰绿、棕灰色砂质、粉砂质泥岩，黑色页岩。

小河坝组：主要发育中、上部黄灰、灰、浅灰、深灰色薄层粉砂岩、灰质粉砂岩、泥质粉砂岩，与深灰、灰色泥岩、粉砂质泥岩互层，夹薄层深灰色生屑灰岩；下部灰色泥岩、含灰泥岩、粉砂质泥岩夹浅灰色粉砂岩。

龙马溪组：灰色泥岩、粉砂质泥岩夹灰、浅灰色粉砂岩、泥质粉砂岩。底部为灰黑、深灰色泥岩夹粉砂岩。

普光气田深部海相地层志留系韩家店组、龙马溪组发育砂质、粉砂质泥岩、页岩，在普光气田主体开展地震预测研究发现具有含气性检测异常特征显示，是下步重点勘探目的层段，有望实现勘探突破。

其他深部海相地层实钻地层资料很少，这里暂不赘述。

第3章　构造特征

由于地壳运动造成地层变形(或变位)形成的各种地层形态叫作地质构造。地质构造分为褶皱构造和断裂构造。在地壳运动所产生的构造力作用下，使水平岩层变成波状弯曲形态，但尚未失其连续完整性，这样的构造叫作褶皱构造。地层向上弯曲(凸起)部分叫作背斜，也称背斜构造；地层向下弯曲(凹陷)部分叫作向斜，也称向斜构造。背斜构造是最有利的油气聚集场所，是油、气田中最常见的油、气圈闭类型。褶皱构造是两个或多个背斜和向斜的联合(图3－1)。断裂构造是指岩层在地壳运动的影响下，发生机械破裂而形成的构造，包括断层、裂缝等。若岩层沿破裂面没有显著位移，称为裂缝；裂缝与油、气运移、聚集和油、气开采关系均很密切；裂缝可以增加油、气层的渗透性，从而提高油、气层的产油、气能力和注水能力，也可能引起采油、气井爆性水淹，影响油、气开采。若岩层沿破碎面有显著位移，称为断层(图3－1)。断层在油、气藏中分布广泛，其规模大小不一，对油、气聚集和油、气田开发有着不同的影响。

图3－1　地质构造模型图

宣汉—达县区块和通南巴区块构造上位于川东北断褶带，主要形成有北北东、北西向构造，总的特点是褶皱强烈，断裂发育。普光气田投入开发的主要是中部海相地层，通南巴气田投入开发的主要是上部陆相地层，两者构造特征差异较大。这里重点介绍宣汉—达县区块中部海相地层构造特征和通南巴区块上部陆相地层构造特征。

3.1　宣汉—达县区块

宣汉—达县区块中部海相地层构造按照断层走向分为北东向和北西向两组断裂体系。区内主要发育东岳寨—普光构造、大湾构造、毛坝构造、普光西构造、老君庙构造、分水岭构造、铁山北构造、宣汉东构造、双庙构造、雷音铺构造及清溪场构造等。这里重点介绍普光构造、大湾构造和毛坝构造特征(图3－2)。

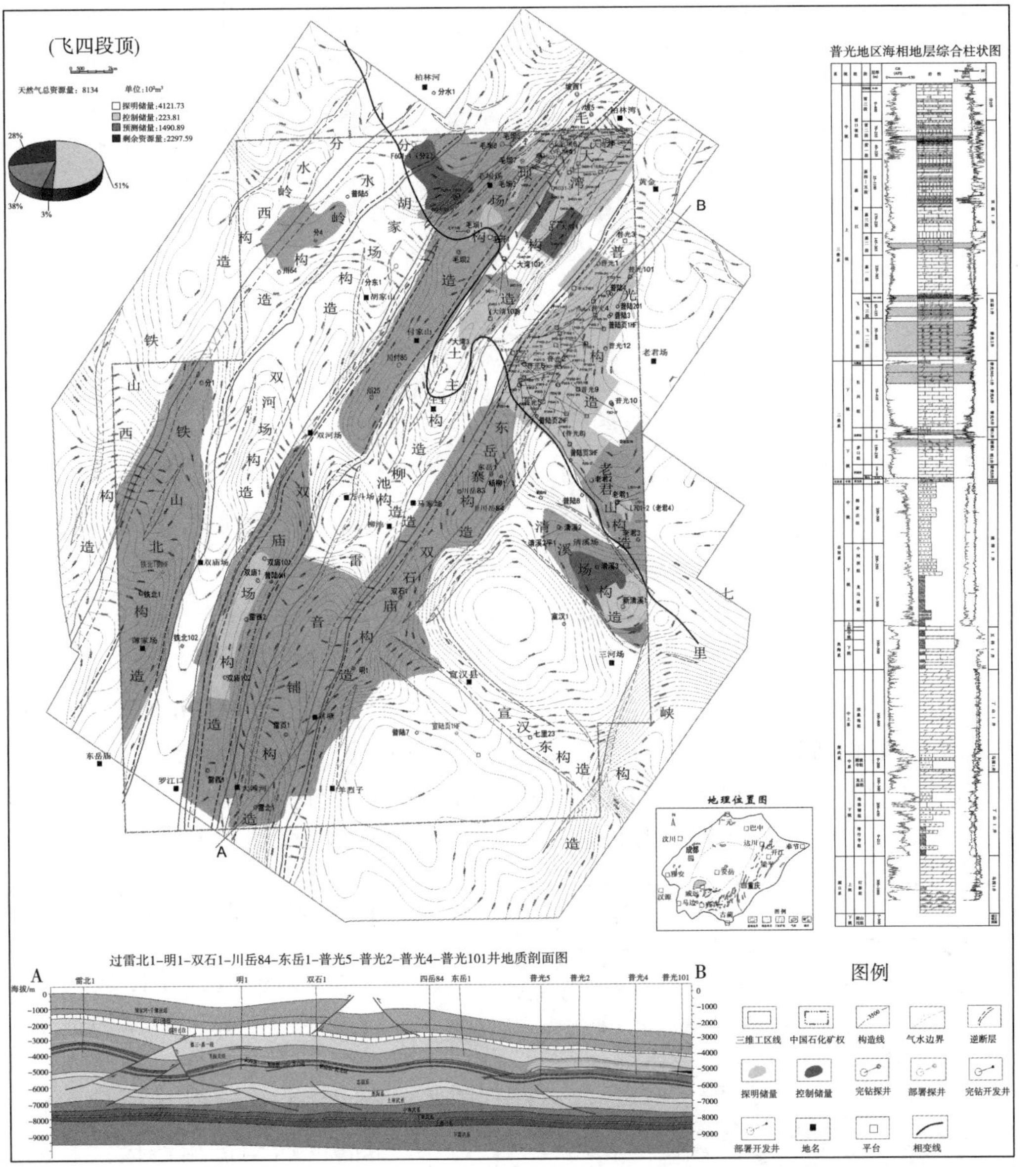

图3-2 宣汉—达县区块综合构造图

3.1.1 普光构造

普光构造整体表现为与逆冲断层有关的、西南高北东低、NNE走向的大型长轴断背斜型构造，构造位置处于双石庙—普光背斜带的北段，主要发育于嘉陵江组以下的中部海相地层中。断裂系统分为北东向和北西向两组，包括东岳寨—普光、普光7、老君庙南及普光3等四条断层，其中东岳寨—普光断层是普光构造的主控断层。普光3断层将普光构造分为两个次级圈闭：普光2块圈闭、普光3块圈闭，开发上简称为普光2块和普光3块（图3-3）。

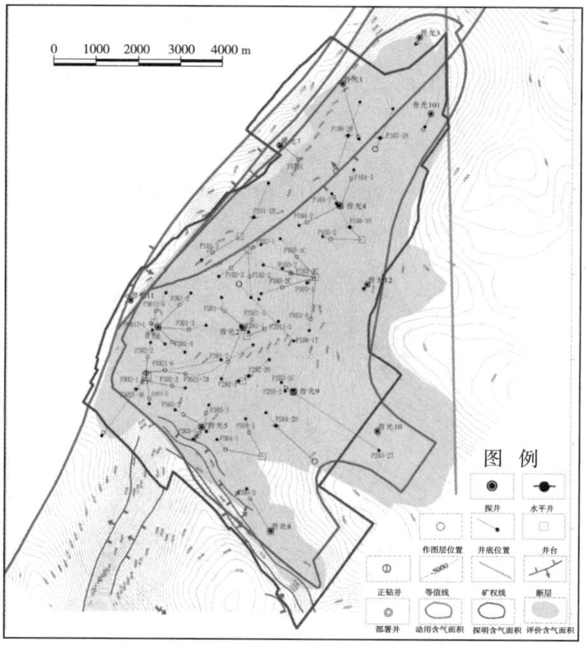

图 3-3 普光气田主体飞一二段顶面构造图

普光 2 块西北与普光 3 断层和普光 7 断层相邻，断层封闭；西南至相变带和普光南断层，东南与老君构造相邻，受储层边界控制，为一典型的构造—岩性圈闭。

普光 3 块西侧与普光 7 断层相邻，东侧为普光 3 断层，向东北逐渐倾伏。东北受储层边界线控制，其他各方向则受断层遮挡，也是一个构造—岩性圈闭。

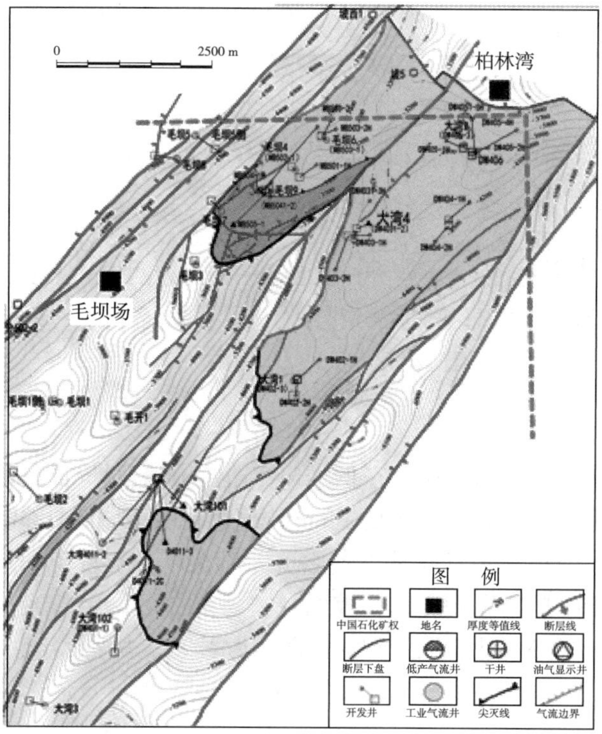

图 3-4 毛坝－大湾区块飞一二段顶面构造图

3.1.2 大湾构造

大湾构造为铁山坡构造向区内延伸的南翼，整体构造格局由南向北逐渐抬升，东西通过大湾东、西两条断层分别与毛坝构造和普光西构造相连接，为一轴向北北东向的背斜构造。大湾构造北部飞仙关组沉积环境与普光主体相似，南部储层边界线明显。因此，大湾构造整体是以毛坝东断层与大湾东断层作为东西边界，南部边界线与北部的大湾 2 北断层共同形成的构造—岩性圈闭。高点埋深分别为海拔 -3880m、-4090m，比普光构造主体构造高点浅 700 ~ 900m（图 3-4）。

3.1.3　毛坝构造

毛坝构造位于毛坝场—双庙场构造带北端，是受毛坝东断层、毛坝西断层以及多条次级断层控制的长轴背斜构造，背斜长轴走向 NE。构造西翼陡东翼相对较缓，构造主体高部位位于毛坝 3 井—毛坝 4 井—坡 5 井区一线。由于毛坝 3 北断层的分隔作用，将毛坝场构造分为毛坝 3 和毛坝 4 两个次级构造—岩性圈闭构造(图 3－4)。

3.2　通南巴区块

通南巴区块主要受三期构造影响，燕山中期，龙门山向东南推覆挤压，发育北东向构造、断裂；燕山晚期，米仓山由北向南逆冲推覆，形成东西向断裂系；喜山期，大巴山由北东向南西方向逆冲推覆，形成北西向断裂系及褶皱构造，形成了“两凹一隆一推覆带”构造格局。从北往南依次为米仓山推覆带、池溪向斜带、通南巴背斜带、通江向斜带(图 3－5)。

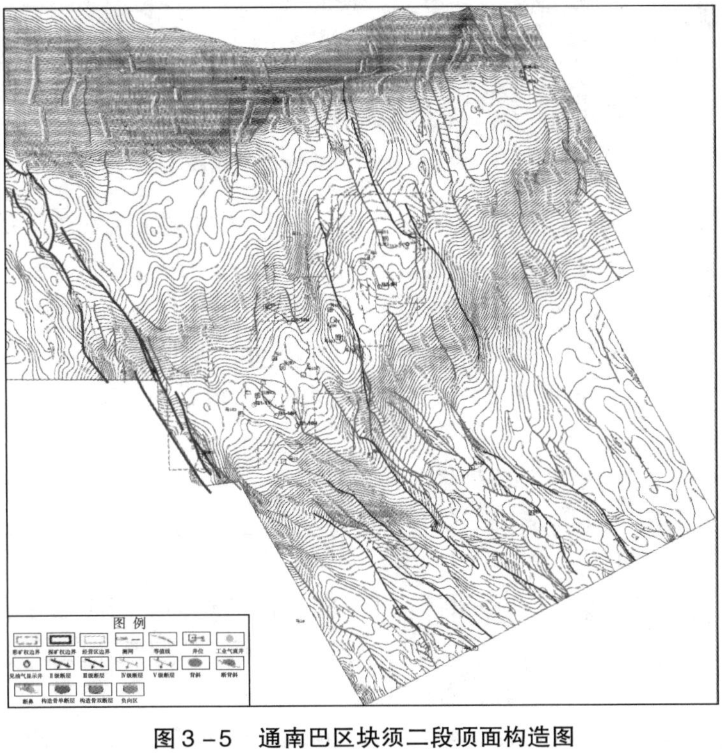

图 3－5　通南巴区块须二段顶面构造图

全区共对比追踪了三叠系上统须家河组主要目的层 TT_3x^2、TT_3x^3、TT_3x^4、TT_3x^5 四个反射波组(图 3－6)，分别对应于须二段底、须三段底、须四段底、须五段底，井震标定，波组对应关系较好，各地质属性与波组特征分述如下：

须二段底(TT_3x^2)：本区须二段底部主要发育须二中低速泥页岩及局部发育的须二下低速的砂泥与雷口坡组高速厚层白云岩或角砾岩接触，地震剖面为中强波峰地震反射界面，全区反射能量较强，可以连续追踪。

须三段底（TT_3x^3）：须三段底部低速泥岩和须二段较高速砂岩接触，地震剖面为强波峰地震反射界面，在全区可连续追踪。

须四段底（TT_3x^4）：须四段较高速度的砂岩与须三段顶部泥岩的分界面，地震剖面为中等反射强度的波谷地震反射界面，全区反射能量由弱到中等，波形不稳定，呈断续状分布，全区可追踪。

须五段底（TT_3x^5）：须五段底部低速泥岩和下伏须四段厚层砂岩接触，地震反射特征为中强振幅波峰，在全区可追踪，区域有变化。

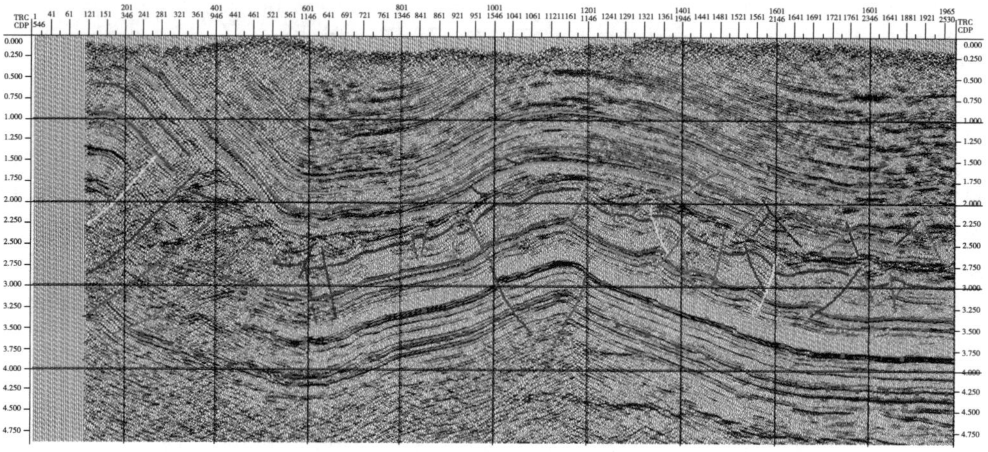

图3－6　通南巴区块地震剖面图

受区域构造背景控制，区块断裂系统发育。工区内主要发育北西—北北西走向逆断层，平面多呈雁列式，纵向上切割嘉陵江组—上侏罗统。根据断层断距、延伸长度、组合样式、断穿层位开展断层分级，划分为二级、三级、四级、五级、六级断裂。其中，发育二级断裂1组，发育三级断层12条，断距110～250m，延伸长度＞5.0km；四级断层85条，断距50～200m，延伸长度2.0～6.0km；五级、六级断裂151条，断距＜50m，延伸长度0.5～3.0km。

二级控区带断层：燕山中、晚期北西向断裂，活动强烈，断距变化最大（＞250m）纵向上，纵向呈“多字形”向上一直断至侏罗系顶部，甚至到地表；单条断层一般上切至侏罗系顶部，下切至嘉陵江组；

三级控藏断层：喜山晚期北西向断裂F1～F8，活动较强，断距变化大（110～250m）。平面上有错段、分叉现象，纵向呈“多字形”向上一直断至侏罗系顶部，甚至到地表；单条断层一般上切至侏罗系顶部，下切至嘉陵江组。

四级断层特征：规模相对较大，断距50～200m，延伸长度2.0～6.0km，切穿须家河组，沟通多套含油气系统。

五级及以上断层特征：断距小（＜50m），大多数发育在须家河组内部，向下切至嘉四、嘉五段膏盐层中，向上断至自流井组底部。

系统分析须家河组36口完钻井构造特征，根据构造形态及与断层配置关系可以划分为断鼻、断背斜、单断层构造脊和双断层构造脊四种构造样式。依据断裂发育规模，将控构造样式断层作为断裂带边界，平面上划分11个断裂带。

第4章 沉积相与储层特征

沉积相指在特定沉积条件下形成的具有某种特征的沉积体，它反映了沉积物和沉积环境之间的对应关系。沉积相主要分为陆相、海陆过渡相和海相，这些分类取决于岩石的生成环境。陆相一般包括沙漠相、冰川相、河流相、湖泊相、沼泽相、洞穴相等。海陆过渡相一般包括潟湖相、三角洲相、滨岸相。海相一般包括浅海相、半深海相、深海相等。

储层是指具有连通孔隙、允许油气在其中储存和渗滤的岩层。储层的孔隙性、渗透性越好，越有利于储集油气。储层的概念仅说明了其具备了储集油气的能力，并非所有的储层都已经储集了油气，储集了油气的储层才称为“含油气层或油层、气层”，含油气层是勘探开发的目的层。储层是构成油气藏的基本要素之一，是控制油气分布、储量及产能的主要因素。

沉积相及成岩作用是储层发育的主要控制因素。沉积相是影响储层质量的先天因素，它决定着储层的原始物性和空间分布；而成岩作用是影响储层质量的后天因素，对储层的原始物性进一步改造，决定着储层最终物性。在普光气田开发建设过程中，非常重视对储层发育主要控制因素的研究。在区域沉积环境分析基础上，基于地震相研究成果，结合露头、岩心确定沉积相类型，明确有利储层发育沉积相带。应用室内实验、岩相分析、储层预测等多种技术手段，研究成岩作用的类型、演化序列，以及各种成岩作用对储层物性的影响程度等，并在此基础上落实优质储层的分布，指导部署高效井位设计。

4.1 沉积相

三叠系早期沉积时，川东北地区发生多次海侵和海退，沉积一套以台地相为主体的碳酸盐岩地层。中三叠世末发生的印支早幕运动使上扬子海盆结束了自震旦纪以来大规模海域分布的历史，特提斯洋逐渐退出四川盆地，川东北地区雷口坡组遭受不同程度的剥蚀。同时，中三叠世末发生的印支早幕挤压构造运动，使龙门山岛链开始缓慢上升，海水逐渐退出上扬子地台，由海盆环境逐渐转变为陆盆环境。

4.1.1 上部陆相地层

上三叠统须二段下亚段沉积期之后，川东北地区受龙门山物源的影响，广泛发育“砂包泥”形式的辫状河三角洲沉积体系，三角洲入湖区常形成河口坝、席状砂及石英滩坝砂体；须四段开始受安县运动影响，龙门山和大巴山均剧烈隆升，区内受北西、北东两大物源体系影响，主要发育辫状河三角洲沉积体系（图4-1）。

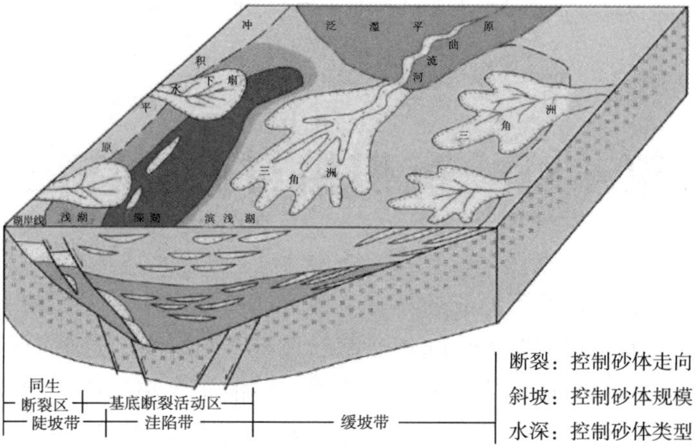

图4-1 陆地沉积环境示意图

总体上，川东北工区上三叠统沉积为一套以砂泥岩为主的陆源碎屑沉积，以辫状河三角洲前缘—滨浅湖亚相沉积为主，米仓山、大巴山古山前带可发育冲积扇沉积(图4-2、图4-3)。

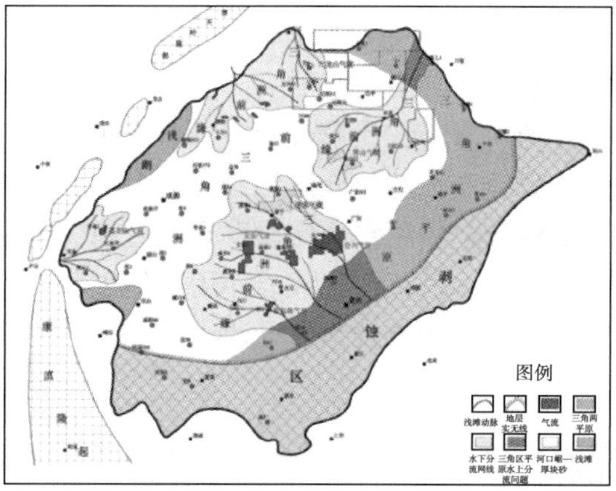

图4-2 须二段沉积相图

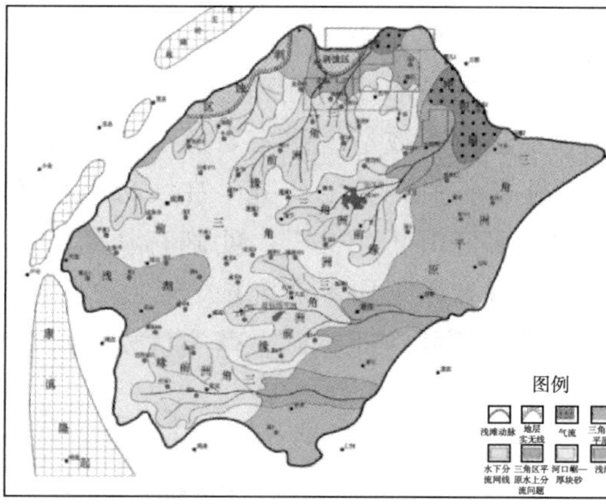

图4-3 须四段沉积相图

通南巴气田须家河组地层沉积主要发育辫状河三角洲沉积相，沉积亚相从辫状河三角洲平原过渡为辫状河三角洲前缘，微相上发育了辫状河道(河床滞留和心滩)、泛滥平原、水下分流河道、河口坝、分流间湾、前缘席状砂等9种沉积微相(表4-1)。其中辫状河道(河床滞留和心滩)、水下分流河道和河口坝是研究区有利砂体微相类型(图4-2、图4-3)。

1)三角洲平原亚相

三角洲平原是三角洲的水上部分，主要分布于须家河组四段。三角洲平原亚相可以划分出辫状河道(河床滞留和心滩)和泛滥平原两种微相(表4-1)。

辫状河道微相在须二段和须四段都有分布，须四段分布范围更广，可细分为河床滞留和心滩。河床滞留岩性主要为砾石、砂砾岩和含砾砂岩，心滩岩性相对河床滞留更细，表现为深灰色、灰色中—细砂岩，是有利砂体微相类型。心滩叠置砂体厚度大，在10～100m以上，其间很少或仅有很薄的粉砂、粉砂泥岩夹层且不稳定，具有冲刷充填构造，主要发育平行层理、板状层理、槽状层理，自然伽马曲线表现为低幅箱形。

表4-1 通南巴须家河组沉积微相识别划分

相	亚相	微相		岩石类型	典型岩心照片	沉积构造	测井响应特征	
辫状河三角洲	三角洲平原	辫状河道	河床滞留	砾石、砂砾岩和含砾砂岩	 马201井，3145.66m，灰色中砾岩	块状层理、底冲砂面	马201井 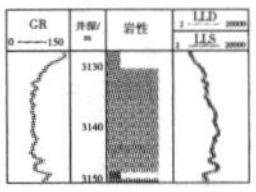	箱形
			心滩	中—细砂岩	 马201井，3193.2m，浅灰色细砂岩	板状层理、槽状层理	马201井 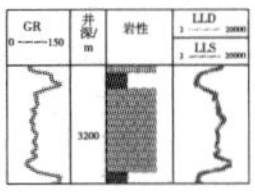	（微齿化）箱形、钟形
		泛滥平原		泥岩、粉砂岩		块状层理	马11井 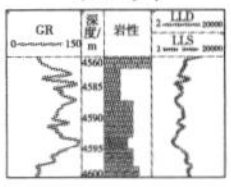	高GR（锯齿状）
	三角洲前缘	水下分流河道		中—细砂岩	 马301井，5000.91m，灰色中砂岩、平行层理，底部冲刷面	平行层理、递变层理、均值层理	马301井 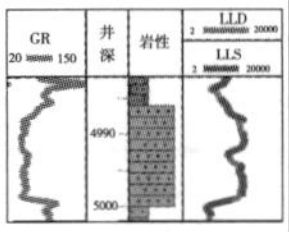	（齿化）箱形、钟形
		河口坝		细—粉砂岩	 马5井，5242.85m，灰色含泥质细、粉砂岩、浪成沙纹交错层理	粒序层理、砂纹交错层理	马5井 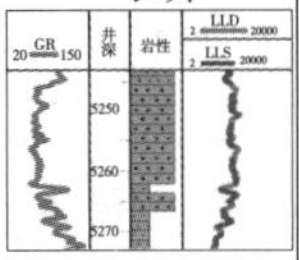	齿化漏斗形
		间湾		粉砂质泥岩、泥岩	 马501井，5318.5m，深灰色泥岩	块状层理、交错层理	马501井 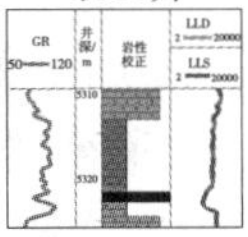	高GR，低平直形或低平锯齿形
	前三角洲	泥坪砂泥坪		泥岩、粉砂质泥岩、煤层	 马3井，5019.5m，深灰色灰质泥岩	块状层理、复合层理	马3井 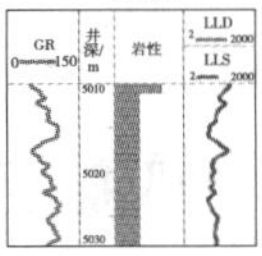	高GR，低平直形或低平锯齿形

续表

相	亚相	微相	岩石类型	典型岩心照片	沉积构造	测井响应特征	
湖泊	滨浅湖	湖湾沼泽	炭质泥岩、煤岩	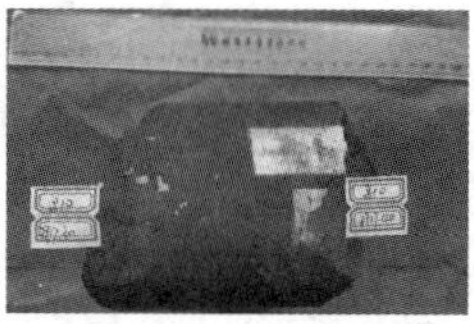 马 10 井，3917.3m，炭质泥岩	块状层理	马10井 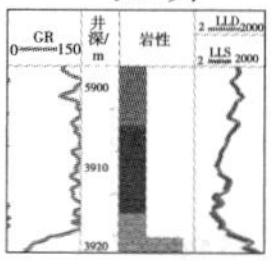	高 GR，低平直形或低平锯齿形
		泥坪、砂泥坪	泥岩、粉砂泥岩	 马 103 井，2873.94m，深灰色泥质粉砂岩	复合层理、块状层理	马103井 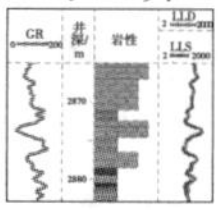	齿化线形、夹指形
		滩坝	中砂岩、细砂岩	 马 10 井，3936.24m，灰白色细砂岩	粒序层理、交错层理	马10井 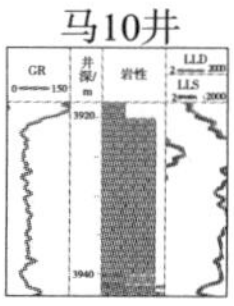	钟形、箱形

2）三角洲前缘亚相

三角洲前缘亚相是三角洲主要的部分，主要分布于须二、须四段。三角洲前缘亚相可以分成多个微相，主要以水下分流河道和河口坝微相为有利微相类型（表 4－1）。

（1）水下分流河道微相。

岩性以灰、灰白色细砂岩、灰质砂岩、泥质砂岩、泥质粉砂岩为主。叠置砂体厚度相对减薄，其间常有湖相泥页岩夹层，少见泥砾岩层及冲刷充填构造，相序上，下为反粒序，上常为突变，常可平行层理和板状层理，槽状层理少见，自然伽马曲线呈低平的箱形或钟形。

（2）河口坝微相。

主要分布于须二、须四段。河口坝是沉积于水下分流河口附近的砂坝，由于河流携带能力的减弱，往往在河口部分沉积巨厚的砂体，单期次砂体常具有向上粒度变粗和泥质含量减少的反韵律递变粒序性，厚度常可达 10～50m，无明显冲刷面和泥岩隔层，沉积构造上常见板状层理（一般＜30°）、双向交错层理、变形层理，在粒序上部较细砂岩中，亦可见砂纹层、波状层、斜坡状层理、碳屑纹层理。电测曲线以单个中高幅齿化、微齿化漏斗形为主，此种反韵律的曲线形态反映出整体沉积环境中，同位置点水体加深，水动力逐渐减弱的特征（表 4－1）。

4.1.2　中部海相地层

在川东北地区沉积背景分析基础上，通过野外露头的实地勘查，优选与普光气田长兴组及飞仙关组储层可比性强的露头，对露头地层发育、沉积特征进行描述，分析碳酸盐岩矿物成分、结构组分、沉积构造和颜色等，收集了层序边界、体系域和凝缩层及沉积相标志，确定沉积环境和沉积相类型，为层序地层划分和沉积微相特征研究提供直观、精准资料。

长兴期川东北地区古地理面貌呈北西—南东展布(图4－4、图4－5)，呈现陆棚－台地相间格局。最东部为鄂西深水陆棚，沉积大隆组(长兴组)炭质页岩夹硅质岩。西部为广元、旺苍、梁平、开江陆棚沉积环境，西北部广元、旺苍地区为深水陆棚，沉积大隆组(长兴组)硅质岩、页岩；东南梁平、开江地区为浅水陆棚，沉积长兴组灰岩。陆棚西部为碳酸盐开阔台地，台地东边缘发育边缘礁滩相带，在铁山南气田等地发育生物礁。中部为通江—开县碳酸盐台地，沉积砂屑灰岩、生屑灰岩等颗粒岩，顶部沉积白云岩。台地东西边缘发育两条边缘礁滩相带，东部礁滩相在宣汉盘龙洞、羊鼓洞及开县红花等地有发现，沉积生物礁白云岩和鲕粒白云岩，西部边缘礁滩相带沿铁厂河(林场、椒树塘及稿子坪)、普光2井、普光5井、普光6井、黄龙1井、4井及天东1井等地分布，沉积生物礁灰岩和鲕粒白云岩，在铁厂河稿子坪及普光2井等地沉积了巨厚的鲕粒白云岩。

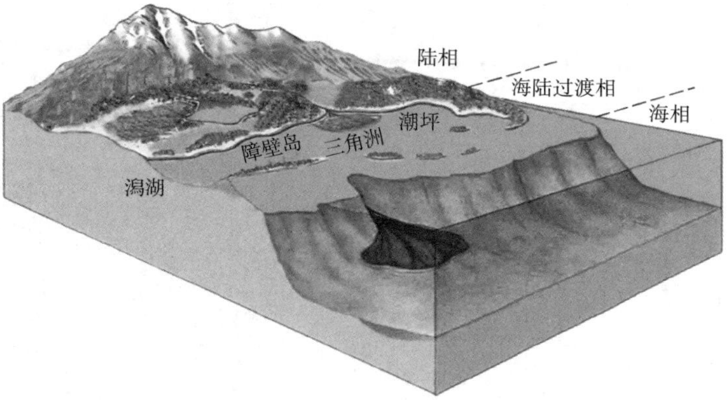

图4－4　海洋沉积环境示意图

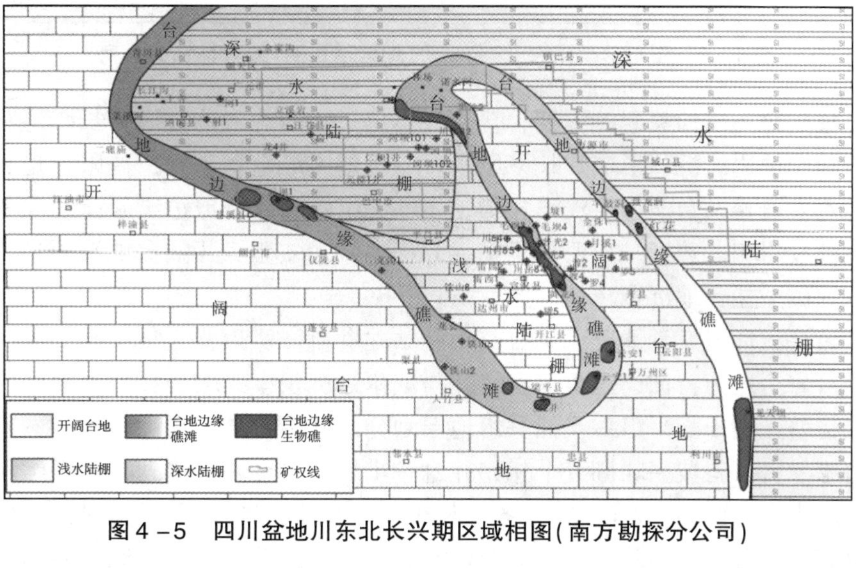

图4－5　四川盆地川东北长兴期区域相图(南方勘探分公司)

飞仙关期岩相古地理格局基本沿袭了二叠纪长兴期格局，全区海平面总体变浅

（图4－6）。广元、旺苍地区，飞一二期为浅水陆棚环境，沉积深灰色薄层状灰岩、泥质灰岩，飞三期变为开阔台地，沉积浅灰色厚层状鲕粒灰岩；达县—开江地区飞一二期为浅水陆棚环境，飞三期为开阔台地—蒸发台地，沉积大套灰岩；通江—开县地区为局限台地～蒸发台地沉积环境，飞一—飞三期时沉积白云岩夹灰岩。飞四期时由于填平补齐作用，早期高低不平的地貌已变得非常平坦。由于海平面下降，全区沉积环境相似，除普光6井附近发育少量局限台地外，其余大部分地区为蒸发台地环境。沉积物为紫红色泥岩、白云岩夹石膏，发育潮汐层理。

宣汉—达县地区长兴组—飞仙关组为缓坡沉积模式，西部梁平—开江地区的川岳83井、84井、川付85井、七里峡构造、芭蕉场构造、雷西构造等地区为陆棚—开阔台地沉积环境，水体相对较深。东部沿分水岭构造、毛坝构造、大湾构造、普光构造、老君构造、坡1井、坡2井及渡1～4井、黄龙构造、天东构造等一带为碳酸盐台地沉积环境。东部碳酸盐台地与西部洼陷之间没有明显的坡折带，在台地与洼陷之间发育台地边缘浅滩、生物礁（图4－5、图4－6）。

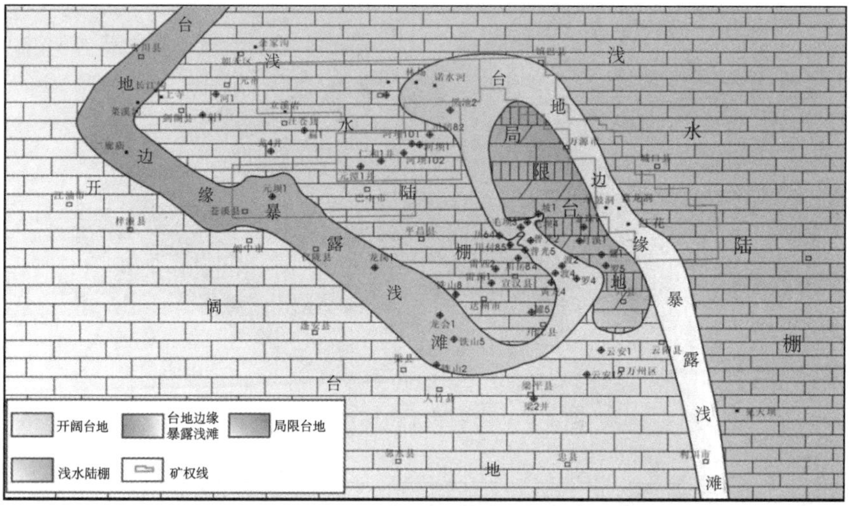

图4－6　四川盆地川东北部飞一二期区域相图（南方勘探分公司）

综上，长兴组—飞仙关组沉积期，普光气田位于碳酸盐台地边缘，长兴组和飞仙关组为海相碳酸盐台地边缘沉积形成。长兴组发育有台地边缘生物礁相、局限台地相、开阔台地相、台地蒸发岩相及台地边缘浅滩相等；飞仙关组发育有台地边缘暴露浅滩相、开阔台地相及台地蒸发岩相。普光气田西部梁平—开江地区为陆棚—开阔台地沉积环境；普光气田东部地区为碳酸盐台地沉积环境。

根据区域沉积环境发育情况，结合露头、钻井资料，认为普光气田长兴组—飞仙关组以发育碳酸盐岩台地为特征，这类沉积特征与威尔逊沉积模式较为相似。据此，采用威尔逊沉积模式将普光气田长兴组—飞仙关组地层划分出开阔台地、局限台地、蒸发—局限台地、台地边缘、台缘斜坡—陆棚五个相，并进一步划分出台坪、潟湖、台缘礁滩等八个亚相和相应的三十余个微相（表4－2），各种相带（或微相）交错分布。其中，台地边缘相的礁滩、鲕滩，开阔台地和局限台地相的台内滩、台内礁，以及局限台地相的台坪沉积是储层发育比较有利的相带。

表4－2　普光地区长兴组—飞仙关组主要沉积相表

相	亚相		微相	岩相
局限台地 局限—蒸发台地	台坪	潮上	云坪、云泥坪、膏云坪	泥岩、石膏、粉晶白云岩，泥质白云岩
		潮间	藻坪、灰坪、潮沟	藻纹白云岩、云质灰岩、灰质云岩、角砾状白云岩
	潟湖	局限潟湖	灰质潟湖、云质潟湖、风暴岩	泥晶灰岩、砂屑泥晶灰岩、泥灰岩
		蒸发潟湖	膏质潟湖、风暴岩、云膏质潟湖	泥晶白云岩、砂屑白云岩、膏岩、
开阔台地	台内滩、台内礁		砂屑滩、鲕粒滩、生屑滩、礁核、礁盖、礁翼、礁坪	砂屑灰(白云)岩、鲕粒白云岩、生屑灰(白云)岩、海绵障积礁灰(白云)岩、骨架灰岩，礁前角砾状灰(白云)岩
	开阔海			泥晶灰岩、砂屑泥晶灰岩、泥灰岩
台地边缘	台缘礁滩	台缘滩	鲕粒滩(滩核)	鲕粒白云岩
			鲕粒滩(滩缘)	泥晶鲕粒白云岩
			砂屑滩	砂屑白云岩
		台缘礁	礁核、礁盖、礁翼、礁坪	海绵障积礁灰(白云)岩、骨架灰岩，礁前角砾状灰(白云)岩
	蒸发坪		云泥坪	(粒屑)泥晶白云岩、藻纹白云岩
			膏云坪	膏质白云岩
台缘斜坡—陆棚	滩间海			泥晶灰岩、泥晶白云岩、灰质白云岩
	前斜坡			泥晶灰岩

1)台地边缘相

台地边缘相位于浅水台地与较深水陆棚或斜坡之间的过渡地带，水深在浪基面附近，海水循环良好，盐度正常，O_2 充分，碳酸盐沉积作用直接受海洋波浪和潮汐等作用的控制。该带波浪、潮汐作用强，可形成具有抗浪格架的台地边缘生物礁或者台地边缘颗粒滩。

(1)台地边缘滩亚相。

台缘滩沉积厚度较大，单滩体厚度一般＞5m，具有明显向上变浅的沉积序列。岩石类型以厚层—块状浅灰色、灰白色亮晶颗粒云岩为主，少量亮晶颗粒灰岩。颗粒含量65%～85%，以鲕粒为主，次为砂屑、生屑，分选、磨圆均好。沉积构造主要是各种规模的槽状交错层理，可有潮流往复形成的羽状交错层理。地震剖面中具有S形或平行状的中强振幅，常具有前积与上超特征，测井剖面上多为大段低自然伽马值，井径规则的白云岩储层(图4－7)。

按照构成台地边缘滩的颗粒类型的不同，可进一步划分为鲕粒滩、砂屑滩、生屑滩微相；根据台地边缘滩的分布位置与发育规模的不同，也可划分为滩核和滩缘微相。飞仙关组的台缘滩主要为鲕粒滩，次为砂屑滩；长兴组的台缘滩主要为生屑滩，次为砂屑滩。

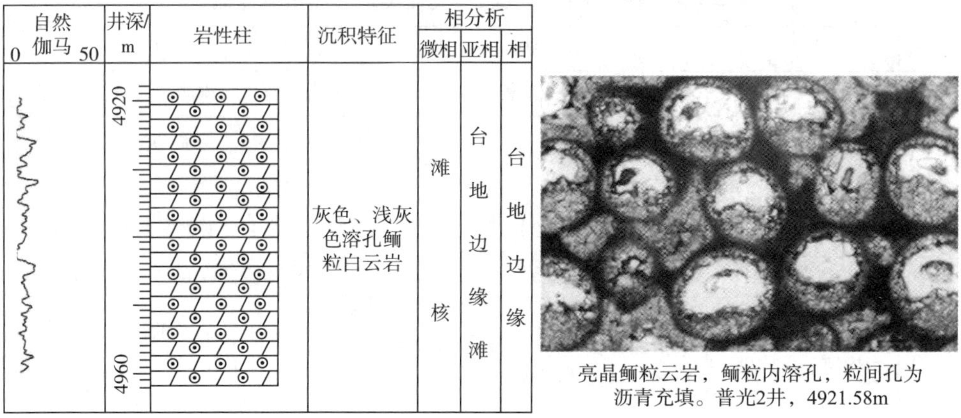

亮晶鲕粒云岩，鲕粒内溶孔，粒间孔为沥青充填。普光2井，4921.58m

图4－7　普光2井飞仙关组台缘滩滩核微相沉积特征

(2)台地边缘礁亚相。

台缘礁往往与台缘滩共生，构成台地边缘礁滩复合体。地震剖面上，生物礁沉积物形态为透镜状，具有中强变振幅、不连续等特征，测井剖面上多为低自然伽马值、物性中等偏低白云岩储层，或高阻低自然伽马的灰岩段，岩石类型以厚层—块状浅灰色、灰白色亮晶颗粒云岩为主，少量亮晶颗粒灰岩、灰泥岩。颗粒以海绵骨架、生物介屑、砾屑为主，次为鲕粒、砂屑。这类礁滩体白云岩化作用强烈，溶孔及溶洞发育，是长兴组的重要储层类型。可根据构成台地边缘礁的岩石类型划分为相应的岩石微相(图4－8)。

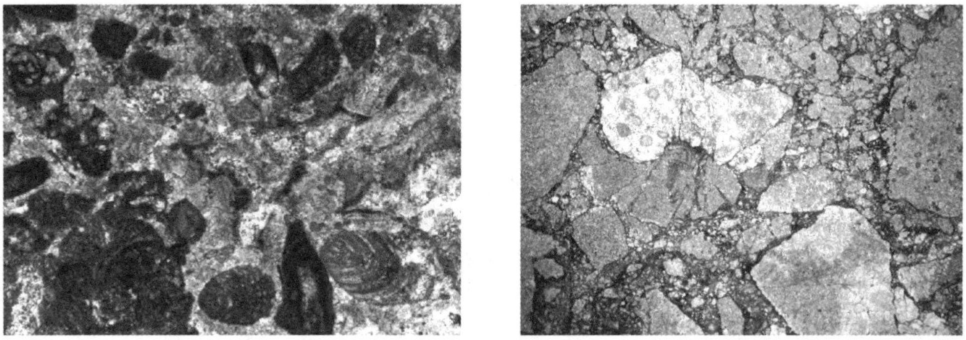

图4－8　微观形貌

夹于颗粒滩之间的深水低地，安静低能沉积。岩石类型为泥晶灰岩、泥晶云岩。发育少量水平层理、生物钻孔等。地震剖面中常为平行状的连续弱振幅，测井剖面上自然伽马多为小段齿状的中低值曲线的灰岩、泥灰岩地层。

(3)蒸发坪亚相。

蒸发坪亚相位于潮上带，属于蒸发环境，岩性为泥晶云岩、含膏质细—粉晶云岩，颗粒以砂屑、藻屑、鲕粒为主，含量10%～30%。发育少量藻纹层、透镜状层理及条带状构造。

颗粒滩沉积与蒸发坪、滩间海沉积物在纵向上往往呈频繁互层，构成下部滩间海上部颗粒滩的向上变浅沉积序列。该亚相在台地边缘的滩缘比较发育。

2)局限台地、蒸发—局限台地相

局限台地、蒸发—局限台地相发育于飞仙关组飞三和飞四沉积时期，包括台坪、潟湖和台内滩亚相。其中，飞四期以发育台坪亚相的含膏岩石组合为特征；飞三期以发育潟湖亚相的泥晶云岩、灰质云岩和台内滩亚相的颗粒云岩、颗粒灰岩为特征。

(1)台坪亚相。

台坪是指位于台地内部远离陆地的水下高地，地形相对平缓，沉积界面处于平均海平面附近，主要发育潮间和潮上环境。周期性或较长时间暴露于大气之下，水动力条件总体较弱，往往具有潮坪相的典型沉积特征，所以也称局限潮坪，但是它与连陆滨岸带处于潮缘环境的潮坪在古地理位置和沉积动力方面又有明显的差异。和潮坪相相比，往往潮汐水道不发育，反映平均高潮面附近的潮上带和潮间带经常暴露的特性。沉积微相主要为：反映台坪潮上带蒸发作用强烈的、主要由膏岩、泥膏岩、膏泥岩、膏云岩组成的膏坪、泥膏坪、膏泥坪、膏云坪微相；反映台坪潮上带强氧化环境的、由紫红色泥岩组成的泥坪微相；反映潮间带周期性暴露、盐度变化大的藻叠层云岩、灰岩、云灰岩、灰云岩构成的藻坪、灰坪、云灰坪、灰云坪微相。

(2)潟湖亚相。

潟湖是局限台地中主要处于平均低潮面以下的较低洼地区，水体循环受到限制，环境能量低，以静水沉积为主。岩石类型为灰色、深灰色泥晶灰岩、泥灰岩、白云质泥晶灰岩、泥晶云岩等。此外，间歇性的风暴作用可形成不规则状和薄层状的风暴岩夹层。沉积构造以水平层理和韵律层理为主，发育生物扰动构造和生物潜穴。生物化石单调，可见瓣鳃类化石。

区内飞仙关组飞三沉积时期，古地形差异已经在持续海退和碳酸盐沉积物填平补齐的影响下趋于不明显且总体水体安静，以潟湖沉积为主。根据组成潟湖的物质成分差异，可将潟湖划分为灰质潟湖、云质潟湖、泥云质潟湖、灰云质、云灰质潟湖、灰质潟湖和风暴岩几个微相，其中灰云质潟湖、云质潟湖和泥云质潟湖是研究区主要的微相类型。

(3)台内滩亚相。

台内滩亚相主要发育于飞三期，此时整个地区已经变浅演化为碳酸盐岩台地，其上零星分布台内点滩。台内滩滩体沉积厚度不大，横向分布不稳定。岩石类型为浅灰色、灰色中～薄层亮晶鲕粒云岩、亮晶砂屑云岩、泥晶～亮晶砂屑灰岩。根据组成台内滩的颗粒组分的不同，可以划分为砂屑滩和鲕粒滩微相。

3)开阔台地相

开阔台地是处在靠近广海一侧的台地，与外海连通较好，水体循环正常、盐度基本正常，无早期白云岩化作用。台地内受地形变化控制可以进一步识别出台内礁、开阔海几个亚相。发育于普光气田西侧的大湾气田飞三段及普光气田长兴组的下部。

(1)开阔海亚相。

开阔海是开阔台地内的地形低洼处，由于沉积水体开阔，白云岩化不发育，岩石类型为灰色—深灰色泥晶灰岩、泥灰岩。发育少量水平层理、生物钻孔等。受风暴影响，开阔台地常发育风暴沉积。风暴沉积由粒序层理组成，岩性自下而上为泥晶含砾砂屑灰岩、泥晶砂屑灰岩、砂屑泥晶灰岩及泥晶灰岩，底部发育冲刷面。粒序层理厚薄不一，薄者1cm左右，厚者可达30～40cm，多数在10cm左右。

(2)台内滩亚相。

开阔台地内的台内滩沉积特征类似于局限台地的台内滩，形成于台地上的海底高地，沉积水体能量较高，受潮汐和波浪作用的控制，形成颗粒岩。由于沉积水体开阔，未发生早期白云岩化作用，岩石类型为灰色亮晶生屑灰岩、亮晶砂屑灰岩、亮晶鲕粒灰岩，对应的微相类型为生屑滩、砂屑滩及鲕粒滩等，以生屑滩为主。该亚相分布局限。

4)台缘斜坡—陆棚相

该相带钻井和取心资料较少，不易将较深水陆棚与斜坡相区分开来，因而笼统地称台缘斜坡—陆棚相，对应地震剖面中常为平行或单斜的连续强振幅，测井图上自然伽马为大段连续起伏的中高值曲线，电阻率常为低值与自然伽马曲线匹配性好。

(1)台缘斜坡。

斜坡位于台地边缘向海一侧与深水的过渡区，具有一定坡度，沉积能量低，沉积物以原地沉积为主，来自台地边缘的浊流沉积物常堆积在此环境中，构成大套的灰泥夹薄层、透镜状颗粒沉积体。该相主要由大套中—薄层状深灰色的泥晶灰岩、泥质泥晶灰岩、瘤状灰岩夹薄层浊流成因的砂屑、粉屑灰岩组成，水平层理发育。

瘤状灰岩是一类分布比较普遍的岩石，单一的瘤状灰岩并不一定代表斜坡沉积环境的产物，其形成的环境比较广泛，从浅水的局限台地到开阔台地到陆棚和斜坡均可能出现该类岩石。其成因有多种解释：一是泥岩与灰岩间的差异压实作用；二是斜坡地形上的滑动变形；三是风暴作用。具体的成因解释需要结合沉积区背景、相序特征、沉积构造等综合分析。

(2)陆棚。

该相处于台地边缘向海一侧的较深水环境之中，地形坡度不是很大。水深位于正常浪基面与风暴浪基面之间，水动力条件总体弱，受间歇性风暴作用影响。因面临广海，水体盐度正常，含氧丰富，有利于生物生长与发育。

区内该相带主要由中—薄层灰、深灰色的泥晶灰岩、泥质灰岩组成。水平层理和生物潜穴发育；颗粒岩常以不规则透镜状和薄层状夹于泥晶灰岩中，颗粒之间以灰泥充填为主，这些特征说明颗粒岩是结构退变的产物，由于台地边缘的高能颗粒被搬运到低能较深水环境下而形成。

4.2 储层特征

川东北地区发现的储层主要有三类，分别是碎屑岩储层，如砂岩、粉砂岩储层等；碳酸盐岩储层，如白云岩、生物灰岩、鲕状灰岩储层等；特殊岩性储层，如页岩储层等。无论什么储层都有一定的孔隙度和渗透性，这是储层的共性。

投入开发的储层，普光气田主要为海相白云岩、生物灰岩类储层，通南巴气田主要为陆相砂岩、粉砂岩类储层。碳酸盐岩储层和砂岩储层是海相储层和陆相储层的典型代表，特征有很多差异(表4－3)。

从表中可以看出，碳酸盐岩储层和砂岩储层在成分、结构、成因和物理性质等方面存在明显的区别。相对而言，碳酸盐岩储层特征更复杂。砂岩储层的孔隙发育情况在一定程度上取决于沉积环境，空隙特征和成因比较简单。而碳酸盐岩储层的孔隙发育情况则部分取决于沉积环境，主要取决于沉积后的成岩作用、溶蚀作用和结晶作用等，空隙特征和成因比较复杂(表4－3)。

表4－3 碳酸盐岩和砂岩储层物性特征对比表

比较内容	碳酸盐岩	砂岩
沉积岩中原始孔隙度	一般为25%~40%	一般为40%~70%
岩石中的最终孔隙度	一般为原始孔隙度的一半或一半以上	一般仅为原始孔隙度的小部分或一点也没有
原始孔隙类型	几乎全部是粒间孔隙	一般粒间孔隙占优，但粒内孔隙和其他类型孔隙也较重要
最终孔隙类型	几乎全部是原始粒间孔隙	由于沉寂后作用的改造，形成各种各样的孔隙类型
孔隙大小	孔隙直径和吼道大小与沉积颗粒大小和分选作用有密切关系	孔隙直径和吼道大小很少与沉积颗粒大小和分选作用有关
孔隙形状	明显取决于颗粒的形状	大部分形成各式各样孔隙，从取决于颗粒的形状到完全取决于沉积或成岩作用产生的形状
空隙大小形状和分布的一致性	在均质体内一般有尚好的一致性	变化无常，从一致性尚好到极不均一，甚至单一岩石类型组成的地层中也是如此
成岩作用的影响	影响很小，通常通过压实作用和胶结作用，很少使原始孔隙度减少	影响很大，能够产生或消灭孔隙，胶结作用和结晶作用、溶解作用很重要
破裂作用的影响	对储集性能一般影响不大	如果出现破裂则对储集性能很重要
孔隙度和渗透率的目估评价	半定量的目估一般比较容易	变化很大，半定量目估从容易到实际不可能；一般要用仪器测量孔隙度、渗透率等
岩心分析对储层评价的适用性	直径为1in的岩心塞一般适用于“基质”孔隙度的计算	岩心塞一般不适用于孔隙度的估算；甚至完整的岩心(直径1～3in)，特别是具有大空隙的储层多半不适用于孔隙度的估算，变化很大
渗透性与孔隙度相互间的关系	相互关系比较一致，一般取决于颗粒的大小和分选作用	通常与颗粒大小与分选作用无关

4.2.1 上部陆相储层特征

宣汉—达县区块陆相对千佛崖组致密/页岩气层和须家河组二段、四段、六段含气层段进行了试采，尚未形成规模产能。通南巴区块陆相须家河组二段、四段已投入开发。这里以“通南巴区块”为例介绍须二、须四段储层特征。

1)岩性特征

地质录井、岩心观察描述及岩石薄片鉴定资料表明，通南巴区块须家河组岩性整体以岩屑砂岩为主。须二下亚段储层岩石类型以石英砂岩为主，其次为岩屑石英砂岩，须二段上亚段1、2砂组以岩屑砂岩为主，少量长石岩屑砂岩；须四段1砂组储层岩石类型以长石岩屑砂岩为主；须四段 3 砂组储层岩石类型以岩屑砂岩为主。

(1)颗粒组分特征。

须二下亚段砂岩岩石类型主要为石英砂岩，其次为岩屑石英砂岩；碎屑颗粒以石英为主，含量在 75% ~95%，其次见少量酸性喷出岩和石英岩等碎屑颗粒。

须二上亚段岩石类型以岩屑砂岩为主，其次为长石岩屑砂岩；碎屑颗粒主要为石英，含量为 55% ~80%，平均含量 67.5%，其次为岩屑(酸性喷出岩和少量变质岩岩屑)，岩屑含量为 10% ~35%，平均含量 27.3%。另外可见少量长石，含量为 1% ~4%。

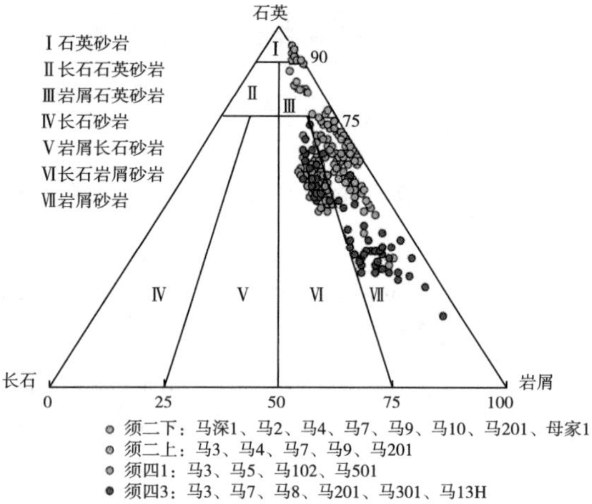

图 4-9 通南巴区块须家河组岩石组分三角图

须四段 1 砂组主要为长石岩屑砂岩，石英含量 45% ~72%，平均含量 57.8%，长石含量 2% ~17%，平均含量 14.9%，岩屑含量 17% ~47%，平均含量 27.3%，以变质岩岩屑为主，其次为少量火成岩岩屑。

须四段 3 砂组砂岩岩石类型主要为岩屑砂岩，石英含量 30% ~65%，平均含量 51.4%，长石含量 1% ~15%，平均含量 8.8%，岩屑含量 15% ~63%，平均含量 39.8%，岩屑主要为火成岩和变质岩(图 4-9)。

(2)填隙物特征。

须二下亚段砂岩仅在通南巴探区发育，该段砂岩填隙物主要为泥质和硅质，泥质含量 1% ~38%，平均含量约 6.8%。硅质胶结主要集中在石英砂岩段，以石英次生加大的形式存在，从成岩演化角度分析认为，硅质次生加大主要为火山灰蚀变而成，可见两期胶结，硅质含量 1% ~5%，平均含量 3%。在个别井取心段(马 2 井、马 9 井、马 10 井)见方解石胶结，且含量高，胶结强，方解石含量 5% ~44%，平均含量约 16.4%，另在个别井内见少量铁质胶结，主要为黄铁矿，平均含量低于 2%(图 4-10)。

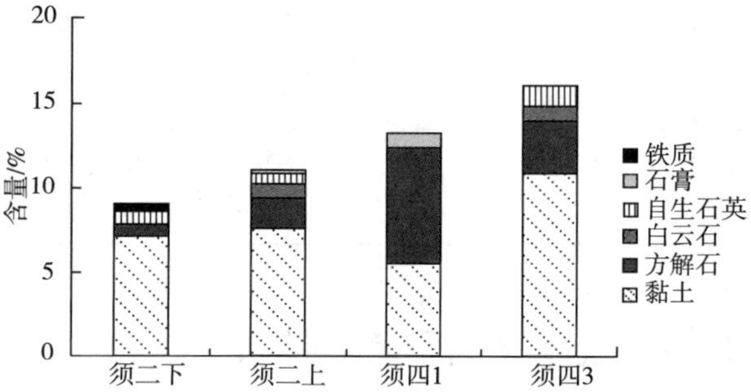

图 4-10 通南巴地区须家河组填隙物特征

须二上亚段砂岩填隙物主要为泥质，泥质含量 2% ~21%，平均含量 9.1%，胶结方式主要为孔隙式胶结，其次见少量灰质胶结，主要为亮晶结构的方解石，以中晚期胶结为主，方解石含量 0 ~17%，平均含量约 1.7%，各井分布差异较大。另在个别井段见少量硅质胶结，主要以石英次生加大的形式存在，含量低且不普遍，平均含量低于 0.5%。

须四段 1 砂组填隙物主要为碳酸盐岩胶结物，以灰质胶结为主，方解石含量 1% ~36%，平均含量 6.4%，白云石含量 1% ~14%，平均含量 3.5%。其次为泥质胶结，泥质含量2%～14%，胶结方式以孔隙式胶结为主，个别为基底式胶结，见少量铁质胶结，主要为黄铁矿，平均含量低于1.0%。

须四3砂组砂岩填隙物主要为泥质和碳酸盐胶结物，泥质含量0～15%，平均含量6.6%，碳酸盐胶结物含量0%～25%，平均含量10.3%，填隙物胶结方式以孔隙式胶结为主。

(3)粒度与结构特征。

据岩石薄片分析，须家河组砂岩整体以中粒为主，粒径在0.25～0.50mm，部分细粒、粗粒级结构，在须四1亚段见砾岩，颗粒以点—线为主，其次为线接触，少量为点接触，磨圆度主要为次棱—次圆，碎屑颗粒分选性为好—中，部分颗粒分选差，长石风化程度以中等和中—浅为主，分层详述如下：

须二下亚段砂岩仅在通南巴探区内分布，岩石粒度以中粒为主，粒径在0.25～0.50mm，砂岩颗粒分选较好，成分成熟程度高，颗粒磨圆度为次棱—次圆，接触方式以线接触为主。

须二上亚段岩石粒度以细—中粒为主，粒径在0.13～0.50mm，分选性较好，颗粒磨圆度为次棱—次圆，胶结类型为孔隙式胶结，颗粒接触方式为点—线接触。

须四段1砂组砂岩分选中等，粒度以细—中粒为主，磨圆度主要为次棱—次圆，其次为次棱状，胶结方式主要为孔隙式胶结，接触方式以点—线接触为主。

须四段3砂组砂岩分选性较好，粒径以中粒为主，磨圆度主要为次棱—次圆，部分为次棱状颗粒。接触方式以点—线接触为主，胶结类型主要为孔隙式胶结。

粒度分析表明，通南巴探区砂岩粒度均值46.1～496.5μm，平均166.2μm，粒度中值48.9～414.1μm，平均174.6μm，分选系数1.21～1.70，平均1.29(图4－10)。

2)储层特征

通南巴气田投入开发主要含气层段为须家河组须二段和须四段。须家河组为陆相辫状河三角洲—滨浅湖沉积体系。须二段沉积物来自北部古秦岭造山带，须四段沉积物来自东北部古大巴山—米仓山。

须二段发育细粒岩屑石英砂岩，石英砂岩，石英含量整体较高，成分成熟度较须四段高，胶结物以泥质为主。须四段发育中—粗粒岩屑砂岩、长石岩屑砂岩，岩屑含量在30%左右，胶结物以泥质和灰质为主，须四段近物源区发育砾岩。孔隙类型主要为粒间溶孔、长石溶孔和杂基微孔，局部发育裂缝。岩心实测储层孔隙度平均值为3.9%，渗透率平均值为$0.11\times10^{-3}\mu m^2$。须二段、须四段储层为裂缝—孔隙型致密砂岩储层。

整体看，优质储层分布主要受构造裂缝和主河道砂体分布等因素影响，连片性差，比较零散。须二段储层主要发育在母家梁断裂带北部、马9—马103井区、马4井区东，厚度在10～32m。须四1砂组储层在马路背背斜零散分布，马3块东南部及马6井区西部，厚度在10～25m；须四3砂组储层主要发育在马2块东北部、马101～108井区、马102井区以及马3块马5、马3西井区，厚度在10～25m。

(1)储集空间类型。

岩心薄片、铸体图像、扫描电镜等实验测试分析发现，通南巴区块须家河组储集空间类型主要为残余粒间孔、粒间溶孔、粒内溶孔和裂缝，少量黏土矿物晶间孔发育(图4－11)。

①残余粒间孔。

残余粒间孔主要发育在须二上亚段，储层岩石类型主要为岩屑砂岩。须二上亚段砂岩储层发育绿泥石包膜，该包膜在沉积过程中有利于原生粒间孔的保存，残余粒间孔在薄片中观察多呈不规则的三角形、条状或缝状，分布在颗粒之间(图4－11)。

②粒间溶孔。

粒间溶孔指成岩演化阶段，砂岩中的骨架颗粒组分(碎屑矿物)等在不同介质环境中被溶蚀形成的各类孔隙。通江—马路背地区须家河组粒间溶孔主要发育在须二上亚段1～2砂组、须四段1砂组和须四段3砂组，多为碳酸盐岩胶结物等易溶组分在成岩过程中受到不同程度的溶蚀形成，以及残余粒间孔在酸性流体作用下进一步溶蚀扩大形成，内部呈蜂窝状，溶孔直径为0.005～0.03mm。

③粒内溶孔。

粒内溶孔主要指碎屑颗粒被溶蚀形成的孔隙。通江—马路背地区粒内溶孔主要发育在须二上亚段、须四段3砂组和须四段1砂组，多为岩屑、长石等易溶矿物在成岩过程中受到不同程度的溶蚀形成。

④裂缝。

裂缝对改善致密砂岩储层渗透性至关重要，但对孔隙度影响较小，根据岩心描述和镜下观察，显示须家河组主要发育构造缝和成岩缝两类裂缝(表4－4)。

构造缝：在岩心中比较常见，多为中小型裂缝，以斜缝为主，其次为少量垂直缝，在马4井、马5井、马7井、马301井等井的岩心中，裂缝均较发育。该类裂缝主要沿沉积层面裂开，成组出现，与米仓山—大巴山上多期推覆构造有关，裂缝多被方解石、石英等充填，部分裂缝为半充填，与天然气运移、聚集有密切关系，对致密砂岩的天然气成储起到关键作用。

成岩缝：通过岩石薄片镜下观察，须家河组成岩缝主要发育破裂缝、溶蚀缝、粒缘缝等。破裂缝一般主要为强烈压实成岩作用，是岩石脆性碎屑破裂形成，其缝内可见沥青质、泥质及碳酸盐胶结充填，此类缝多伴随构造缝存在。溶蚀缝主要为长石、岩屑等易溶组分在成岩过程中，溶蚀作用形成，裂缝边缘呈锯齿状或栉状排列的颗粒，是在原微裂缝的基础上溶蚀扩大形成的(图4－11)。

从岩心观察上来看，须家河组裂缝发育程度高，类型多样，充填程度有差异，呈多期次特征，且以高角度缝为主。8口取心井中，在须家河组中观察出156.2m裂缝发育段，528条裂缝，裂缝段裂缝密度为3.38条/m(表4－4、图4－11)。

表4－4　通南巴区块须家河组岩心裂缝发育情况统计

井位	取心层位	裂缝条数	裂缝发育段/m
马105	须四段	11	2.9
	须二上	3	0.5
马9	须二上	75	3.39
	须二下	41	1.21
马10	须二下	181	10.5
共计		311	18.5

(a)马4井，4304.73m，须二上2砂组，残余粒间孔、粒间溶孔

(b)马4井，4314.26m，须二上2砂组，残余粒间孔、粒间溶孔

(c)马301井，5162.78m，须四段1砂组，粒内溶孔

(d)马3井，4909.71m，须四段3砂组，粒内溶孔

(e)马8井，5367.46m，须四段3砂组，残余粒间孔、粒间溶孔

(f)马3井，4958.00m，须四段3砂组，粒内溶孔

(g)马3井，须四段1砂组，5065m，构造—溶蚀微裂缝

(h)马4井，须二上2砂组，4306.64m，构造微裂缝

图 4－11　通南巴区块须家河组储集空间类型

(2)物性特征。

孔隙度和渗透率是评价储层物性的两个重要参数，其中，孔隙度用来表征储层的孔隙大小，决定了储层的存储能力；渗透率用来表征储层的渗流能力，其决定了储层的产能。

①孔渗相关性。

通过对通南巴区块须家河组291块岩心样品的物性数据进行统计分析可以看出，须家河组孔隙度和渗透率具有一定的正相关性(图4－12)，同时图版宽度较大，表明在低孔隙度下，微裂缝的发育对渗透率有较大影响。

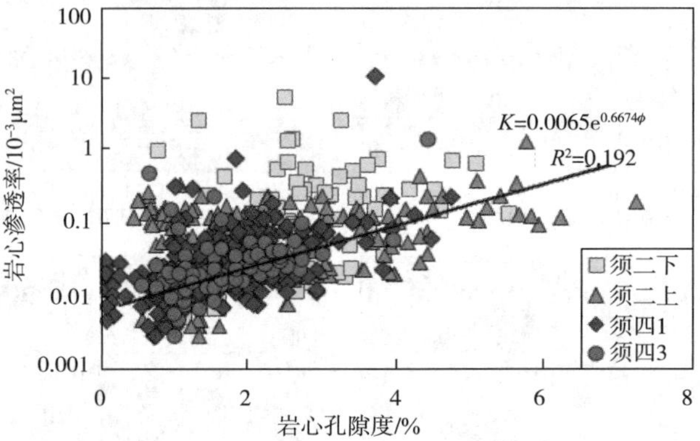

图4－12　通南巴区块须家河组孔渗相关性图版

②储层的物性下限。

须家河组储层物性主要受基质孔隙和裂缝控制，优选启动压力法确定储层物性下限，选用最大进汞饱和度法进一步细分储层界限。

压汞毛细管压力曲线获取的启动压力反映岩石储集性能的差异，基于此，岩样的孔隙度和启动压力交会关系可以看出(图4－13)，随着储层孔隙度的增加，孔隙度在3%以上时，开始出现启动压力显著下降的样点，因此，把交会拐点对应的孔隙度3%作为储层的孔隙度下限值，利用储层测井解释的基质渗透率模型，确定储层的基质渗透率下限为$0.025\times10^{-3}\mu m^2$。

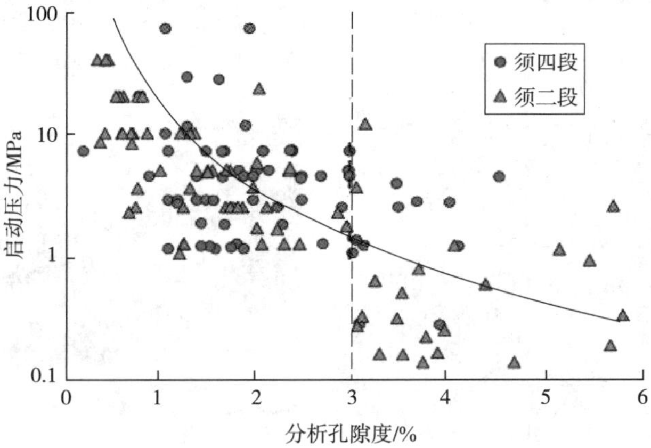

图4－13　须家河组岩石压汞启动压力与孔隙度交会图

压汞毛管压力曲线中，最大进汞饱和度50%时的毛管压力为中值压力。中值压力反映储集性能和渗流能力，中值压力越小，储层的储集性能和渗流能力越高。须家河组储层样品孔喉半径相对较小，在实际压汞毛管压力曲线中确定的最大进汞饱和度未达到50%(未获得中值压力数据)。岩样的最大进汞饱和度与孔隙度关系表明，孔隙度4%以上的样点最大进汞饱和度都能获取中值压力。表明孔隙度在 4% 以上的储层具有较好的渗流能力，因此，选取孔隙度 4% 作为储层的细分界限值。

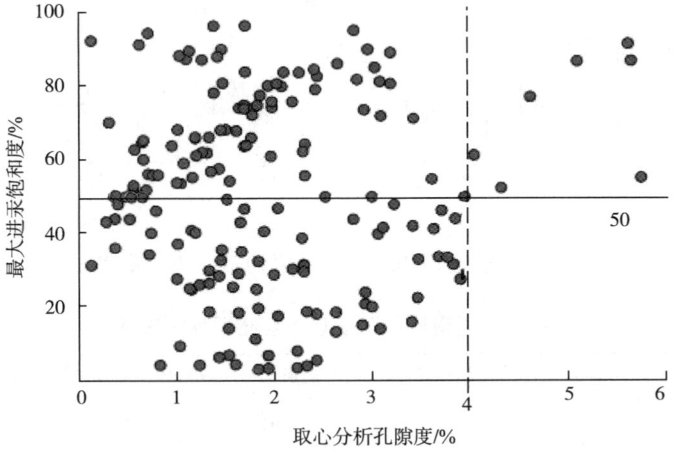

图 4 – 14　须家河组最大进汞饱和度与孔隙度交会图

岩心实测储层孔隙度和渗透率分析，须家河组储层平均孔隙度 3.9%，基质渗透率均值 $0.11 \times 10^{-3}\mu m^2$，为特低孔致密储层。

③裂缝孔隙度。

须家河组储层微裂缝发育，利用成像测井及岩心全直径物性分析综合评价裂缝孔隙度。结果表明，须家河组裂缝孔隙度多数 < 0.001%，占比 65.2%；> 0.05% 的仅占 13%。裂缝孔隙度平均值为 0.012%，其中须四段 3 砂组储层裂缝孔隙度均值为 0.016%，须四段 1 砂组储层裂缝孔隙度均值为 0.014%，须二上亚段储层裂缝孔隙度均值为 0.012%。须家河组裂缝对孔隙度贡献很小，主要是作为流体运移的渗流通道(图 4 – 15、表 4 – 3)。

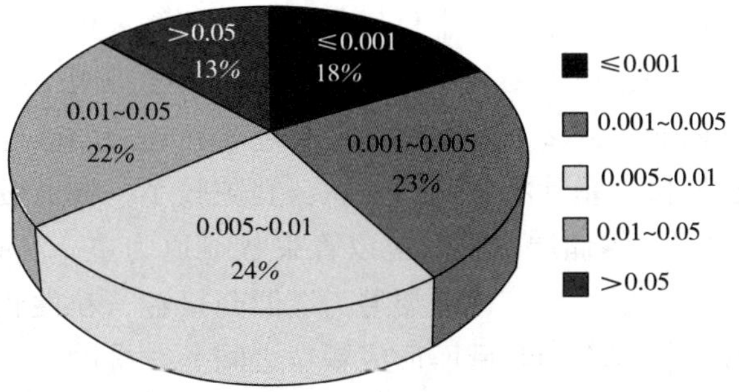

图 4 – 15　通南巴区块须家河组储层裂缝孔隙度占比统计

数据来源($N = 135$)：马 3 井须二上与须四段；马 4 井须二段与须四段；马 5 井须二段与须四段；马 6 井须四段；马 501 井须四段；马 103 井须二段与须四段；马 201 井须四段

综上，根据 291 块碎屑岩物性样品分析统计，须家河组碎屑岩孔隙度范围在 0.06% ~ 8.14%，平均 1.77%，其中超低孔（< 5%）占 99.24%，特低孔（5% ~ 10%）占 0.76%，超低孔和特低孔储层占 100.00%（图 4 – 16、表 4 – 5）。岩心实测储层孔隙度均值为 3.9%，基质渗透率均值为 $0.11 \times 10^{-3}\mu m^2$，为特低孔致密储层。

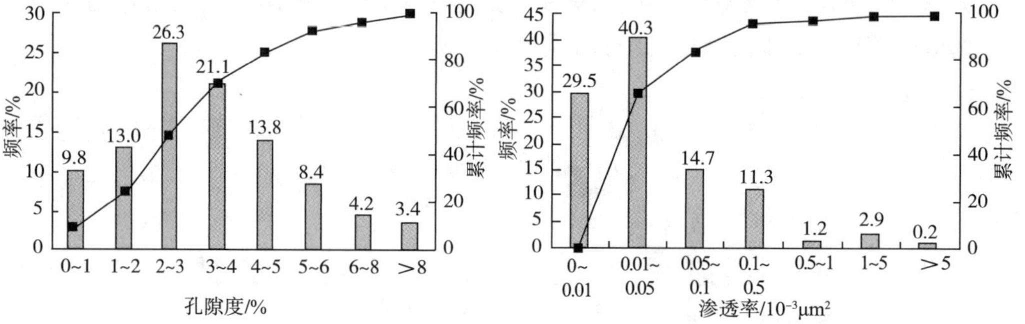

图 4－16　通南巴区块须家河组孔隙度和渗透率直方图

表 4－5　通南巴探区须家河组储层物性统计表

孔隙度分布区间/%		频率/个	累计频率/%	渗透率分布区间/$10^{-3}\mu m^2$		频率/个	累计频率/%
超低孔	0～5	527	99.24	超低渗	<0.1	494	93.03
特低孔	5～10	4	0.76	特低渗	0.1～1	30	98.68
低孔	10～15	0	100.00	低渗	1～10	6	100.00
中孔	15～25	0	100.00	中渗	10～50	0	100.00

(3)孔隙结构特征。

①喉道结构特征。

根据铸体薄片及扫描电镜分析，须家河组储层岩石颗粒磨圆度中等，多为棱状，粒度大小不等，接触关系有线接触、点线接触、缝合线接触、线凹凸接触，储层岩石喉道类型主要以片状、弯片状、管束状为主。

a. 片状、弯片状喉道。片状、弯片状喉道在研究区较为常见，须家河组的较好储层以这种喉道为主，是区内较为普遍发育的一种喉道。此类孔隙结构的孔隙很小，喉道极细，所以其孔喉直径比可以由中等到较大，常见于点线或线接触式的砂岩中。主要成因是，当岩石受到较强烈的压实作用，或者由于压溶作用使晶体再生长时，其再生长边之间包围的孔隙变得较小，一般是四面体或多面体形。这些孔隙相互连通的喉道就是晶体之间的晶间孔。颗粒间孔隙呈网状连接，呈片状或弯曲片状，孔隙较小，喉道极细。

b. 管束状喉道。须家河组储层中的喉道以管束状喉道为主，其孔渗较低，孔吼比小。该类喉道主要发育于岩屑含量较高，接触类型为线凹凸接触，粒度较细的砂岩中。当压实作用进一步加强，使颗粒排列更加紧密而形成颗粒之间呈线接触关系，两颗粒之间由微细孔隙组成的通道形成管束状喉道。

②孔隙结构特征。

通过压汞法分析通南巴区块孔隙结构特征，共统计须家河组 118 块压汞测试样品(表 4－6)。通南巴区块须家河组最大孔喉半径主分布区间为 0.01～0.3μm，喉道中值半径主分布区间为 0.004～0.02μm(图 4－17)，储层平均喉道中值半径 0.012μm，孔喉比主分布区间为 2～10，平均孔喉比为 4.8，孔喉分选性较差。岩石孔隙结构表现为微孔、细微喉的致密储层特征，储层内部连通性差，且非均质性强。须二下亚段储层(孔隙度≥3%)最大进汞饱和度为 41.24%，排驱压力 5.61MPa，孔喉分选系数为 7.51，退汞效率为

44.38%(取样马4井)；须二上亚段储层最大进汞饱和度为54.4%，排驱压力为11.58MPa，中值压力为75.76MPa，分选系数为6.66，退汞效率为24.26%(取样马2井、马3井、马4井、马201井)；须四段1砂组储层最大进汞饱和度为17.96%，排驱压力为2.09MPa，分选系数为4.86，退汞效率为37.67%(取样马3井、马102井)；须四段3砂组储层最大进汞饱和度为45.14%，排驱压力为2.12MPa，中值压力为187.38MPa，分选系数为4.37，退汞效率为53.41%(取样马3井、马201井)。

表4-6　须家河组储层孔隙结构参数统计表

层位	孔隙度/%	渗透率/$10^{-3}\mu m^2$	最大进汞饱和度/%	排驱压力/MPa	最大孔喉半径/μm	中值压力/MPa	喉道中值半径/μm	分选系数	退汞效率/%	取样井
须四段3（n=47）	3.79	0.093	45.14	2.12	0.232	187.38	0.01	4.37	53.41	马3井、马201井
须四段1（n=29）	3.55	0.029	17.96	2.09	0.049		0.01	4.86	37.67	马3井、马102井
须二上（n=37）	4.67	0.134	54.4	11.58	0.048	75.76	0.014	6.66	24.26	马4井、马3井、马2井、马201井
须二下（n=5）	3.57	0.311	41.24	5.61	0.051			7.51	44.38	马4井

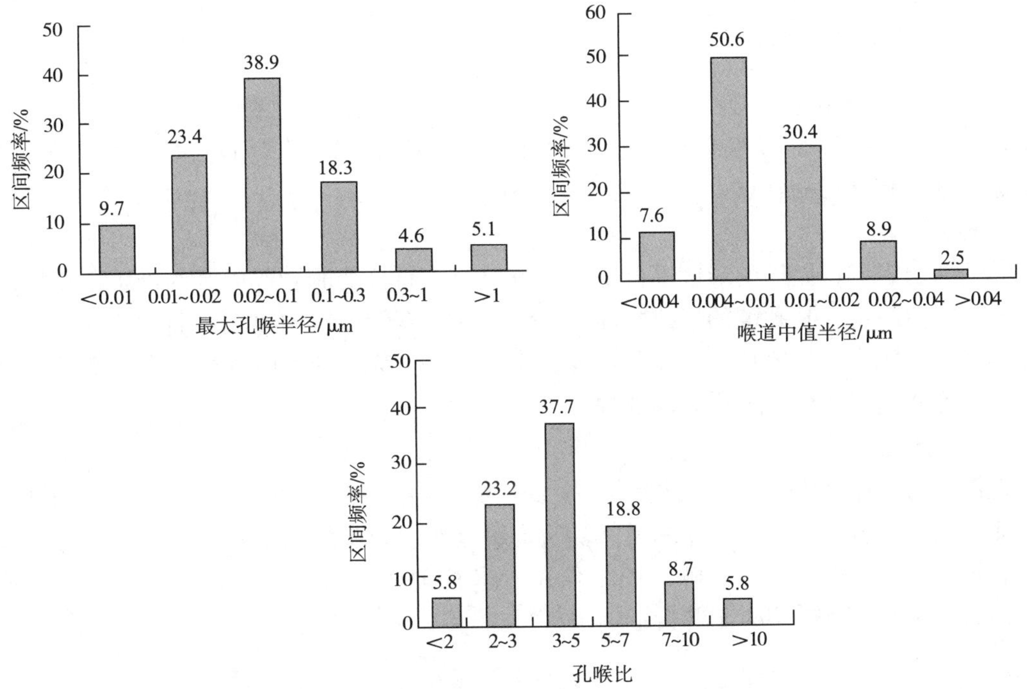

图4-17　通南巴区块须家河组孔隙结构特征统计图

根据储层物性、孔隙结构参数和毛管压力曲线特征，将须家河组储层分为以下三种类型(图4－18)：

Ⅰ类：排驱压力低，都在小于的范围内，最大进汞饱和度最高可达曲线相对平滑具有一定平台期，代表孔隙分选较好，有效孔隙度相对较高的储层类型，主要发育在须二上亚段和须四段3砂组。

Ⅱ类：排驱压力较Ⅰ类偏大，在之间；进汞饱和度较Ⅰ类偏小，在之间；孔喉较Ⅰ类偏小，表明孔喉偏细；曲线平台期较Ⅰ类偏短，表明孔喉分选与Ⅰ类相比较差的一般储层类型特征。此类储层主要发育于须四段3砂组和须二下亚段。

Ⅲ类：排驱压力较以上两类都要大，中值压力大部分不可测，进汞饱和度在之间，分选系数为曲线，较倾斜，平台期短，孔喉集中于细孔喉，分选性较差，反映有效孔隙度较低的储层特征，主要发育于须四段1砂组。

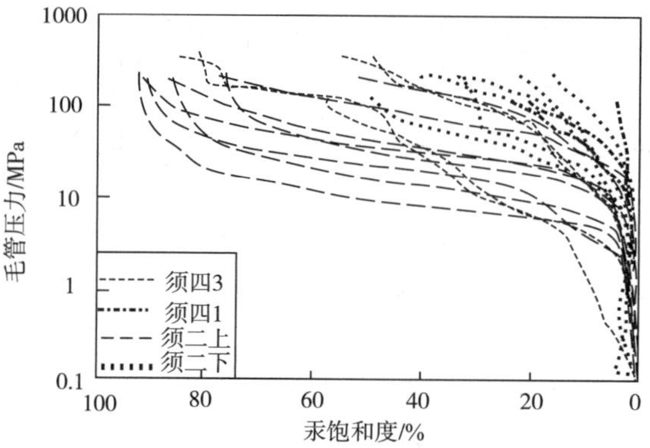

图4－18　须家河组分层进汞曲线统计图

4.2.2　中部海相储层特征

川东北中部海相地层投入开发的含气层段主要为三叠系下统飞仙关组及二叠系上统长兴组(大隆组)等。中部海相地层在通南巴气田的勘探工作尚未有突破。这里以普光气田为例介绍中部海相储层的特点。

1)成岩作用

普光气田礁滩相储层的形成不仅受沉积相控制，而且受成岩作用制约。碳酸盐岩由于自身的化学活泼性，其孔隙的形成、演化、消亡受成岩作用影响很大，通过研究成岩后生作用的类型、成岩演化序列，以及各种成岩作用对储层物性的影响程度，来预测孔隙发育带，落实优质储层的分布，指导高效井位设计。

(1)关键成岩作用。

在漫长的历史进程中，普光气田长兴组—飞仙关组储层经历了同生、表生、浅埋藏、深埋藏等四个成岩环境，成岩作用极其复杂。经过详细的薄片观察和岩心描述，主要成岩事件有压实压溶作用、多期方解石胶结作用、多种矿物充填作用、多期溶蚀作用、重结晶、白云石化作用及破裂作用等(图4－19)。

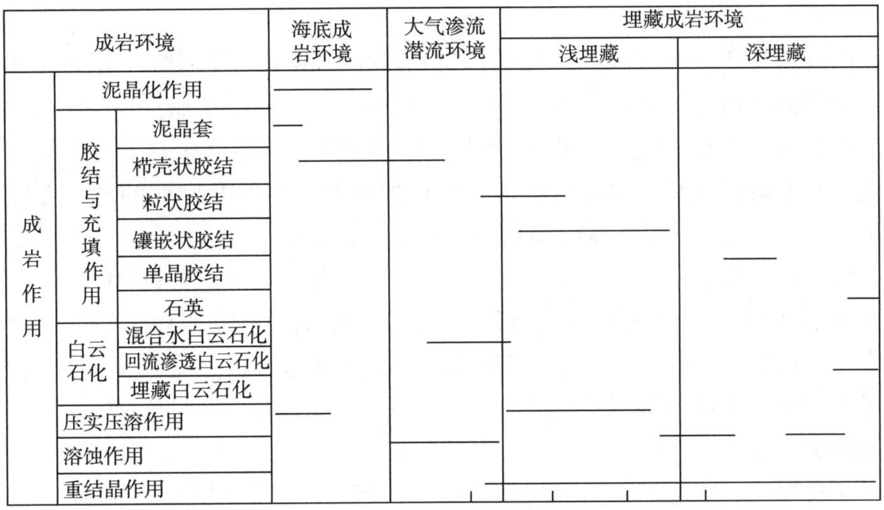

图4－19　普光气田储层主要成岩作用与成岩环境

①白云石化作用。

根据白云岩沉积学、岩石学、氧碳同位素、微量元素、X射线衍射、阴极发光等特征，分析普光气田飞仙关组白云石有三种成因类型：混合水白云石化、回流渗透白云石化和埋藏白云石化(表4－7)，其中以混合水白云石化为主，其次为埋藏白云石化(图4－20)。

表4－7　不同成因类型的白云石特征

白云石化作用	沉积特征	稳定同位素		微量元素/%				阴极发光	X射线衍射	
		$\delta^{18}O$‰ PDB	$\delta^{13}C$‰ PDB	Na_2O	SrO	MnO	FeO		有序度	碳酸钙摩尔分数
混合水白云石化	台地边缘鲕滩	－6.5～－3.5 平均－5.04	0.5～2.5 平均1.6	0.002～0.02	0.001～0.04	0.01～0.06	0.005～0.1	暗红光	≤0.9	≥50
回流渗透白云石化	台地内潟湖及点滩	－4～－2.5 平均－3.4	－2.5～0.5 平均－0.65	0.03～0.07	0.09～0.2	0.002～0.02	0.1～0.17	不发光	≥0.9	≤50
埋藏白云石化	台地边缘鲕粒灰岩			0.01～0.03	0.03～0.08	0.01～0.08	0.02～0.04	亮红光		

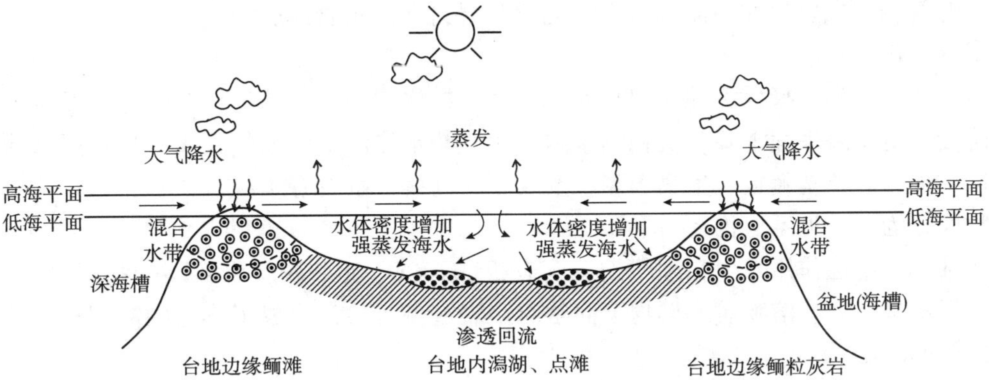

图4－20　川东北地区飞仙关组白云石化模式

a. 混合水白云石化。

混合水白云石化主要见于台地边缘鲕滩沉积物中。由于古地形隆起和鲕滩快速加积作用，鲕滩时常暴露于海平面之上，造成大气淡水与海水混合，从而产生混合水白云石化。形成的白云石多为半自形—它形，粉—细晶结构。鲕粒早期铸模孔较发育，但多被粉晶粒状方解石或单晶方解石充填。这种白云石化形成的鲕粒云岩常有发育的粒间孔隙和晶间孔隙，储集物性好，孔隙的发育与白云石化不彻底，灰质组分被溶有关。白云石有序度较低，$CaCO_3$ 摩尔分数较高。O 同位素偏负，C 同位素偏正。Sr、Na、Mn、Fe 含量较低，阴极发光下发暗红光。普光气田飞一二段储层主要发生这种混合水白云石化。海平面降低或鲕滩的快速加积作用，堡岛(台地边缘鲕滩)可暴露到海平面之上，受到大气淡水影响。大气淡水与海水混合造成台地边缘鲕滩白云石化—混合水白云石化。

b. 回流渗透白云石化。

台地边缘鲕滩沉积速度快，由此发展为堡岛，堡岛之后形成潟湖。高海平面时，海水通过堡岛的峡口向内流动，受蒸发作用影响，这种向内流动的海水浓度(密度)会逐渐增加，当达到一定程度时，重的卤水必然会向下和向海脊方向回流，从而导致潟湖内海底沉积物白云石化 - 回流渗透白云石化。潟湖中海水的蒸发将引起石膏沉淀，从而提高海水的 Mg/Ca 比，进一步蒸发甚至可以引起石盐和钾盐的沉淀，这时海水的密度可高达 $1.30g/cm^3$。高密度、高 Mg/Ca 比的海水向下回流过程中，排驱海底沉积物中的孔隙水，从而使沉积物白云石化。越往潟湖中心，海水盐度(密度)越大，沉积的石膏越厚。潟湖中心大致在金珠 1 井—坡 3 井一线，膏岩厚度在 60m 以上。

c. 埋藏白云石化。

埋藏白云石化主要发育于台地边缘鲕粒灰岩中(不受早期混合水白云石化影响的鲕滩沉积物)。白云石选择性交代鲕粒或沿裂缝和缝合线分布。白云石为半自形—自形，以中晶为主，少数粗晶。埋藏白云石化并不强烈，没能形成白云岩。白云石中 Fe 含量较低，而 Mn 含量较高，因而阴极射线下发亮红光，Fe 含量低与地层中 H_2S 含量高，导致 FeS_2 沉淀有关。含两相流体包体，均一温度 >90℃。白云石化流体为海槽相中泥页岩压实水，这种泥页岩压实水通常是富 Mg 的，它就近运移到台地边缘鲕滩储层中，在鲕滩中又沿着孔隙系统发育的地方流动，如裂缝、缝合线等。因此，埋藏白云石主要分布在裂缝及缝合线附近，在鲕粒云岩中则以次生加大形式出现(雾心亮边)，在鲕粒灰岩中则以单个晶体或几个晶体选择性交代颗粒。埋藏白云石化作用并不强烈，可能与海槽相中泥页岩含量不高有关，海槽相中主要岩性为泥晶灰岩、泥质灰岩，夹泥页岩薄层。

②溶蚀作用。

溶蚀作用分为选择性溶蚀作用与非选择性溶蚀作用两种。选择性溶蚀作用发生于早期成岩阶段，由于海平面下降，沉积物暴露于大气淡水渗滤带，大气淡水对岩石进行有选择的溶蚀，溶蚀对象是鲕粒、生物等颗粒及纹石、高镁方解石等不稳定矿物，以形成鲕模孔及生物模孔为主，见示底构造(图 4 - 21)。

非选择性溶蚀作用发生在埋藏期，含有机酸、CO_2 及 H_2S 咸水对碳酸盐岩进行溶蚀，溶蚀作用不是针对易溶物质或矿物，而是对全岩进行溶蚀，形成了丰富的晶间溶孔、溶洞及溶缝(图 4 - 22)。

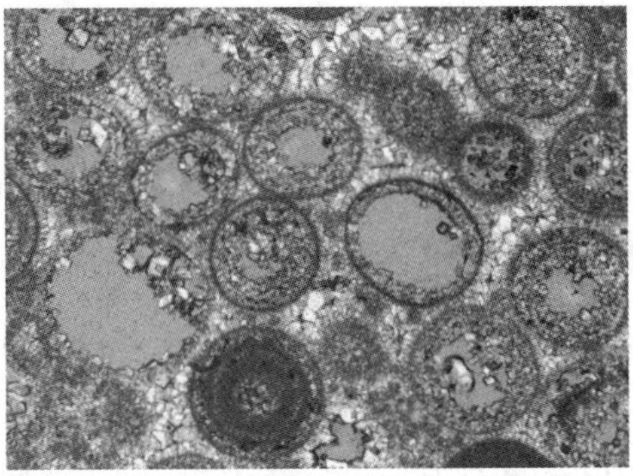
(a) 普光102-1井，5604.93m，粒内溶孔和鲕模孔发育

(b) 普光6井，5363.84m，海绵体腔内溶孔

图4－21　选择性溶蚀作用图

(a)普光2井，T_1f，结晶白云岩，溶蚀发育，晶间孔、晶间溶孔具沥青衬边结构

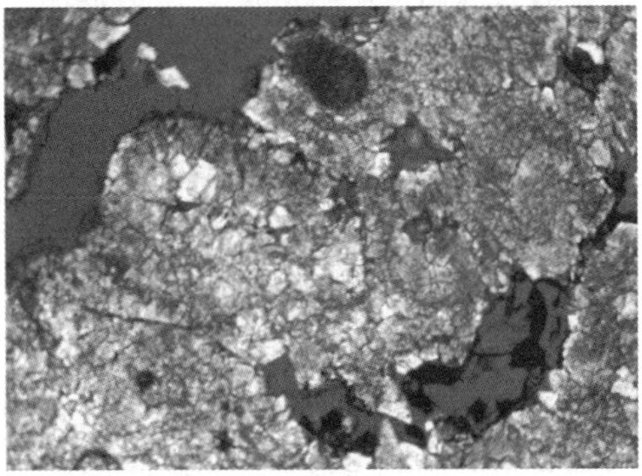
(b)普光2井，T_1f，残余鲕粒白云岩，发育溶缝及晶间溶蚀扩大孔，部分沥青环位于溶孔内部

图4－22　非选择性溶蚀作用图

经过详细地薄片和岩心观察，结合地球化学分析及沉积发育史、构造埋藏史和有机质热演化史分析，普光气田储层经过四期溶蚀作用。即：a. 同生期溶蚀作用，普光气田长兴－飞仙关组沉积层序的高水位期，4～5级海平面的波动造成正地貌的台地边缘鲕滩暴露，受到大气淡水的淋滤，发生同生期溶蚀作用，同时还会发生混合水白云石化，同生期溶蚀形成的孔隙大部分仅在孔隙边部有沥青衬边，或被沥青半充填及全充填，少部分未被充填，仍保留了大部分孔隙空间，形成主要储层岩石类型。b. 第1期埋藏溶蚀作用，发生在生油窗，与有机酸性水溶蚀相关且溶蚀强烈，使岩石发生非选择性溶蚀，溶解粒间方解石胶结物，或沿晶间孔、残余原生粒间孔溶蚀扩大，形成大量的粒内溶孔、粒间溶孔、晶间溶孔、溶洞等次生孔隙；形成于沥青侵位之前，是液态烃的主要储渗空间，溶蚀形成的孔隙仍被大量保存，形成了很好的储集空间，纵向上主要分布于飞三段、飞二至飞一段中部和下部。c. 第2期埋藏溶蚀作用，发生在生气窗，是在第1期埋藏溶蚀作用的基础上发育的，溶蚀扩大粒间溶孔和晶间溶孔，也可以形成新的溶蚀孔隙，特点是没有沥青充填的各种孔、洞、缝，但不包括干净的鲕模孔、鲕粒内溶孔、示底构造；该期埋藏溶蚀虽以CO_2和H_2S为主，但非关键溶蚀期次。d. 第3期埋藏溶蚀作用，与构造抬升期的裂缝有关，白垩纪末期的喜山运动，使飞仙关组地层褶皱抬升，并形成较多裂缝，沿裂缝溶蚀形成一些溶缝、溶洞。这一时期埋藏溶蚀作用规模较小，裂缝和溶洞主要分布于致密岩石中，多

被硫黄、粒状石膏、粗—巨晶方解石、石英等全充填。

③胶结作用。

胶结作用主要发生在颗粒岩中，是使储层孔隙度降低的一个主要原因，原生碳酸盐沉积物的孔隙度在40% ~70%，而大多数灰岩的孔隙度 <5%，其主要原因是通过胶结作用而使孔隙度缩小了。

胶结物矿物成分有方解石、白云石、石膏、硬石膏、天青石和黏土矿物等，以方解石为主。普光气田飞仙关组储层胶结物有细粒纤维状白云石、半自形晶粒白云石、透明全自形淀晶白云石、连晶方解石、全自形晶粒方解石及石英晶体。其中，纤维状白云石为第一世代胶结物，主要形成等厚环边，半自形晶粒白云石为第二世代胶结物，充填剩余粒间孔。第一、第二世代胶结关系明显，从颗粒边缘向孔隙中心，晶粒由细变粗，由栉壳状白云石到细晶白云石再到中晶白云石变化。普光气田飞仙关组储层大致经历了三期方解石胶结，它是储层孔隙度降低的又一主要原因。

④重结晶作用。

重结晶作用使白云岩形成了丰富的晶间孔。飞仙关组发育有两种重结晶作用，一为埋藏重结晶作用，二为构造重结晶作用。

埋藏重结晶作用发育于埋藏成岩阶段，是沉积物埋藏增加，温度升高，压力变大，岩石发生重结晶，由泥晶、微晶白云石演变为微晶、粉晶及细晶白云石的过程，几乎所有岩石都发生了此类重结晶。白云石晶体粗大，常见自生加大边，晶体是在鲕粒边缘再生加大而形成的，粗大的菱面体中保留鲕粒残余结构。

构造重结晶作用是构造活动产生高温高压，使地层破碎，发育压碎角砾岩，造成白云石重结晶的过程，在细晶白云岩中见结晶残余角砾。

(2)成岩作用对孔渗演化的影响。

结合普光气田长兴组—飞仙关组沉积特点，归纳出普光气田礁滩相储层的成岩作用序列大致为：准同生阶段海底环境的泥晶环边、第一世代栉壳状胶结→早成岩期大气淡水渗滤带的选择性溶蚀→混合水潜流带的混合白云石化、胶结作用→浅埋阶段的压实、早期压溶、第二世代粒状胶结→中埋阶段的压溶、重结晶→深埋阶段的破裂、重结晶、非选择性溶蚀及晚期充填胶结作用。

不同的成岩作用，形成不同的储层空间，早期胶结作用使原生孔隙减少；压实作用和两期胶结作用，使原生孔隙基本消失；晚期充填作用使部分次生溶孔被堵塞，对储集空间发育不利。只有从早至晚的溶蚀作用、中晚期的白云石化作用和后期的裂隙作用对储层空间发育是有利的，且不同成岩作用对储层空间发育的影响程度是不同的。在礁滩相储层成岩演化序列分析基础上，进一步分析了不同成岩阶段的成岩作用对滩相储层孔隙演化的影响(图4 –23)。

①准同生—早期成岩胶结孔隙缩减阶段。

该阶段主要发生泥晶化作用、第一期胶结作用、白云石化及溶蚀作用，对孔隙有重要影响的有海底胶结作用、溶蚀作用及白云石化作用。特别是处于微地貌高地的颗粒滩顶部在海平面下降时期容易接近和出露水面，接受大气淡水的淋溶改造，形成铸模孔和粒内溶孔，同时发生混合水白云石化作用。经过本次成岩后，使岩石原始孔隙度减少5% ~10%，滩核残余孔隙度演变为28% ~36%，滩缘残余粒间孔演变为9% ~18%。

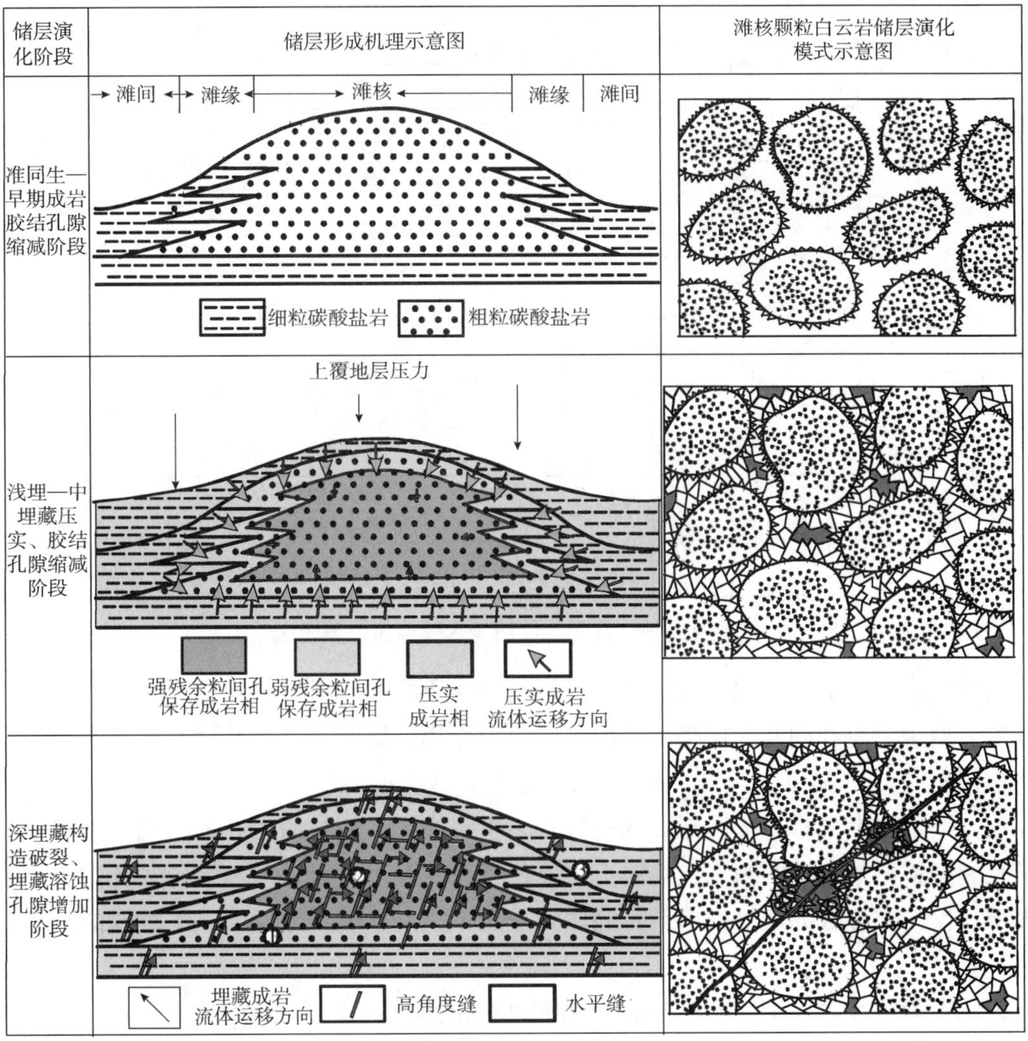

图 4－23　普光气田飞仙关组滩相储层成因机理及演化模式

②浅埋－中埋藏压实、胶结孔隙缩减阶段。

该阶段主要发生压实作用、早期压溶作用、胶结作用及重结晶作用，对孔隙有重要影响的是压实作用、胶结作用。随上覆地层的沉积，颗粒滩进入浅埋藏阶段，受压实作用影响，颗粒发生重新排列并使原始孔隙损失 35%～40%。由于浅埋藏期压实成岩流体的胶结，导致了滩体不同部位出现了较大的分异。滩核部位由于滩体较厚，胶结作用使顶、底部的储集空间消失殆尽，而中部胶结充填大部分储集空间，第 2 期晶粒状白云石胶结物损孔 20%～25%，并使喉道堵塞，保留了 2%～4% 孤立的残余粒间孔和晶间隙；滩缘部分由于滩体较薄，成岩流体影响很大，残余粒间孔保存概率很小，储集岩变得致密。

③深埋藏构造破裂、埋藏溶蚀孔隙增加阶段。

此阶段主要发生重结晶作用、破裂作用、溶蚀作用、胶结作用等。重结晶作用尤其构造重结晶作用形成部分晶间孔；烃内成熟期产生的大量有机酸促进了埋藏溶蚀作用的发生，滩核部位保存了较多的残余粒间孔；同时由于容易产生裂缝，利于埋藏溶蚀作用顺利进行，形成裂缝－溶扩残余粒间孔储层。但胶结作用又充填了部分裂缝、溶孔。增加与减少孔隙度相抵，孔隙度回升 1%～3%，最终达到 5%～15%（图 4－24）。

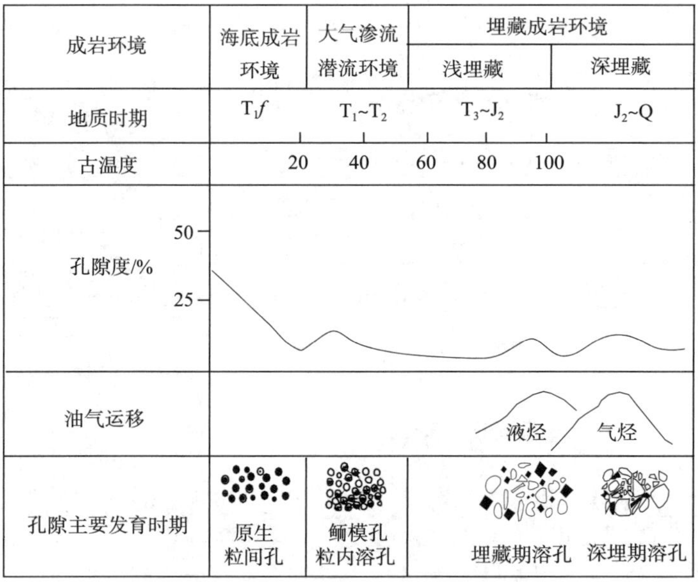

图4－24 普光气田储层孔隙演化示意图

归纳起来，飞仙关组储层储集空间经历了四次重要的形成过程：

第一期为原生粒间孔，但受后期胶结与充填作用的影响，这类孔隙基本全部消失，对储集作用不大。

第二期为早期选择性溶蚀形成的鲕模孔、生屑模孔、鲕粒内溶孔和生物体腔溶孔，以鲕模孔和鲕粒内溶孔溶洞为主，纵向上主要位于飞二至飞一段上部和下部，孔隙大部分未被充填，仅少部分被方解石和白云石晶体完全或不完全充填，是保留下来重要的储集空间之一。

第三期为深埋阶段第二次非选择性溶蚀形成的溶孔、溶洞及溶缝，充填少量炭质沥青，洞壁上长有少量白云石晶体(少量石英晶体)，大部分未被充填，是气藏形成期最主要的储集空间，纵向上主要分布于飞三段、飞二至飞一段中部和下部。

第四期为深埋阶段第三次非选择性溶蚀形成的溶孔、溶洞，孔、洞中无炭质沥青，只有少量白云石晶体，大部分也未被充填，是气藏形成期重要的储集空间。显然，第三、第四期形成的孔隙是主要的储集空间。

(3)成岩相判别及平面展布。

普光气田由于成岩作用导致的非均质性较强，在沉积相研究基础上，综合考虑白云石化、溶蚀作用、孔隙类型、古地貌、孔隙度、渗透率进行成岩相的划分，可以准确地评价各类储层分布，预测优质储层。

①成岩相判别。

古地貌恢复采用印模法，由于长兴组和飞仙关组各层界面是一个高低起伏不平的面，上覆沉积层将按照“填平补齐”的原则进行沉积充填，而地层多为层层加积特征，因此在古界面上地势低洼地区的上覆沉积层较厚，而地势较高地区的上覆沉积层则较薄，故可以利用层序界面上覆充填沉积的标志层至层界面厚度等值线图镜像反映层序界面的古地貌格局。

普光气田飞四段沉积时，处于飞仙关组末期，宣汉—达县地区地势基本持平，海平面下降，为台地蒸发岩沉积环境，沉积一套紫红色泥岩、白云岩夹石膏和石膏层。因飞四段顶的石膏层在地震剖面上反射明显易于识别，且沉积时因区内填平补齐的影响，地势平稳，距飞仙关各层界面也足够近，最大限度地排除了后期构造活动的影响，因此采用飞四段顶部的石膏层作为印模法的标志层。

一般情况下，计算出标志层至层界面之间的现今地层厚度后，还必须把此厚度进行压实校正。但长兴组和飞仙关组是碳酸盐岩地层，受早期胶结作用的影响，在沉积后不久就已固结，而且鲕粒、砂屑等颗粒本身也具有支撑作用，因此埋藏期间上覆岩层载荷造成的压实作用对地层厚度影响不大，可以忽略不计，因此不必做压实校正。

普光气田飞仙关组古地貌恢复结果(图4－25)，东北方向为古地貌较高处，西南方向为古地貌较低处。

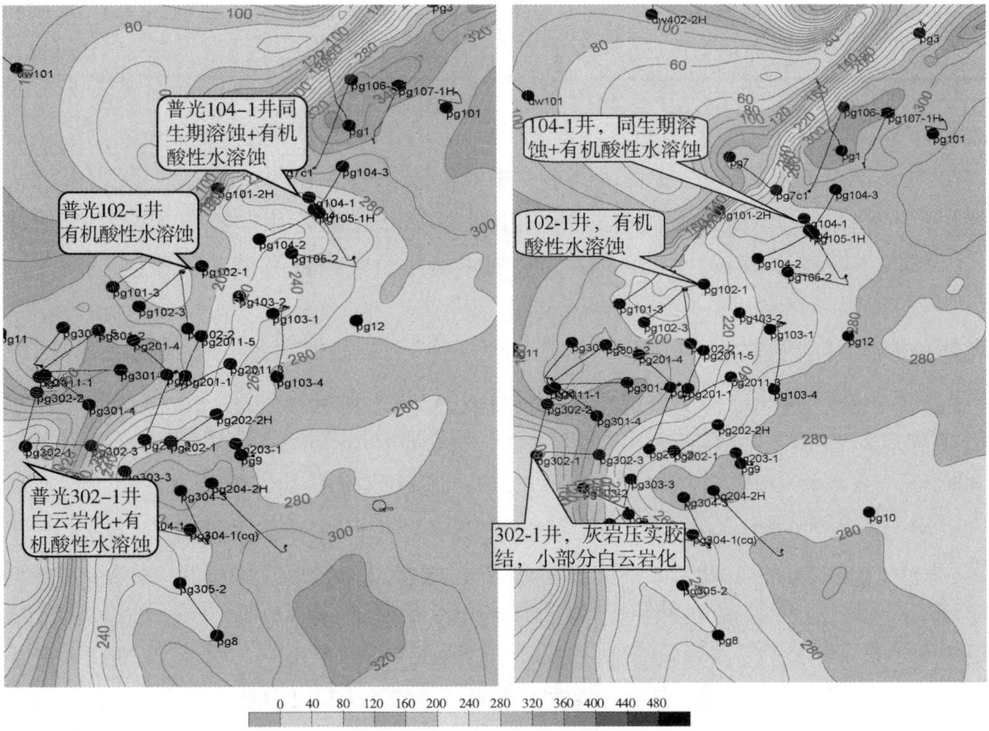

图4－25　普光气田层序古地貌相对高程图

古地貌较高处发育同生期溶蚀和有机酸性水溶蚀，地貌较低处主要发育有机酸性水溶蚀。存在五种主要成岩相(表4－8)：大气淡水淋滤高孔中低渗成岩相，有机酸性水溶蚀＋弱大气淡水淋滤高孔中高渗成岩相，有机酸性水溶蚀高孔高渗成岩相，有机酸性水溶蚀＋白云岩化中低孔中低渗成岩相，压实胶结成岩相等。其中，前三种是优质储层成岩相。

表4-8　成岩相定量判别表

成岩相	孔隙类型	岩性	物性	地貌相对高差/m	声波密度幅值比
大气淡水淋滤相	鲕模孔、粒内溶孔	鲕粒白云岩	高孔中低渗	<10	>1.5
大气淡水淋滤和有机酸性水溶蚀相	鲕模孔、粒内、粒间溶孔	鲕粒白云岩、砂屑白云岩	高孔中高渗	<110	1.25~1.5
有机酸性水溶蚀相	粒间溶孔	鲕粒白云岩、砂屑白云岩	高孔高渗	110~230	1~1.25
有机酸性水溶蚀和白云岩相	粒间溶孔、晶间孔、晶间溶孔	鲕粒白云岩、砂屑白云岩、结晶白云岩	中低孔中低渗	155~230	0.8~1
压实胶结相	压溶线、裂缝	灰岩	低孔高渗	>230	<0.8

②成岩相平面展布特征。

普光气田东北方向为古地貌较高处，西南方向为古地貌较低处，依次主要发育同生期溶蚀、有机酸溶蚀和白云岩化，反映成岩作用类型受古地貌的影响。如长兴组PSQ2Ⅴ因处于三级海平面下降末期，受混合水和大气淡水的影响较多，主要发育白云石化+大气淡水淋滤相；飞仙关组TSQ1 Ⅲ因受古地貌格局两分的影响，西侧古地貌低，主要发育有机酸性水溶蚀成岩相，东侧古地貌较高，主要发育有机酸性水溶蚀+弱大气淡水淋滤高孔高渗成岩相；飞仙关组TSQ1Ⅵ成岩相三分，分别为白云石化中孔中渗成岩相，有机酸性水溶蚀+大气淡水淋滤成岩相，有机酸性水溶蚀+白云石化高孔高渗成岩相。

2)岩性特征

飞仙关组储层岩石类型复杂，以白云岩为主，主要发育六种岩石类型，即鲕粒白云岩、残余鲕粒白云岩、糖粒状残余鲕粒白云岩、含砾屑鲕粒白云岩、含砂屑泥晶白云岩和结晶白云岩等，其中鲕粒白云岩和残余鲕粒白云岩是最重要的两种类型。长兴组储层主要为一套礁滩—白云岩组合，岩性以结晶白云岩、生屑白云岩、砂屑白云岩、砾屑白云岩、海绵礁白云岩、海绵礁灰岩为主，其中结晶白云岩、砾屑白云岩和海绵礁白云岩为重要的岩石类型。

经过岩心描述、薄片分析可知，碳酸盐储层岩石类型包括灰岩和白云岩，普光气田飞仙关组—长兴组储层以白云岩为主，白云石含量在92%以上，方解石含量在4%～8%，含极少量沥青和泥质成分。通过进一步统计分析普光气田多口取心井资料，认为储层岩石结构主要由晶粒、颗粒、生物骨架、胶结物四种类型。其中，晶粒云岩以粗晶、中～细晶、细粉晶为主；颗粒云岩以鲕粒(残鲕)、砾屑、砂屑为主；生物骨架白云岩以海绵、生物介屑为主；胶结物以亮晶为主，含量在19%～35%(表4-9)。

飞仙关组白云岩储层分为鲕粒白云岩、砾屑白云岩、砂屑白云岩、生屑白云岩、中—粗晶白云岩、细—粉晶白云岩和泥晶白云岩等七个亚类；将长兴组白云岩储层分为鲕粒白云岩、砾屑白云岩、生屑白云岩、中—粗晶白云岩、细—粉晶白云岩、泥晶和海绵礁白云岩等七个亚类。每种亚类又可根据其颗粒含量、结构构造进一步细分，如鲕粒白云岩又可细分为鲕粒白云岩、残余鲕白云岩、含鲕(残鲕)白云岩、糖粒状残余鲕白云岩、含砂(砾)屑鲕粒白云岩等小类(图4-26)。

表4-9　普光气田飞仙关组—长兴组储层岩石组成统计表

<table>
<tr><th rowspan="3">层位</th><th rowspan="3" colspan="2">岩石类型</th><th colspan="2">矿物成分</th><th colspan="8">结构组分</th></tr>
<tr><th rowspan="2">方解石/%</th><th rowspan="2">白云岩/%</th><th colspan="2">颗粒</th><th colspan="2">胶结物</th><th colspan="2">晶粒</th><th colspan="2">生物骨架</th></tr>
<tr><th>成分</th><th>含量/%</th><th>成分</th><th>含量/%</th><th>成分</th><th>含量/%</th><th>成分</th><th>含量/%</th></tr>
<tr><td rowspan="8">飞仙关组</td><td rowspan="4">颗粒白云岩</td><td>鲕粒白云岩</td><td>6</td><td>94</td><td>鲕粒</td><td>56</td><td>亮晶</td><td>27</td><td></td><td></td><td></td><td></td></tr>
<tr><td>砾屑白云岩</td><td>24</td><td>76</td><td>砾屑</td><td>71</td><td>亮晶</td><td>19</td><td></td><td></td><td></td><td></td></tr>
<tr><td>砂屑白云岩</td><td>8</td><td>92</td><td>砂屑</td><td>54</td><td>亮晶</td><td>23</td><td></td><td></td><td></td><td></td></tr>
<tr><td>生屑白云岩</td><td>7</td><td>93</td><td>生屑</td><td>17</td><td>亮晶</td><td>28</td><td></td><td></td><td></td><td></td></tr>
<tr><td rowspan="3">晶粒白云岩</td><td>粗—中晶白云岩</td><td>8</td><td>92</td><td>残鲕</td><td>9~32</td><td></td><td></td><td>中粗晶</td><td>72~100</td><td></td><td></td></tr>
<tr><td>细—粉晶白云岩</td><td>10</td><td>90</td><td>残鲕、内碎屑、生屑</td><td>少见</td><td></td><td></td><td>细—粉晶</td><td>80~100</td><td></td><td></td></tr>
<tr><td>泥晶白云岩</td><td>9</td><td>91</td><td>残鲕、砂屑</td><td>少见</td><td></td><td></td><td>泥晶</td><td>90~100</td><td></td><td></td></tr>
<tr><td colspan="2">灰岩</td><td>87</td><td>13</td><td>鲕粒、内碎屑</td><td>78</td><td>亮晶</td><td>22</td><td></td><td></td><td></td><td></td></tr>
<tr><td rowspan="9">长兴组</td><td rowspan="3">颗粒白云岩</td><td>鲕粒白云岩</td><td>2</td><td>98</td><td>鲕粒</td><td>55~80</td><td>亮晶</td><td>27</td><td></td><td></td><td></td><td></td></tr>
<tr><td>砾屑白云岩</td><td>5</td><td>95</td><td>砾屑、砂屑</td><td>60</td><td>亮晶</td><td>19</td><td></td><td></td><td></td><td></td></tr>
<tr><td>生屑白云岩</td><td>4</td><td>96</td><td>生屑、藻屑、内碎屑</td><td>50</td><td>亮晶</td><td>35</td><td></td><td></td><td></td><td></td></tr>
<tr><td rowspan="3">晶粒白云岩</td><td>粗—中晶白云岩</td><td>1</td><td>99</td><td>残鲕</td><td>9</td><td></td><td></td><td>中晶</td><td>80</td><td></td><td></td></tr>
<tr><td>细—粉晶白云岩</td><td>2</td><td>98</td><td>残鲕、个别砂屑</td><td>少见</td><td></td><td></td><td>细—粉晶</td><td>100</td><td></td><td></td></tr>
<tr><td>泥晶白云岩</td><td>4~30</td><td>70~96</td><td>残鲕、砂屑</td><td>少见</td><td></td><td></td><td>泥晶</td><td>80~96</td><td></td><td></td></tr>
<tr><td>生物骨架白云岩</td><td>海绵礁白云岩</td><td>5.2</td><td>94.8</td><td>生物介屑</td><td>2~10</td><td></td><td></td><td></td><td></td><td>海绵</td><td>25~60</td></tr>
<tr><td rowspan="2">灰岩</td><td>海绵礁灰岩</td><td>54</td><td>46</td><td>生物介屑、砾屑</td><td></td><td></td><td></td><td></td><td></td><td>海绵、苔藓虫</td><td>25~60</td></tr>
<tr><td>灰岩</td><td>96</td><td>4</td><td>生物介屑</td><td>58</td><td>亮晶</td><td>22</td><td></td><td></td><td></td><td></td></tr>
</table>

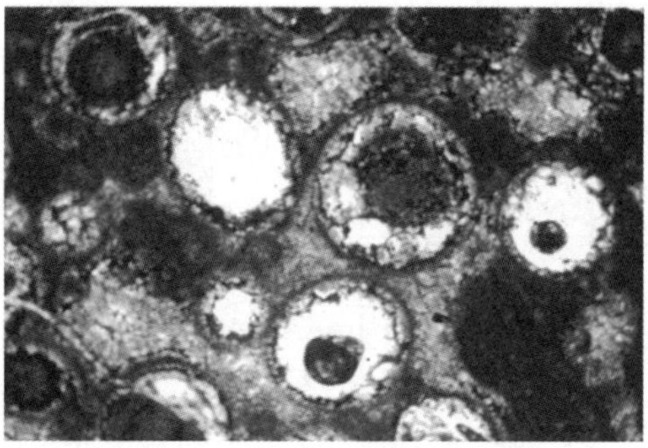

（a）N017-008: 鲕粒白云岩，T_1f, 2.5×4-，岩石中鲕内溶孔及鲕模孔发育，被白云石和沥青不完全充填

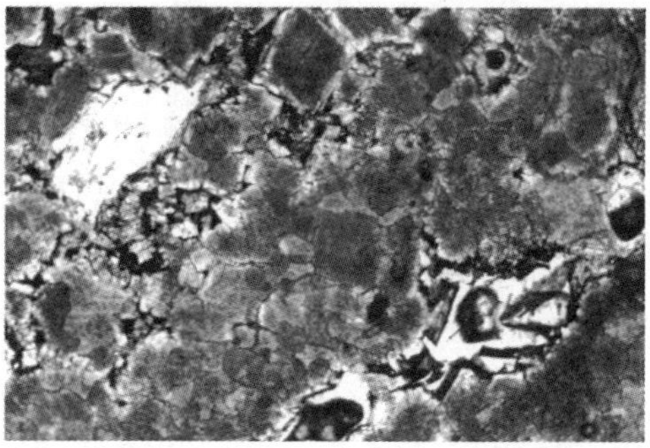

（b）N016-013:残余鲕粒白云岩，T_1f, 2.5×4-，大小不一的鲕粒及白云石沥青充填鲕间溶孔；鲕粒间溶孔洞壁长有淀晶白云石晶体，沥青附着白云石晶体上，说明沥青晚于白云石晶体形成

（c）N034-006:糖粒状残余鲕粒白云岩，T_1f, 2.5×4-，白云石重结晶强烈，呈“糖粒状”，沥青充填白云石晶间孔和晶间溶孔

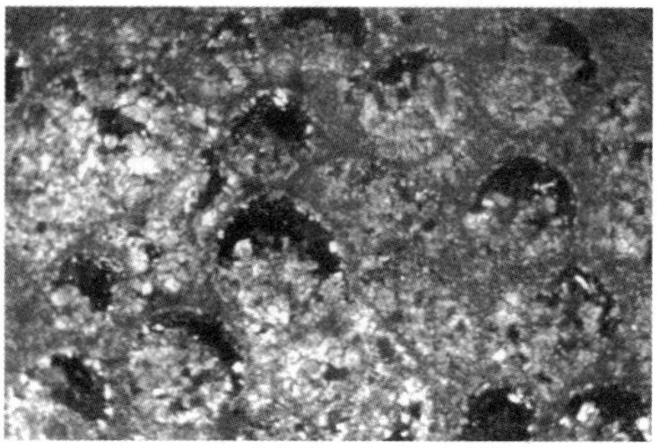

（d）N041-022:含砾屑鲕粒白云岩，T_1f, 2.5×4-，砾屑以复鲕为主，颗粒发育泥晶环边

图4－26　普光气田普光2井飞仙关组储层主要岩石类型特征

对各类岩性物性特征进行统计，飞仙关组白云岩七个亚类中鲕粒白云岩、中粗晶白云岩物性最好，是重要的两种岩石类型(图4－27)，孔隙度分别达到9.7%、8.37%，渗透率为$1.83\times10^{-3}\mu m^2$、$11.06\times10^{-3}\mu m^2$；其次为生屑白云岩、泥晶白云岩、细粉晶白云岩、砂屑白云岩、砾屑白云岩。

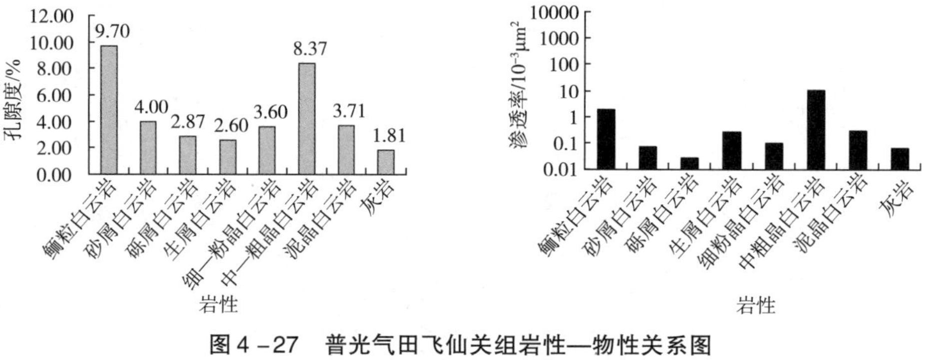

图4－27　普光气田飞仙关组岩性—物性关系图

长兴组七个亚类中以海绵礁白云岩、砾屑白云岩物性较好(图4－28)，平均孔隙度分别达到9.5%、9.55%，平均渗透率分别达到$4.57\times10^{-3}\mu m^2$、$6.31\times10^{-3}\mu m^2$；其次为粗中晶白云岩、生屑白云岩、泥晶白云岩，平均孔隙度5.45%～7.1%，平均渗透率$(2.45\sim3.02)\times10^{-3}\mu m^2$；鲕粒白云岩、细粉晶白云岩尽管孔隙度较高，分别达到15.8%、9.74%，但渗透率却较低，反映储层孔隙之间连通性差。

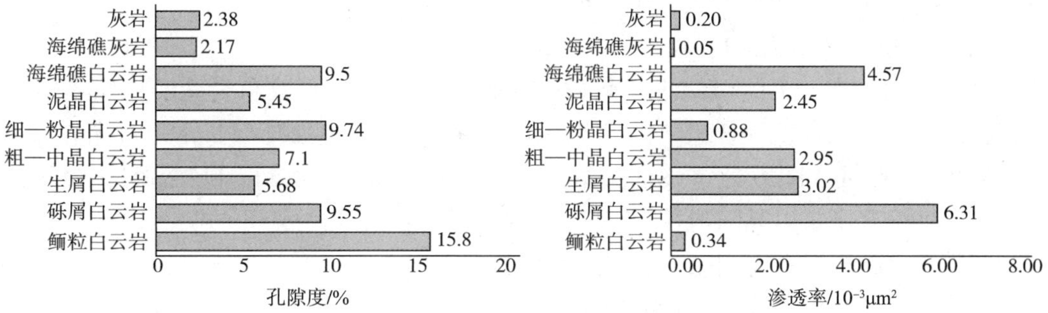

图4-28　长兴组岩性—物性关系图

3)海相储层特征

储层储集空间主要为孔隙和裂缝两种类型，以孔隙为主，裂缝发育较少，储层物性整体较好。飞仙关组以中孔中渗、高孔高渗储层为主，孔隙度在0.94%～25.22%，平均孔隙度为8.11%；长兴组以高、中孔，中低渗储层为主，孔隙度在1.11%～23.05%，平均孔隙度为7.08%。纵向上，飞三段储层物性相对较差，飞一二段储层物性最好；长兴组储层物性中等至较好，上部局部发育高孔中渗带，下部储层物性较差。

普光气田以飞仙关组储层为主。普光主体储层呈块状，纵向上各类储层交错分布，储层非均质性非常强。飞仙关组储层在普光2井、普光6井附近厚度最大，向四周变薄；长兴组储层受生物礁控制呈点状分布，普光6井、普光8井区储层最厚。

大湾气藏飞仙关组储层主要发育在大湾1、大湾2井区和大湾102井区，大湾1、大湾2井区储层总厚度在157.4～148.5m，由大湾1井往(北)大湾2井飞仙关组储层呈变厚趋势，且Ⅰ类、Ⅱ类储层明显增厚；大湾102井区储层发育局限，最厚120m左右。

毛坝气藏飞仙关组储层主要发育在北部毛坝4、毛坝6井区，厚度中心在毛坝4井附近，厚250m左右，往四周减薄，至毛坝3井相变为非储层。

(1)储层物性。

①储层物性基本特征。

储层整体上物性较好。其中，飞仙关组以中孔中渗、高孔高渗储层为主，孔隙度在0.94%～25.22%，平均孔隙度为8.11%；长兴组以高中孔高渗储层为主，孔隙度在1.11%～23.05%，平均孔隙度为7.08%。大部分储层孔渗相关性较好，呈正线性相关，说明储层以孔隙(溶孔)型为主。储层岩石密度总体较小，主要分布于2.2～2.8g/cm^3，与孔隙度、渗透率之间呈明显的负相关。

②储层物性分布特征。

飞仙关组整体上储层物性较好。纵向上，飞三段物性相对较差，孔隙度处于1.02%～9.46%，平均孔隙度为2.67%。渗透率介于(0.0116～83.9589)$\times10^{-3}\mu m^2$，平均渗透率为0.059$\times10^{-3}\mu m^2$；飞二至飞一段物性最好，孔隙度介于1.23%～28.86%，平均孔隙度为8.75%。渗透率介于(0.0112～3354.6965)$\times10^{-3}\mu m^2$，平均渗透率为1.6295$\times10^{-3}\mu m^2$，纵向上存在四个孔隙变化带。长兴组上部发育高孔高渗带，下部储层较差。其中，上部岩性以结晶白云岩、砂屑白云岩、生屑白云岩、砾屑白云岩等为主，孔隙度介于1.91%～23.08%，主要分布于5%～10%，渗透率介于(0.03～5874.56)$\times10^{-3}\mu m^2$，大

部分 $>1.0\times10^{-3}\mu m^2$，表明储集性中等至较好。

(2)储集空间与孔隙结构。

普光主体和大湾区块储层储集空间类型相似，主要发育孔隙和裂缝两种储集空间类型，以孔隙为主，局部发育裂缝。长兴组—飞仙关组储层以溶蚀孔(洞)占绝对优势，是最主要的储集空间，晶间孔次之。飞仙关组溶蚀孔(洞)含量在80%以上，晶间孔含量仅为10% ~15%；溶孔中又以晶间溶孔和晶间溶蚀扩大孔为主，占总溶孔的75%左右，其次为20%的鲕模孔、粒内溶孔。同时，长兴组原生粒间孔几乎全部被胶结充填，只有极个别被保留下来，飞仙关组储层有极少量的原生粒间孔。

①孔隙型。

普光主体、大湾区块储层孔隙包括两种类型。一种为与溶蚀有关的溶孔、溶洞等，类型丰富，占绝对优势，溶孔中又以晶间溶孔和晶间溶蚀扩大孔、鲕模孔、粒内溶孔为主，而原生粒间孔基本消失或多数经过后期溶蚀改造后不易识别；另一种为与溶蚀无关的晶间孔。

晶间溶孔是由于晶间孔因溶蚀扩大而形成的，非常普遍，发育于各种结晶白云岩、残鲕白云岩及砂屑白云岩中(图4-29)。

粒间溶孔：由于颗粒间胶结物或部分颗粒溶蚀扩大而形成。这种孔隙比较常见，主要发育于鲕粒白云岩及砂屑白云岩中(图4-30)。

图4-29 晶间溶孔（普光2井，$T_1f_{1\sim2}$）

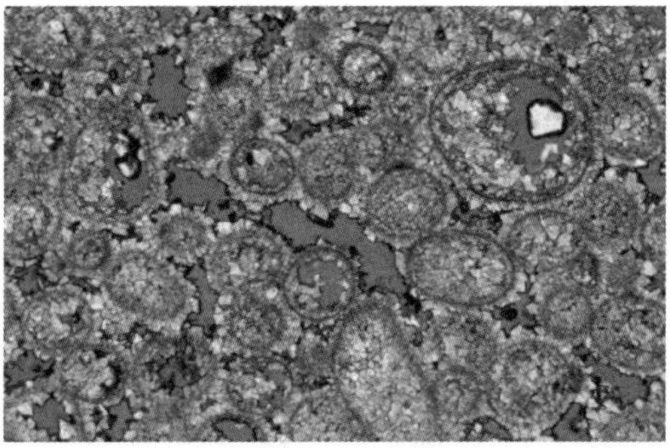

图4-30 粒间溶孔（普光102井，$T_1f_{1\sim2}$）

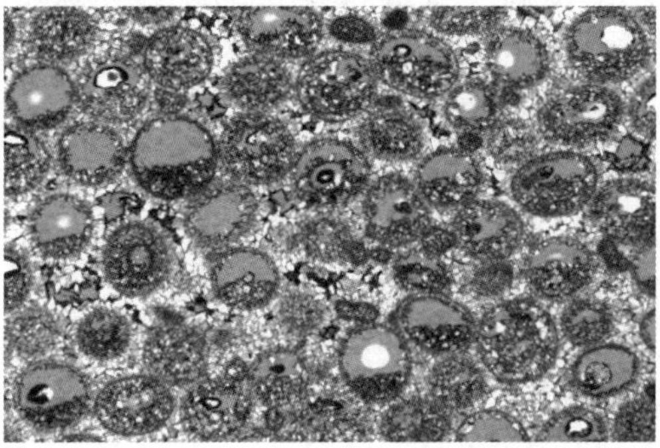

图4-31 粒内溶孔(普光102-1井，$T_1f_{1\sim2}$)

粒内溶孔和鲕模孔是鲕粒部分全部溶蚀形成的孔隙，孔隙保留了鲕粒的形态。多数鲕模孔未被充填，少数充填少量沥青(图4-31)。

溶洞：溶蚀作用非常强烈，形成了大于2mm的洞。这种孔隙非常丰富，遍布于飞一段—飞二段鲕粒滩白云岩中，是最主要的储集空间之一。岩心观察发现，溶洞形态不规则，直径在3~4cm，大者有10cm，洞壁除有少量白云石、方解石及石英生长外，大部分未被充填。

晶间孔：重结晶作用形成了大小不等的白云石晶体，白云石晶体在岩石中杂乱排列，形成了比较丰富的晶间孔。这类孔隙非常丰富，除溶孔外，是飞仙关组主要的储集空间，分布于粉晶、细晶、中晶及粗晶等各类结晶白云岩中(图4－32)。

②裂缝类型。

普光气田裂缝整体不发育，但从岩心观察、EMI成像测井显示普光地区发育有三期裂缝。早期裂缝为张性缝，形成于浅埋阶段，多被方解石等矿物充填；第二期裂缝比较常见，形成于中—深埋藏阶段，为液态烃进入之前或同时形成，裂缝形成以后马上被石油占据，油转变成气以后大部分被沥青充填，为压性缝，宽度一般在0.01～0.03mm；第三期裂缝非常常见，形成于深埋环境的气烃阶段，缝壁很干净，没有充填物，为张性缝，宽度一般在0.05～1mm(图4－33)。

图4－32　晶间孔(普光2井，T_1f_{1-2})

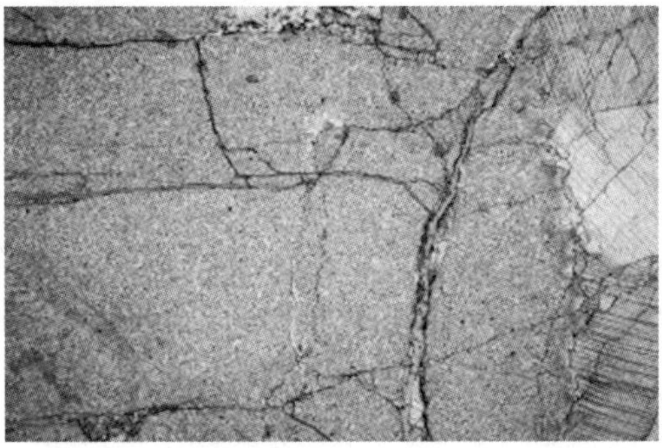

图4－33　裂缝(普光8井，T_1f_{1-2})

为便于研究，依据这些孔隙类型的特征，进一步将特征相似的孔隙类型归为四大类：粒间孔、粒内孔、裂缝与礁相(礁相生物成因孔隙)。其中，晶间溶孔、晶间孔、溶洞与粒间孔合并为粒间孔，粒内溶孔、鲕模孔合并为粒内孔，礁相(礁相生物成因孔隙)为独成体系。

裂缝类型：裂缝主要发育于飞三段、飞一底以及长兴组上部和下部。飞仙关组储层均以构造缝为主，且各类裂缝发育是有选择性的，岩性相对致密的储层以斜裂缝和纵裂缝发育较多，岩性相对疏松的储层以横裂缝发育较多；长兴组主要有压溶缝合线和构造裂缝两种类型。

(3)孔隙结构特征。

长兴组—飞仙关组具有较好的物性与孔隙结构，储层孔喉分布频带较宽。其中，飞仙关组储层以大孔粗喉为主，微孔微喉很少；长兴组以大中孔隙为主，微至粗喉道均比较发育，以细喉道为主。

(4)储层敏感性。

速敏程度为弱—中等偏强。速敏指数为0.3282～0.8785。

水敏程度中等。水敏指数为69.07～38.95，反映储层含有一定比例的黏土矿物，水对储层具有一定的危害性。

盐敏程度为中等—强。随着矿化度的增加，渗透率下降，渗透性损害程度在38.95%～95.1%。

酸敏程度为中等—强。普光1井酸敏实验分析，渗透性损害程度在－11.98%～47.37%，酸敏程度为无—中等。普光302－1井三块样品酸敏实验分析，渗透性损害程度较高，分别为92.25%、74.29%、74.06%，酸敏程度较强。

碱敏程度为弱—强。随着液体pH值的升高，渗透率下降，样品渗透性的损害程度为10.7%～85.89%，且渗透性好的其损害程度亦强。

(5)储层类型。

①储集岩分类标准。

参照四川碳酸盐岩储集岩分类方法，以孔隙度2%作为储层评价的下限值，将普光气田有效储集岩分为四类(表4－10)。

表4－10　四川盆地碳酸盐岩储层分类评价标准

储层分类	Ⅰ类	Ⅱ类	Ⅲ类	Ⅳ类
孔隙度/%	>10	5～10	2～5	<2
渗透率/$10^{-3}\mu m^2$	>1.0	0.25～1	0.002～0.25	<0.002
中值喉道宽度/μm	>1	0.2～1	0.024～0.2	<0.024
孔隙结构类型	大孔粗中喉型	大孔中粗喉型 中孔中粗喉型	中孔细喉型 小孔细喉型	微孔微喉型
储层评价	好至极好	中等至较好	较差	差

数据来源：《石油天然气储量估算规范》(DZ/T 0217—2020)。中值喉道宽度、孔隙结构类型据四川盆地评价标准(钱峥，黄先雄．碳酸盐岩成岩作用及储层：以中国四川东部碳系为例[M]．石油工业出版社，2000)。

②储层分类。

普光2井飞仙关组储层以Ⅱ类储层为主，占总厚度的45.0%，其次为Ⅲ类、Ⅰ类，含量分别为29.8%、17.04%，而Ⅳ类储层仅占8.2%。飞仙关组储层岩性为大套灰、浅灰色溶孔鲕粒白云岩夹灰质白云岩与白云质灰岩组合，以残余鲕粒白云岩为主，为暴露鲕粒滩沉积；储层物性较好，平均孔隙度为8.17%，渗透率最高可达$3354.6965\times10^{-3}\mu m^2$；储集空间类型以早期鲕模孔、粒内溶孔和晚期各种溶孔为主，大中孔中粗喉型组合；纵向上以飞二段—飞一段储层最好，其次为飞三段。

普光6井长兴组储层以Ⅱ类储层为主，占47.5%；其次为Ⅰ类、Ⅲ类，分别占24.3%、19.4%，而Ⅳ类储层仅占8.8%。长兴组上部岩石类型以海绵礁白云岩、海绵礁灰岩为主，夹少量的灰质白云岩、结晶白云岩，为台地边缘生物礁沉积，以Ⅰ类、Ⅱ类储层为主。长兴组下部岩性主要为砾屑白云岩、结晶白云岩、生屑白云岩、砂屑白云岩，为台地边缘浅滩与台地蒸发岩沉积，以Ⅱ类储层为主，纵向上长兴组上部储层物性好于下部。

(6)储层主控因素分析。

结合沉积相以及C、O同位素等大量试验研究认为，沉积与成岩环境是决定储层发育主要因素。沉积环境是储层形成的先决条件，决定了储层形成的物质基础，而准同生期的成岩作用对储层进一步进行了改造，同时具有较好的保存条件，从而形成了目前储层展布特征。

①沉积相是碳酸盐岩储层形成的物质基础。

滩、礁相储层的发育与沉积微相密切相关，属于受颗粒滩控制的相控储层。沉积相不仅决定了主要储层的大致分布范围，还影响着储层后期所经历的成岩作用类型、强度及储层内部的孔隙结构等。因此，沉积相是储层形成的基础。

对亚相、微相与孔隙度关系进行统计发现，最好的储集岩段发育在颗粒滩亚相，且往往发育于向上变浅滩体的上部和顶部，其他微相储集条件较差(图4－34)。具有良好物性的岩类基本上为重结晶的鲕粒云岩、砂屑云岩和鲕粒灰岩、砂屑灰岩，其中又以重结晶的鲕粒云岩为主，其余岩性的储集条件很差。说明本区的储集空间形成发育与颗粒滩密切相关，即具有早期孔隙发育的储层，后期越容易改造形成优质稳定分布的储层，而早期“铁板”一块的不仅后期难以改造，而且也难以形成优质储层。

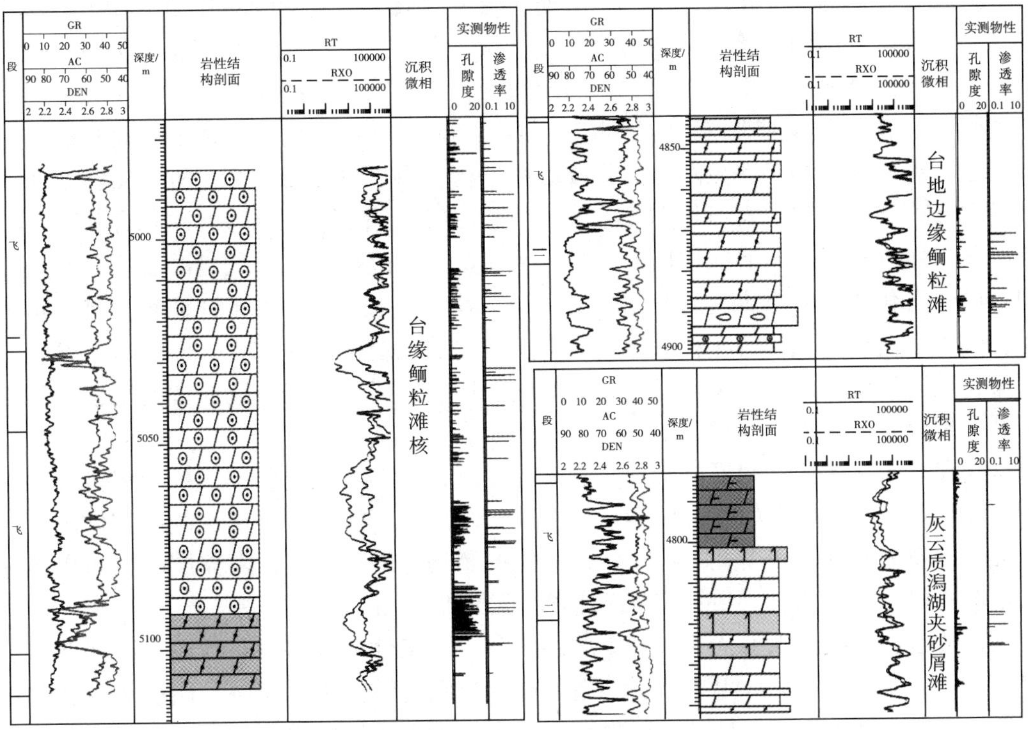

图4－34 普光2井飞仙关组不同微相带储集性能示意图

滩体的不同部位其储集条件差异较大，一般而言，储层质量由好至坏的顺序为滩核、滩核—滩缘、滩缘。这是由于，滩核部位水动力较强，颗粒岩大量堆积，鲕粒混合水白云化充分，完全发生晶变，早期选择性溶蚀强烈，加上后期埋藏溶蚀作用，原结构破坏严重，形成中粗晶残余鲕粒白云岩，粒间、晶间孔为发育，储渗能力强；滩缘部位颗粒岩与泥粉晶白云岩(灰岩)交互沉积，相对滩核部位颗粒岩比例减少，储层物性逐渐变差，但这些物性差、层厚小的泥粉晶白云岩，纵向上位于厚度大、物性好的残余鲕粒白云岩之间，在后期历次构造运动中极易形成裂缝，有助于改善储层的渗流能力。

②成岩作用是碳酸盐岩储层发育的关键。

对孔隙起建设性的成岩作用主要为白云石化与溶蚀作用，起破坏性的成岩作用主要为胶结、充填与压实作用。

压实作用是原生储集空间缩减的主要因素之一，压实作用是使沉积物体积减小、储层物性变差的一种重要成岩作用类型，而且压实作用是孔隙度随埋藏深度增加而不断降低的主要原因。在颗粒碳酸盐岩中，压实作用表现为颗粒的破裂和重新排列，颗粒的接触方式由漂浮状变为点接触、线接触，从而使原始储集空间减小，甚至消失。但随压实强度的进一步增大，会发生化学压实作用，即压溶作用。压溶作用产生的压溶缝(缝合线)可以作为流体的运移通道，有利于酸性成岩流体和烃类运移，并可沿压溶缝扩溶形成新的可溶空间。

胶结充填作用也是破坏和降低孔隙度的主要因素之一，早期胶结物的存在可使鲕粒碳酸盐岩形成坚固的骨架，阻碍压实作用的进行，有利于孔隙的保存，如针孔鲕粒白云岩储层，粒间胶结物形成的骨架使铸模孔得以保存。但胶结、充填作用却是破坏和降低孔隙度的最主要因素之一。根据胶结物的特征和生成环境，可识别出白云石的一到三期胶结物。第一期：海底胶结的马牙状白云石；第二期：由大气淡水引起的胶结作用，在大气淡水潜流环境中形成，胶结物形状为等轴细粒状或叶状方解石；第三期：埋藏胶结物晶体较粗大明亮，一般呈嵌晶状，充填于孔隙或孔洞的边缘，或全部充填孔隙或孔洞中一期胶结物的剩余空间。对储层发育影响较大的是第一、第二期胶结，第三期胶结物不是太发育。

白云石化作用有利于埋藏溶蚀优化改造的进行，由于白云石体积比方解石体积小，方解石向白云石转化过程中岩石体积要变小。即白云石化作用形成了大量的晶间隙。同时，白云石化作用有利于埋藏溶蚀作用的进行，为储层优化改造提供了优越的物质基础。实践表明，白云石化的鲕滩与非白云石化的鲕滩物性差异较大，这是由于埋藏酸性流体进入储层时，流体在白云石化的鲕滩更易横向运移，使储层改造的规模增大；而在具有残余粒间孔的鲕粒灰岩储层，由于孔隙呈孤立状，缺乏流体横向运移通道，流体横向运移距离仅限于断裂—裂缝系统附近，对储层的影响相对较小。

早期大气淡水淋溶作用形成暴露浅滩储层，沉积物在沉积过程中频繁受到多频次的海平面升降影响，在颗粒滩的高部位容易接近和出露海面，接受大气淡水的淋溶作用，选择性溶蚀形成粒内溶孔、铸模孔。但淡水透镜体的影响范围有限，这类储层的分布也是有限的，不会构成普光气田长兴组—飞仙关组的颗粒滩储层的主体。

构造破裂和埋藏溶蚀的优化改造了储层的储、渗条件，构造破裂与埋藏溶蚀在储层的发育改造中常常共生，总体上来说，构造破裂和埋藏溶蚀作用对储层的储渗能力有改善作用，但是改造程度取决于早期储层的发育程度，即表现为早期储层越发育，则构造破裂和埋藏作用对其的优化改造越明显。岩心和镜下观察表明：形成于不具有先期孔隙层的非相控型致密岩性中的裂缝，酸性流体仅能在直接的裂缝系统附近产生扩溶，裂缝对储层的改造不明显；形成于具有先期保存孔隙的透镜状鲕滩储层中的裂缝，更易于酸性流体的流动，形成溶蚀孔洞，储层得到明显优化改造(图 4－35)。

(a)普光6井，飞仙关组，泥粉晶云岩

(b)普光6井，飞仙关组，具鲕粒幻影中晶云岩，微裂缝，沿缝溶蚀不明显，2.5×4微裂缝，沿缝扩溶，2.5×4

图 4－35　普光气田微裂缝发育薄片图

总之，岩石原有孔隙度为35%左右，经过一系列成岩作用后，最终演变为孔隙度在10%左右。

③较好的保存条件是高深埋储层的保存成因。

由于鲕滩储层的原岩－鲕粒灰岩本身可以形成较好的储层，因此鲕滩储层的形成具有天生的物质基础。后期建设性成岩作用的改造，使原有的孔隙网络进一步溶蚀扩大，形成现今高孔、中高渗的优质储层。但是在埋藏5000m以上深度里，储层还能有如此好的物性，保存成因也起到了关键作用。

巨厚沉积有利于原生及同生期孔隙的保存，普光气田鲕滩相带沉积时颗粒之间原生粒间孔和同生期形成的各种溶孔和晶间孔在储层中的大量保存，与沉积速率和海平面变化匹配造成鲕粒岩向上加积形成巨厚储层密切相关。鲕粒岩的加积使滩核部位短期内形成巨厚沉积，渗滤粉砂、压实胶结作用使顶底和边部的储集空间消耗殆尽，但滩体中部由于顶底和边部致密胶结对压实成岩流体的相对屏蔽和巨厚的储层对碳酸钙饱和流体的淡化，减弱了渗滤粉砂、胶结作用和压实作用等对孔隙网络的破坏，利于原生孔及同生期孔隙保存；而滩缘位因储层较薄，成岩流体影响很大，原生孔及同生期孔隙保存概率很小，不利于早期储集空间保存(图4－36)。

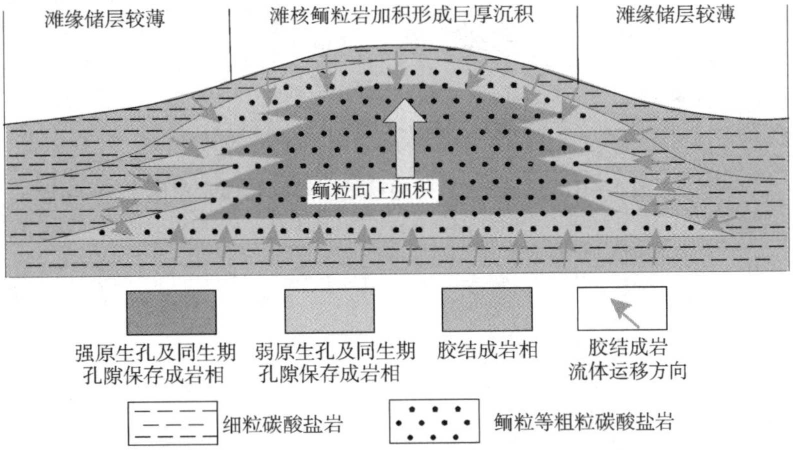

图4－36　普光气田鲕滩加积与早期孔隙保存成因示意图

早期快速埋藏和烃类充注更好地保存原生孔隙及同生期孔隙，研究表明，持续浅埋－早期快速深埋有利于储层的发育。普光气田飞仙关组不仅具有一次早期快速埋藏过程，而且烃类充注与快速埋藏末期具有良好的匹配关系，更有利于原生孔隙及同生期孔隙的保存。

普光气田受早印支运动的影响，早三叠世开始大幅沉降，飞仙关组和嘉陵江组沉积了近2000m厚的沉积物。到晚三叠世长兴组—飞仙关组快速埋藏到3000m左右，此时志留系烃源岩开始进入生烃门限，有机酸和一些烃类物质开始逐渐侵入储层，改变了孔隙水的性质使其呈弱酸性，抑制了碳酸盐岩的胶结，更好保持了原生孔隙及同生期孔隙。

膏盐悬浮—构造托举，减压保持高孔隙，飞仙关组上覆雷口坡组—嘉陵江组发育厚膏盐层，低密度的膏盐层减轻了部分上覆压力，有效地抑制压实作用。各种鲕粒白云岩颗粒多呈悬浮接触或点接触关系，反而标志压实作用的线接触、定向排列构造和压溶缝合线在鲕滩储层很少见。

雷口坡组—嘉陵江组在强构造挤压作用下形成一系列顺层滑脱断褶带，断褶带底部因形变产生可容纳空间。下伏飞仙关组因上部可容纳空间的产生，形成强挤压应力区下伏的相对张应力区，并在逆冲断层和反冲逆断层的共同作用下，产生挤压上拱力，抵消了部分上覆压力，并使上盘上冲和变形扩容(图 4－37)。变形扩容时在飞仙关组形成相对负压环境，从而加速天然气运聚。烃类的充注阻止了充填和胶结作用的继续，从而使原生孔和后期孔隙得以保存下来。

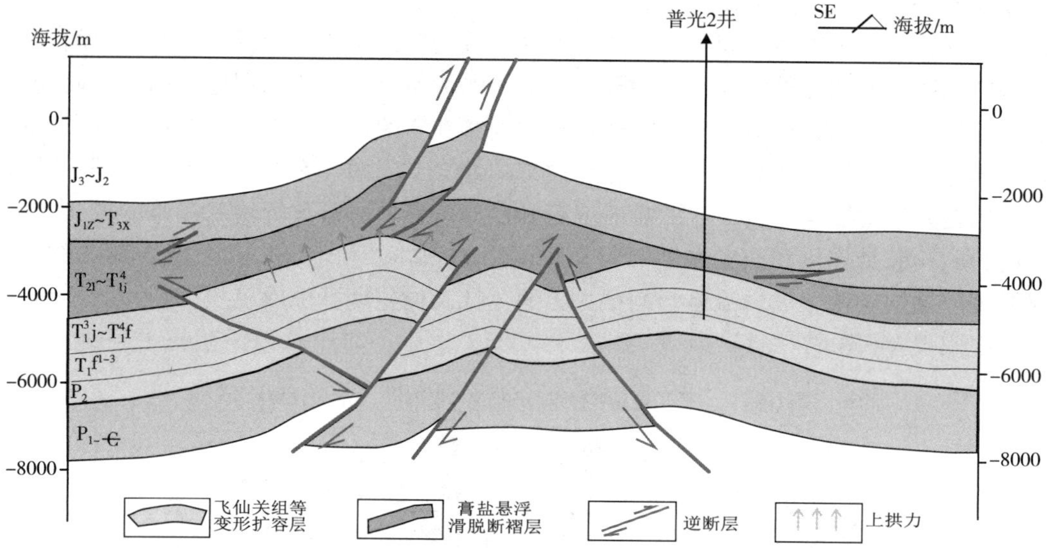

图 4－37　过普光 2 井地震地质解释剖面示意图

第 5 章　气藏类型

气藏是天然气在地下储层中聚集形成的。气藏可分为常规和非常规两大类型。非常规气藏主要指煤层气、页岩气、天然气水合物(可燃冰)及致密砂岩气等。世界油气勘探开发的历史就是一部由常规油气藏到非常规油气藏的勘探开发史。气藏一般根据其主要特征要素和开发生产需要进行类型划分。

5.1　气藏分类标准

中华人民共和国国家标准《天然气藏分类》(GB/T 26979—2011)，根据气藏不同特征因素进行了类型划分，使气藏类别划分系统化，以更好地服务于气田勘探开发工作。

5.1.1　按气藏圈闭因素分类

气藏按圈闭因素可分为构造气藏、岩性气藏、地层气藏、裂缝气藏等四大类 10 亚类(表 5－1)。

表 5－1　按气藏圈闭因素划分

类	亚类
构造气藏	背斜气藏、断块气藏
岩性气藏	透镜体气藏、岩性封闭气藏、生物礁气藏
地层气藏	不整合气藏、古潜山气藏、古岩溶气藏
裂缝气藏	多裂缝系统气藏、单裂缝系统气藏

5.1.2　按储层因素分类

气藏依据储层岩石类型可划分为碎屑岩气藏、碳酸盐岩气藏、泥质岩气藏、火成岩气藏、变质岩气藏、煤层气气藏等六类(表 5－2)。

表 5－2　按储层岩石类型划分

类	亚类
碎屑岩气藏	砂岩气藏、砾岩气藏
碳酸盐岩气藏	石灰岩气藏、白云岩气藏
泥质岩气藏	泥岩气藏、页岩气藏

续表

类	亚类
火成岩气藏	火山岩气藏、侵入岩气藏
变质岩气藏	
煤层气气藏	

5.1.3 按驱动因素分类

气藏按驱动方式可分为气驱气藏、弹性水驱气藏、刚性水驱气藏等三类(表5-3)。

表5-3 按气藏驱动因素划分

类	亚类		水驱指数(WEDI)
	按水体类型分	按能量分	
气驱气藏			0
弹性水驱气藏	边水	弱水驱	<0.1
		中水驱	0.1~0.3
	底水	强水驱	≥0.3
刚性水驱气藏	边底水		≈1

5.1.4 按相态因素分类

气藏依据相态因素可划分为干气藏、湿气藏、凝析气藏、水溶性气藏、水合物气藏等五类。其中，干气藏指储层气组成中CH_4含量>95%，气体相对密度<0.65，开采过程中地下储层内和地面分离器中均无凝析油产出的气藏；湿气藏是指在气藏衰竭式开采时储层中不存在反凝析现象，其流体在地下始终为气态，而地面分离器内可有凝析油析出，但含量较低，一般<50g/m^{3}的气藏；凝析气藏是指在初始储层条件下流体呈气态，储层温度处于压力—温度相图的临界温度与最大凝析温度之间，在衰竭式开采时储层中存在反凝析现象，地面有凝析油产出的气藏。凝析气藏按凝析油含量可分为特高含凝析油凝析气藏、高含凝析油凝析气藏、中含凝析油凝析气藏、低含凝析油凝析气藏四类，见表5-4；水溶性气藏是指烃类气体在地层条件下溶解于地层水之中，形成具有工业开采价值的气藏；水合物气藏是指烃类气体与水在储层条件下呈固态存在，具有工业开采价值的气藏。

表5-4 凝析气藏按凝析油含量划分

类	凝析油含量/(g/m^3)
特高含凝析油凝析气藏	>600
高含凝析油凝析气藏	250~600
中含凝析油凝析气藏	100~250
低含凝析油凝析气藏	50~100

5.1.5 按天然气组分因素分类

气藏根据天然气中 H_2S 的含量可以分为微含、低含、中含、高含、特高含 H_2S 气藏等(表5－5);按照 CO_2 含量可分为微含、低含、中含、高含、特高含 CO_2 气藏等(表5－6)。

表5－5 含 H_2S 气藏分类标准

气藏分类	微含	低含	中含	高含	特高含	H_2S 气藏
H_2S 体积分数/%	<0.0013	0.0013～0.3	0.3～2.0	2.0～10	10～50	≥50
H_2S/(g/m^3)	<0.02	0.02～5.0	5.0～30.0	30.0～150	150～770	≥770

表5－6 含 CO_2 气藏分类标准

气藏分类	微含	低含	中含	高含	特高含	CO_2 气藏
CO_2 体积分数/%	<0.01	0.01～2.0	2.0～10	10～50	50～70	≥70

5.1.6 按气藏地层压力系数分类

气藏根据地层压力系数可分为低压气藏、常压气藏、高压气藏以及超高压气藏等四类(表5－7)。

表5－7 气藏按地层压力系数分类标准

气藏分类	低压气藏	常压气藏	高压气藏	超高压气藏
地层压力系数	<0.9	0.9～1.3	1.3～1.8	≥1.8

5.1.7 按气藏埋深分类

气藏按照埋深大小可划分为浅层、中浅层、中深层、深层以及超深层气藏等五类(表5－8)。

表5－8 气藏按埋藏深度划分

类	气藏中部埋藏深度/m
浅层	<500
中浅层	500～2000
中深层	2000～3500
深层	3500～4500
超深层	≥4500

5.2 普光气田

普光气田主要含气层段为中部海相的三叠系下统飞仙关组和二叠系上统长兴组，储层储集空间以溶孔和晶间孔为主，局部发育裂缝；气层分布受岩性(沉积相)和构造双重因素控制，属于构造—岩性碳酸盐岩气藏。

普光主体长兴组—飞仙关组气藏埋深4800~6000m，钻井深度5300~7000m，属于超深层气藏。大湾气藏、毛坝气藏长兴组—飞仙关组气藏埋深4380~5100m，钻井深度4800~6900m，属于超深层气藏。

普光气田发育边、底水，存在多套气水系统，气水关系复杂。飞仙关组气藏发育边水，普光2块气水界面-5125m，普光3块气水界面-4890.0m，属于边水气藏；长兴组气藏发育底水，各个礁体独立成藏，存在六个气水界面，属于底水气藏。

普光主体，长兴组—飞仙关组气藏，地层温度118~130℃，地层静温梯度为1.98~2.21℃/100m，为低温系统。原始地层压力55.24~56.84MPa，地层压力系数1.00~1.18，为常压系统。大湾气藏，地层温度109℃，地温梯度为1.9℃/100m，为低温系统；原始地层压力为51.85~61.43MPa，地层压力系数1.08~1.25，为常压系统。毛坝气藏(毛坝4、毛坝6井区)，地层温度90℃左右，地温梯度2.0~3.6℃/100m，属常温系统；原始地层压力为49.28~49.96MPa，压力系数1.27~1.30，为常压系统。

普光主体天然气中CH_4含量在70.53%~88.5%，平均含量75.29%；乙烷含量小，平均含量仅为0.07%；H_2S含量在3.38%~17.05%，平均含量为13.93%；CO_2含量在4.2%~14.25%，平均含量为9.57%，为特高含H_2S、中含CO_2气藏。大湾气藏CH_4含量70.05%~78.20%，平均含量75.26%，H_2S含量在11.11%~12.84%，平均含量为12.13%，CO_2含量为8.65%~11.78%，平均含量9.91%，为特高含H_2S、中含CO_2气藏。毛坝气藏CH_4含量在71.87%~81.47%，乙烷含量在0.02%~0.21%，H_2S含量在11.75%~16.87%，平均含量为14.91%，CO_2含量为4.18%~10.05%，平均含量为8.48%，为特高含H_2S、中含CO_2气藏。

综上所述，普光气田具有埋藏超深、气层分布受岩性和构造双重控制、气层储集空间以孔隙为主、局部发育裂缝和溶洞、高含H_2S、中含CO_2，发育边底水等特征。根据埋深、地层压力、流体组分和储层构造岩性等主要特点，普光主体、大湾气藏和毛坝气藏都属于超深层、常压、特高含H_2S、中含CO_2的构造—岩性碳酸盐岩气藏。

5.3 通南巴气田

通南巴气田投入开发的含油气层段主要为陆相三叠系须家河组等。通南巴气田须家河组气藏根据主要特征要素进行类型划分。

须家河组须二段与须四段气藏埋深3500~5000m，属于深层—超深层气藏。

须家河组须二段与须四段气藏气体均以CH_4(97.06%~99.05%)为主，CH_4平均含量

98.21%，为干气藏。

通南巴气田须四段压力系数在1.75～1.97，地温梯度在1.80～1.90℃/100m；须二段压力系数1.48～1.58，地温梯度在1.82～2.15℃/100m。须二段和须四段气藏表现为低地温梯度异常高压的特征，属于异常高压气藏。

通南巴气田须二段与须四段储层储集空间主要为基质孔隙和构造裂缝，优质储层为"裂缝+孔隙"双甜点；气层分布具有面积大的特点，主要受构造与岩性共同控制。须家河组须二、须四段气藏为构造—岩性、裂缝—孔隙型致密砂岩气藏。

根据地层压力、流体组分和储层构造岩性等主要特点，通南巴气田投入开发的须家河组气藏属于构造—岩性、异常高压、裂缝—孔隙型致密砂岩气藏。

第 6 章　储层预测技术

储层预测技术是综合应用地震、地质、钻井、测井等各项资料对地下储层的分布、厚度及岩性和物理性质变化进行追踪和预测的一项先进技术，广泛应用于油气勘探开发过程中。储层预测的主要工作内容大体分为四个方面：储层岩性预测，即研究构成储层的岩石性质以及控制储层发育的沉积相带；储层形态预测，包括储层的分布、厚度和顶、底面构造形态；储层物性预测，主要研究储层的物性参数，即孔隙度和渗透率；储层含油气性综合分析，即研究储层内所含流体性质及其分布。储层预测技术是一门技术方法多、综合性强、相互交叉的技术系列，单项技术不下数十种。大体上可分为地震反演方法、地震属性分析技术、AVO 技术等三大类，这些都是以常规的地面地震反射纵波法勘探为基础的储层地震预测技术。此外，一些发展中的前沿技术，如利用地震纵横波差异研究储层特征的多波多分量地震技术、利用井眼激发接收的井间地震技术和 VSP(垂直地震剖面)技术、重复观测的时移地震(4D)技术、利用钻头作为震源的随钻地震技术、利用地震数据的谱分解来识别超薄层的谱分解技术，以及人工智能技术等，为储层地震预测增添了丰富的技术手段。

6.1　普光气田

普光气田主要开发层系为长兴组—飞仙关组礁滩储层，具有储层厚度大、埋藏深(5000m 左右)、储量丰度大、单井产能高等特点。超深层礁滩储层地球物理预测是一项世界性难题，其主要难点在于：礁滩储层非均质性强，空间分布很不规则，基于常规地震同相轴对比追踪的“地震相面法”或构造勘探方法，均难以准确地成图、成像。超深层礁滩储层地震资料的分辨率和信噪比低，有效信号的识别和解释难度大，多解性强、可靠性不高；碳酸盐岩的地震波传播速度高及大多数礁体的规模不大，造成双程反射时差小，地震波的运动学特征不明显；礁与非礁岩石的物性差异不大，使地震波的动力学特征差异也不明显，增加了地球物理反演的不确定性。礁滩储层类型多，内部结构复杂，响应特征多变；鲕粒滩储层常伴有薄互层的地震调谐特征，识别生物礁储层的地球物理判别准则常常彼此矛盾。复杂表层结构和复杂地下构造的影响有效储层地震响应特征，极易产生识别陷阱。

现阶段礁滩相储层预测大多数应用基于叠前或叠后地震资料及其相关的地球物理技术来进行。主要包括古地貌分析技术、地震属性分析技术、地震反演技术、裂缝预测技术、油气检测技术等。

6.1.1 礁滩相储层识别与预测

生物礁气藏是一种岩性圈闭性气藏，储集体可能是一个点礁或礁带。生物礁在四川盆地上二叠统长兴组内部造成岩相的横向变化一般会导致长兴组内部地震速度的变化，使其在长兴组内部平行反射结构中出现局部异常反射结构(杂乱、断续、扭曲状等)。

长兴组生物礁地震反射结构中一个突出特点是构成反射层的礁储层的单层厚度大多<20m，它们与胶结致密的礁相灰岩呈不规则互层状，并且在横向上多为渐变过渡。这些薄层与邻层的速度差幅大多<10%，界面反射系数一般<0.5，在礁气藏中钻遇的这些薄储层的叠加厚度从10~100m。因此，由于长兴组生物礁发育部位的不同、礁体与围岩关系的不同、礁组合内部薄互层速度结构的不同以及地震反射波的分辨率的差异，其干涉、叠加的结果也不同。这些影响综合表现在地震记录上，使长兴组生物礁在地震剖面中造成的局部异常反射结构有各不相同的特征和多种类型。

在多数情况下，生物礁的地震响应表现为地震反射波的振幅强度、相位数、相位极值、相位连续性及频率的改变，同时也可能出现因礁体与围岩间速度差异造成的礁与非礁界面的相邻界面反射形态变化。对这些因礁体的存在而表现出的可能识别的各种地震反射变化进行归纳分类，主要有如下三种：

(1)丘状上隆加厚型：生物礁地震异常呈丘状，具有“丘状地震反射结构”。长兴组顶部(简称长顶)反射层穿时上隆，长兴组内部反射也可能出现反映上隆的同相轴，长兴组底部反射层可能上凸或下凹，有时也可能影响阳新统底部反射层形态。这种反射特征可能对应礁体造成的同期沉积地貌特征。

(2)长顶反射变异型：生物礁地震反射主要表现为长顶反射在礁体部位局部中断、反射减弱等，出现长顶反射空白段或极弱段，可出现在丘状上隆加厚型中。长兴组内的反射也可出现上隆形态的同相轴，但穿时现象不明显。这种反射特征可能是礁体造成的沉积地貌的改变，影响了上覆飞仙关组底部沉积，造成局部岩相变化的反映。

(3)礁内反射变异型：表现为长兴组内与礁体对应部位反射层局部相位混乱、振幅强度突变等，有时可出现局部的振幅反射亮点(或暗点)，反射外形可表现为透镜状(眼球状)或各种不规则状。这可能是礁组合内岩层厚度、薄层组合造成的成层性、物性及结构较之周围的非礁地层无序变化的响应。

1)基于地震解释及沉积相分析，预测礁滩相储层分布和发育规律

这是一种基于成因分析的预测方法，将礁滩型储层预测转化为构造研究、沉积相分析、岩石物性分析、储层厚度预测等，从而间接预测礁滩型储层的发育及分布规律。

该方法根据钻井、录井、测井等资料识别出目标岩层段，通过对目标岩层段顶、底界面地震层位的标定和拾取，得到构造图和厚度分布图，并可进行相关的古地貌分析；另外，也可利用井上目标段的沉积相、地震属性分析或地震波形聚类等技术进行地震相分析和沉积相分析。在上述解释成果的基础上，分析目标岩层段的有利沉积相带和分布范围、分析礁滩型储层发育的有利构造部位等，揭示和预测礁滩型储层分布和发育规律。目标层段一般是指储层段或者具有潜在油气资源的层段。

(1)波形地震相分析。

由于生物礁具有与围岩不同的特殊结构，因此，识别的主要标志体现在其外部反射结

构、内部反射特征和波形的差异方面。利用生物礁的结构和波形与围岩的差异，可以依据长兴组顶、底界以及内部波形特征开展地震相分析，结合钻井进行沉积微相划分，圈定生物礁、滩分布的平面展布特征。

地震相分析就是在划分地震层序的基础上，利用地震参数特征上的差别，将地震层序划分为不同的地震相区，然后做出岩相和沉积环境的推断。波形地震相分析技术原理是利用地震道波形特征对某一层间内地震数据道进行逐道对比，细致刻画地震信号的横向变化，从而得到地震异常体平面分布规律。其技术方法是基于神经网络技术，按照是否需要训练集对照可以分为有监督地震波形分类、无监督地震波形分类和半监督地震波形分类，常用的无监督地震波形分类有 K－Means 方法、SOM 算法等；常用的有监督地震波形分类算法有贝叶斯决策论、人工神经网络和支持向量机等。半监督算法对于地震数据要求较高且需要满足平滑假设、聚类假设、流体假设。

波形地震相分析一般分两步实施：第一步，利用神经网络对地震层段间的地震道形状进行分析，建立一个最能表征层段内地震道形状差异的模型道序列；第二步，在实施层段中对每一地震道与模型道序列进行比较，并按最佳相关建立地震道和模型道之间的联系，得到标明模型相似性的空间分布，即地震相，并为后续地震层间属性分析指明方向。

一般情况下，四川盆地海相礁滩相的主要特征为：在深水盆地相区，地震剖面中的反射特征为长兴组顶部反射呈强振幅，连续性好并呈平行、亚平行反射结构，长兴组内部一般由 2～3 个相位组成，较为连续稳定，顶底双程反射时差较小。在礁滩相区，地震剖面中的反射特征为长兴组顶部突然反射波组中断，长兴组内反射紊乱，顶底双程反射时差增大，“地震反射异常”现象频繁，与深水盆地相呈近距离突变关系。在台地相区，地震反射呈弱反射至无反射，“地震反射异常”现象减少，相位较连续，双程反射时差变化不大，频率较高，与礁滩相区呈渐变过渡关系(图 6－1)。

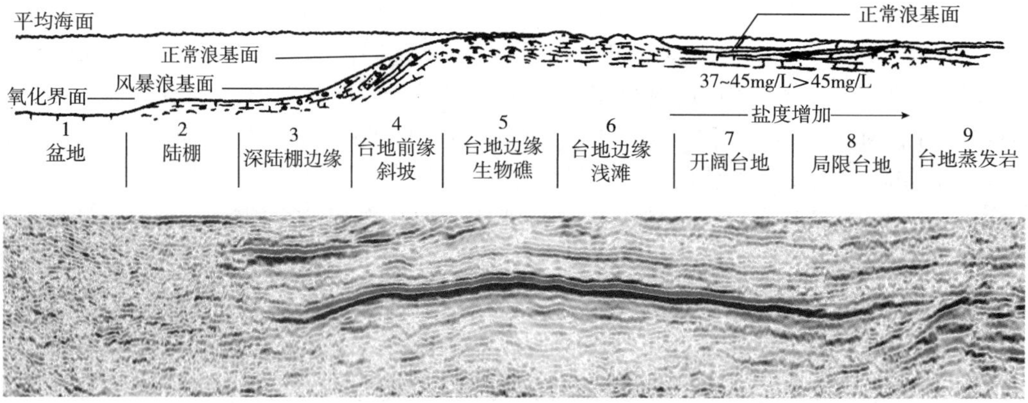

图 6－1　普光探区台地边缘礁滩相储层发育模式图

(2)古地貌分析技术。

古地貌恢复是预测礁滩型储层有利相带的关键技术，该技术也可用于分析其他类型的储层(如岩溶相)形成时的地貌。通过古地貌恢复研究，找出礁滩型储层发育的相带，指导下一步礁滩型储层预测技术研究。目前，常用的恢复古地貌的手段主要有：沉积学分析法、残余厚度法、印模法、层拉平法和地震古地貌法、压实恢复法、构造分析法以及上述几种方法的综合。但是，最常用的是残余厚度法、印模法和层拉平法三种方法。残余厚度法是在不整合面之下找一个标志层作为辅助标准层，通过求取地层遭受剥蚀后的残余厚度来恢复古地貌；印模法的原理是利用填平补齐的理论进行制作，在不整合面之上找一个标志层作为辅助标准层，运用不整合面上覆地层厚度与侵蚀面起伏的镜像关系确定古地貌的形态；层拉平法则是主要在地震剖面中进行操作，通过拉平目的层上部的地层或下部的地层来分析古地貌的形态。

古地貌分析的关键在于精细的层位追踪解释和合理的标准层选取。其中，标准层的选取原则如下：必须是全区范围内均有分布的、等时的、能够代表当时海平面的界面；标志层与风化壳面越近越好，因为标志层越接近风化壳，两者受后期构造活动影响及古地貌相对起伏的变化差异就越小，标志层与风化壳间的地层厚度越能反映风化壳当时的地形起伏；标志层与风化壳之间不能有另一个不整合面，这样才能确保古地貌是填平补齐或风化剥蚀的结果；标志层必须是一个强波阻抗或反射界面，并且在全区分布稳定，在地震剖面上容易识别，能够进行横向上的连续对比追踪。

2）地震属性分析法——识别生物礁的外形结构

地震属性是一种描述和量化地震资料的特性，是原始地震资料中所包含全部信息的子集。对于地震属性的定义众说纷纭，但是从纯数学的角度来说，地震属性可以定义为地震资料的几何学、运动学、动力学及统计学特征的一种量度。地震属性技术是指提取、显示、分析和评价地震属性的技术，在石油地震勘探中包括地震属性的提取、地震属性的分析、利用地震属性区分构造、岩性并进行目的层预测，从而确定有利储层位置。地层中储层、裂缝、孔洞的存在会造成地震属性的变化，根据对裂缝及孔洞敏感的地震属性的变化规律可进行礁滩型储层的预测。

现阶段的地震属性种类繁多，Brown（1996）把地震属性归纳为时间、振幅、频率、衰减4大类共66种。每种基本类型根据提取属性的数据体不同又分为叠后属性和叠前属性，其中叠后属性按提取方式的不同分为沿层属性和沿时窗属性。Quincy Chen（1997）把地震属性归纳为振幅、波形、频率、衰减、相位、相关、能量、比率8个大类共91种。从地震属性的实际应用来看，根据不同的研究目标、层系、岩性变化，结合地震属性的地质意义，可以将地震属性划分为：振幅统计类、频（能）谱统计类、相位统计类、复地震道类、层序统计类。

（1）三瞬属性。

三瞬属性是所有其他衍生类属性的基础，三瞬属性包括瞬时振幅、瞬时频率和瞬时相位。瞬时振幅是在任意给定时间对道能量的测量，在用彩色显示相道突出显示亮点。这些亮点都是薄地层调谐、主要岩性变化和反射率变化的直接反映。

瞬时相位是沿相道的即时相位，与道振幅无关。通过突出显示不整合、断层、横向地层变化，以及绘制子波变化和薄地层干涉图，瞬时相位可用于追踪反射体的连续性。实践经验已证明瞬时相位有助于突出显示与上覆烃类相关的低频阴影部分。

瞬时频率属性的定义是通过对主频的估计，求取每个样点的瞬时相位对时间的导数。此属性有助于识别异常的波形衰减和突出的瞬时相位的类似特征。众所周知，油气储层会导致瞬时频率的高频分量下降。

普光地区长兴组台缘生物礁以纵向叠置生长为主，礁体生长速度快于周围地层，以海绵礁骨架岩为主的岩性有别于以灰岩为主的围岩，因此，可以利用地震属性识别生物礁的外形结构。

在地震波形剖面上“拉平长兴组底界”，生物礁呈典型丘状外形，向海一侧略陡，两侧地层上超，上覆地层呈披覆状(图6－2)；在地震反射强度属性剖面上，长兴组顶面反射整体表现为中—强反射强度，明显强于上下地层，在不同沉积相带反射强度略有差别(陆棚区域偏强，台缘区相对弱，台地区为中等强度反射)；相干属性剖面上，生物礁内部呈相干团块结构，反映礁体内部为弱—杂乱反射；地震瞬时相位属性对细节反映更为敏感，相位突变或错断表明岩石物理特性发生了变化。

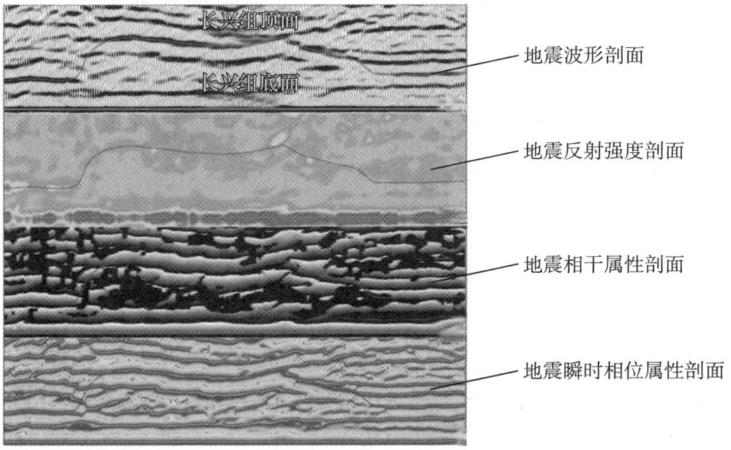

图6－2　垂直台缘方向典型的台缘生物礁地震属性剖面图

(2)振幅反射特征。

一般情况下，常使用地震剖面上的反射振幅信息来进行储层预测。如所谓“亮点”指的是地震相对保持振幅剖面上，振幅相对很强的一些“点”，即很强的反射，也称“热点”，通常这些亮点应该位于研究区的储层段才能有效。亮点可能是由油气藏引起的，也可能源于其他因素。根据地震剖面储层段上有无亮点及亮点的分布，分析亮点附近反射波的特征，结合各种地层参数信息，可以直接判断地下是否有油气存在。亮点一般在含油气目的层、侵入岩、膏盐层的地震剖面上显示突出。

亮点技术所利用的是相对振幅，可以认为振幅的强弱主要与反射系数相关。相比两侧同一反射波同相轴，储层段的强反射振幅特征突出，形成“粗、黑”的强振幅剖面特征，如普光地区的飞仙关组及长兴组礁滩相储层所表现出来的亮点反射特征。

3)地震反演技术——预测礁滩相储层的空间展布

(1)地震反演。

地震反演就是根据地面观测数据(如地震记录)来推断地下地质体特性的技术。从使用的地震资料来分，地震反演可分为，叠前反演和叠后反演；从利用的地震信息来分，地震反演可分为波阻抗反演、旅行时反演和振幅反演；从反演的地质结果来分，地震反演可分为构造反演、波阻抗反演和储层参数反演以及地质统计学反演；从实现方法上来分，地震反演可分为递推反演、模型反演和属性反演(图6－3)。

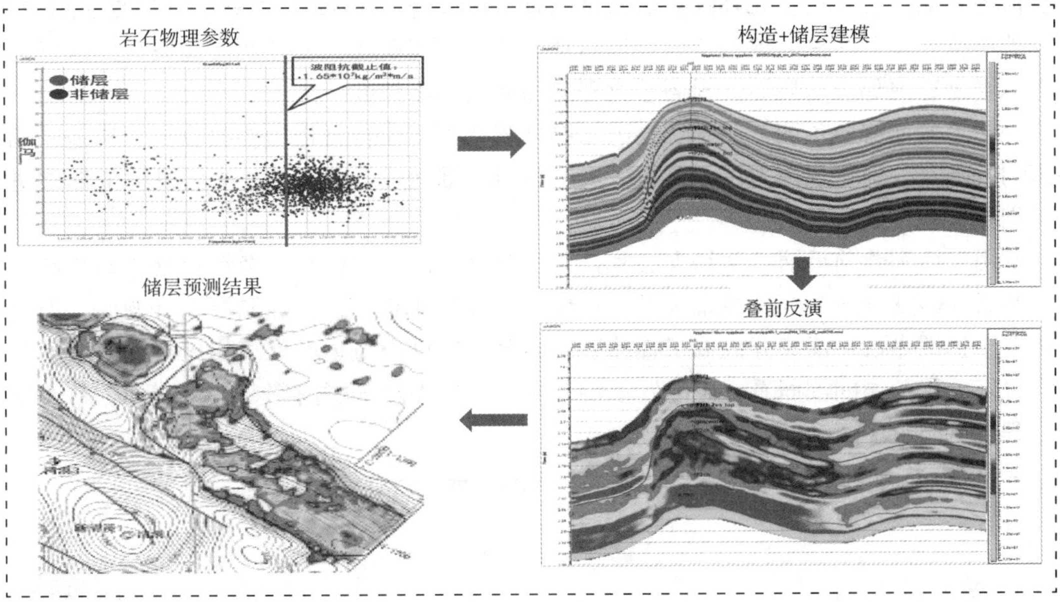

图6-3　普光气田地震反演储层预测流程剖面图

地震反演理论基本上分成两大类：一类是波动方程反演，该方法主要以理论探讨为主；另一类是以地震褶积模型为基础的反演方法，目前主流方法都属于这一类。具体地说，它又分成两种：一种是直接反演法，如拟测井、道积分等；另一种是间接(迭代)反演法，如基于模型地震反演等。

测井约束地震反演技术是一种以模型为基础的反演技术，其目的是在不断修改拟合的过程中求解一个最符合实际地震剖面的模型。测井约束地震反演充分利用地震资料丰富的中频信息和测井的高频—低频成分，以过井地震剖面的地震层位解释结果和井位声波测井资料作为约束条件，通过迭代反演对地质模型进行修改，利用合成地震记录资料与实际地震资料横向比对，不断地修改模型使两者尽可能地相近，最终模型就是求取的最优反演结果。

一般情况下，反演工作的主要流程包括：测井曲线预处理、储层特征岩石物理分析、层位标定和子波的提取、初始地质模型建立、储层门槛值的确定、井震联合反演实践等。

(2)生物礁储层预测。

普光气田长兴组生物礁储层具有较强的差异性，物性差、横向非均质性强，储层与非储层弹性属性叠置严重。地质研究结果表明：长兴组生物礁储层主要发育在礁盖位置，礁顶储层物性优于礁前和礁后；储层岩性以晶粒云岩和生屑云岩为主，其次为生屑灰岩和礁灰岩；物性上主要表现为低孔、中低渗的特性。

在井控建模的基础上，利用相控叠后反演区分储层与非储层。利用白云岩和泥岩之间伽马曲线的差异构建伽马拟声波曲线，重构后的曲线对泥质含量的响应更为敏感，泥质含量低的储层在拟声波曲线上表现为低值，反之为高值。针对优质储层薄且难预测的问题，在叠后约束稀疏脉冲反演的基础上，采用相控叠后地质统计学反演技术，提高优质储层的识别能力。

在礁体精细刻画的基础上，集成应用相控波阻抗反演、伽马拟声波反演、叠前地质统计学反演和相控叠前地质统计学反演，对礁体内部储层进行精确预测。沉积微相相控波阻抗反演预测储层总厚度；伽马拟声波反演去除泥质影响，提高Ⅰ类和Ⅱ类储层预测精度；叠前地质统计学反演剔除致密灰岩，提高Ⅲ类储层预测精度；相控叠前地质统计学反演充分考虑生物礁内部非均质性，提高生物礁内部储层预测精度。

开展了叠前储层预测，明确长兴组储层分布特征。在岩石物理参数分析、构造＋储层建模的基础上，优化预测方法及参数、应用叠前三维地震资料，对长兴组礁体的储层进行了精细预测和刻画。

利用叠后和叠前反演及两种方法联合分别对储层进行了预测，来精确分类刻画储层展布。叠后反演从普光8井反演结果看，只预测出了下部储层，上部储层没有响应，与实钻不吻合。弹性参数反演充分提取了叠前道集的地震信息，与叠后反演相比，叠前反演与井吻合更好。从预测的剖面看，礁体发育特征明显，生物礁气藏内部特征更明确，与实钻井吻合程度更高(图6－4)。

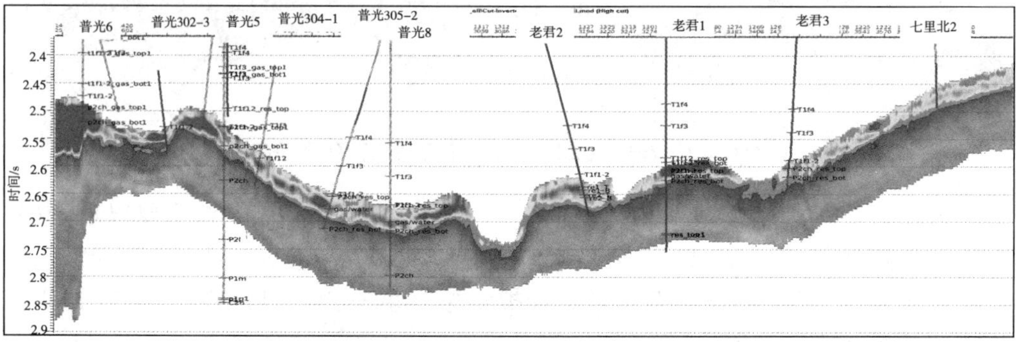

图6－4　普光主体—老君地区长兴组储层预测剖面图

6.1.2　礁滩相裂缝检测

礁滩相储层的岩性为碳酸盐岩，这种岩石在外界构造应力的作用下极易产生裂缝，沿裂缝更容易发生溶蚀现象，同时，裂缝也是油气渗流的主要通道。钻井资料分析发现，礁滩相储层中裂缝对储层的孔隙及溶孔的沟通具有重要作用，可使钻遇礁滩相储层的钻井获得高产油气流。因此，对礁滩相实施裂缝预测重要且必要。

1)裂缝预测技术

裂缝预测技术就是运用地震波在裂缝介质中传播理论，分析目的层系的地震波运动学、动力学响应特征变化，预测储层裂缝发育带的空间方位和分布密度。根据地震波传播特性的不同，地震储层裂缝预测技术分为纵波方法(如相干法、曲率法、各向异性裂缝预测技术等)、横波方法(如地震转换波预测、地震多波多分显资料预测)(图6－5)。

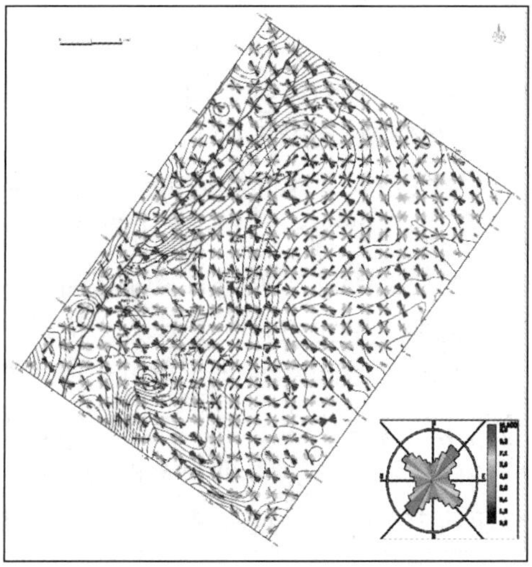

图6－5　基于地震P波(纵波)各向异性裂缝预测的普光气田飞三段裂缝方位平面图

目前，纵波地震资料预测裂缝已由以前的定性描述向半定量预测裂缝发育的方位和密度方向发展。储层裂缝地震预测技术包括：基于地震构造解释和沉积分析的裂缝预测、叠后地震属性裂缝预测、叠前地震属性裂缝预测、方位地震P波属性裂缝预测、多波多分量地震属性裂缝预测、地震与测井综合裂缝预测、构造正反演裂缝预测、构造应力场模拟裂缝预测、地震波分形分析裂缝预测。

在常规的油气勘探中，由于地震纵波资料的取得相对经济，且可快速应用到构造解释、反演等各个方面，因此，现在常用叠前或叠后地震纵波资料实施裂缝预测。在实际裂缝预测中主要使用现阶段成熟的裂缝预测技术来进行礁滩相碳酸盐岩的裂缝预测。

2)基于叠后地震资料的裂缝检测

裂缝检测方面，基于叠后地震资料计算的主要有曲率、相干、构造应力场分析、层速度分析等技术。

相干体技术通过叠后地震数据体来比较局部地震道波形的相似性，相干值较低的点与反射波波形的不连续性相关，对相干数据体作水平切片图，可揭示断层、岩性体边缘、不整合及裂缝等地质现象，为解决油气勘探中的特殊问题提供有力依据。

曲率技术就是根据Murray等提出的构造曲率法原理，构造层面的曲率值大小反映岩层的弯曲程度，弯曲越大，其破坏程度越高，构造裂缝越发育。因此，利用沿层弯曲面的曲率值分布，可以评价因构造弯曲作用产生的纵张裂缝的发育情况。

地层应力场分析技术可以预测构造成因的裂缝在研究区域的发育和分布规律。地应力场的特点与演化，对含油气盆地内油气藏、油气田、油气聚集带的形成、类型及分布具有重要的控制作用。地应力是油气运移、聚集的动力之一，地应力作用形成的储层裂缝、断层及构造是油气运移、聚集的通道和场所。

3)基于叠前地震资料的裂缝检测

地震波在裂缝介质中传播时引起的方位各向异性特征明显，可依据地震波的方位各向异性对地下裂缝分布进行描述。因此，可利用地震资料提取地震P波的不同方位地震属性如振幅、速度、主频、衰减等来检测储层的裂缝分布特征。

如果岩石介质中的各向异性是由一组定向垂直的裂缝引起的，根据地震波的传播理论，当P波在各向异性介质中平行或垂直裂缝方向传播时具有不同的旅行速度，从而导致P波地震属性随方位角变化，分析这些方位地震属性的变化(如振幅随方位角变化、振幅随炮检距和方位角变化、速度随方位角变化、传播时间随方位角变化、频率随方位角变化、波阻抗随方位角变化等)，可以预测裂缝发育带的分布以及裂缝(特别是垂直缝或高角度缝)发育的走向与密度。利用三维地震资料宽方位角的特点，提取不同方位角的地震P波属性，就可以对裂缝的方向与发育程度进行评价。它较基于常规叠后地震资料的裂缝检测精度更高，其检测结果与裂缝发育带微观特征有更加密切的关系。

目前方位地震P波属性裂缝预测方法主要有：AVA分析法、VVA分析法、IPVA分析法、FVA分析法、AVAZ(方位AVO)分析法。

6.1.3 礁滩相含气性检测

大量礁滩相储层勘探实践表明，礁滩储层中所含的流体(油、气、水等)会造成地震波的反射特征出现变化。利用相干、波形分类、叠后弹性波阻抗反演等技术不能很好地识别出礁滩相储层所含的流体类型，在四川盆地油气勘探中发现有些礁滩储层含水，这会造成油气开发上的一些困扰。所以，对礁滩储层进行相关的含气性检测或流体识别相当重要，通过这一操作可以避免对其进行开发时钻遇含水的礁滩储层。

现阶段利用地震资料进行流体检测的技术，均使用基于叠前道集及叠后地震数据作为输入，并有相关的成熟商业软件及计算方法来实现检测。

1)基于叠后地震资料检测

裂缝、溶孔以及其含油气性都会引起储层的孔隙度、饱和度、层速度和地震振幅、频率等属性的变化，从而引起地震吸收系数的变化，因此，可以利用地震能量吸收分析技术预测含流体的礁滩型储层的发育情况。

地震波在地下介质传播过程中，地震波信号会衰减，其影响因素有很多，主要有相邻岩相界面以及断层、裂缝及溶洞处的反射机理、同相介质中的球面扩散以及同相介质内的物性变化(含有油、气、水等)。其中，同相介质内的物性变化所引起的地震信号的衰减是最重要的一种。

衰减属性分析的主要目的是通过属性标定将定量的地震衰减属性转化为储层特征。理论研究表明，当地质体中饱含流体如油、气或水时，会引起地震波能量的衰减，并使主频向低频端引动。衰减属性分析就是要通过计算出的反映地震波衰减快慢的属性体来指示流体或流体性质的分布范围。

通常情况下，储层含流体(油、气或水)后，会造成地震波的反射振幅或频率衰减，检测地震波的振幅或频率衰减情况可以反过来确定储层的含流体发育区。通过合理选取时窗并沿主要目的层段提取起始衰减频率、衰减梯度等对气层敏感的属性进行平面成图，分析图中衰减的位置则可以推断出储层含流体的大体分布位置(图6-6)。

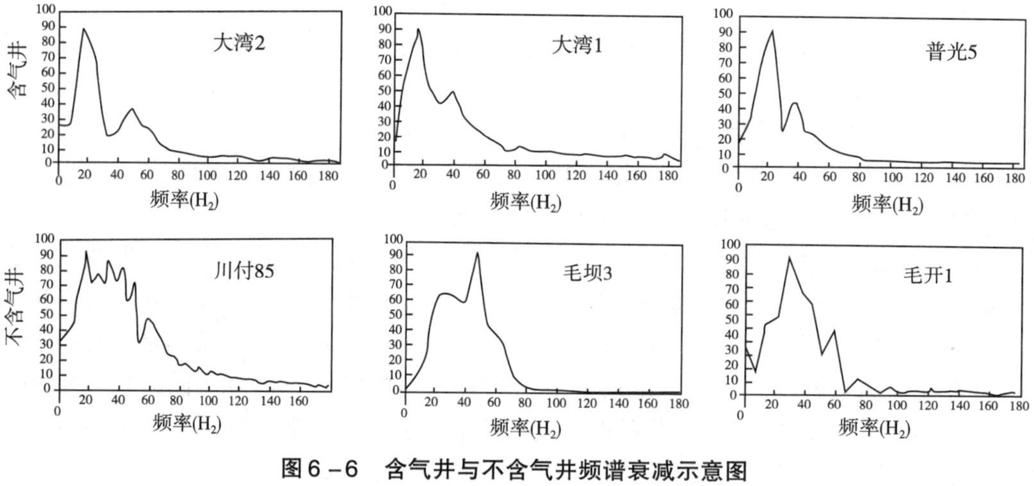

图6-6　含气井与不含气井频谱衰减示意图

针对普光气田，在进行含气检测时，选用衰减梯度法，即当储层中含有流体或气体时，会引起地震波能量和频率的变化，表现为高频段能量的衰减和低频段能量的增强，飞一二段含气井与不含气井频谱对比，可以看出含气井在低频段能量增强，高频段衰减明显。

低频能量属性对飞一二段含气响应明显，毛坝4井、毛坝6井为高产气层，含气检测平面图上表现为红色的低频能量增强区域，毛坝8井、毛坝2井不含气，在平面图上表现为蓝色的低频能量弱区域，与实钻情况比较吻合，认为含气检测结果比较可信（图6－7）。

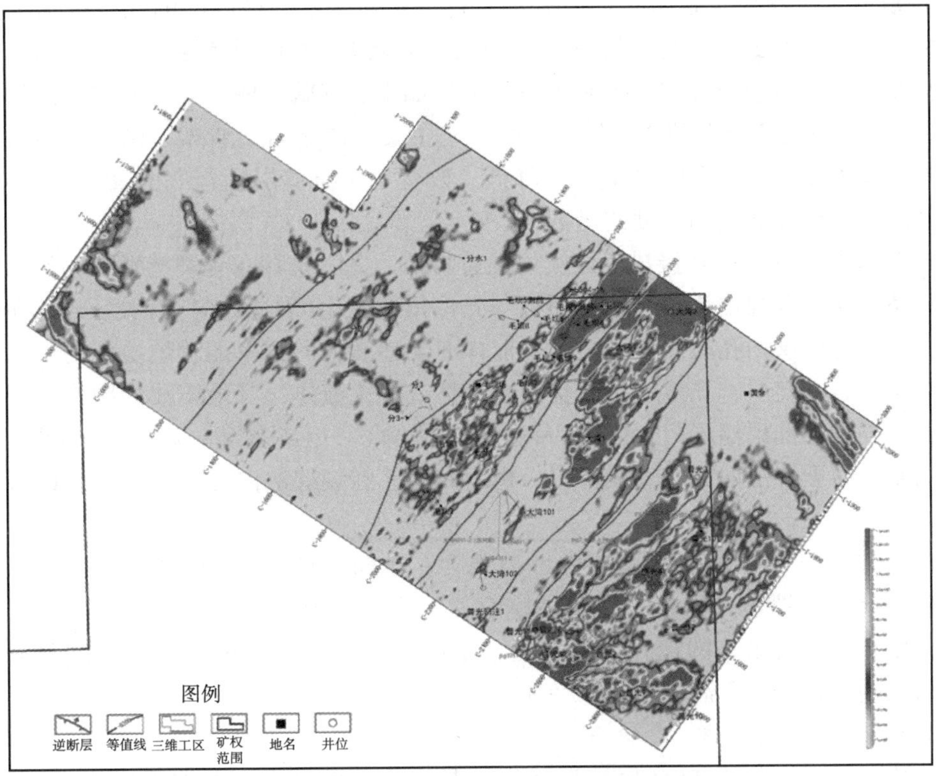

图6－7　普光地区飞一二段含气检测平面图

2）基于叠前地震资料检测

地震反演（技术）始终是地震勘探中的核心技术，叠前反演即利用不同炮检距道集数据以及纵波、横波、密度等测井资料联合反演，得到与岩性、含气性相关的多种弹性参数，综合判别储层物性及含气性的一种新技术，包括AVO与AVA分析、叠前弹性波阻抗（EI）反演、纵横波阻抗同时反演等。

目前，用得较多、较为成熟的方法主要有以下两种。

叠前弹性波阻抗。它是一种结合了常规波阻抗和AVO反演技术的方法，可以利用远炮检距地震角度叠加数据进行波阻抗反演。叠前弹性波阻抗与常规声波阻抗的区别在于其利用了角度叠加数据即AVA地震数据来反演不同入射角下的弹性波阻抗，包含了丰富的横波信息。

纵横波阻抗同时反演技术。它是同时反演纵波阻抗 $Z\mathrm{p}$，横波阻抗 $Z\mathrm{s}$，以及密度 ρ，使用叠前偏移距道集或角道集地震数据作为输入。这种方法的好处是它允许对这些变量加以约束，这样可以使结果更稳定并减少多解性问题。由此可以得到更准确的与岩性、含气性相关的多种弹性参数。

（1）AVO/FVO技术。

AVO/FVO技术是研究反射波振幅或频率随炮检距的变化来估测及分析弹性岩石物理特性的一门地震勘探技术，它与地震、地质、测井等信息相结合，并将这些信息进行综合分析，已经在国内外成功地应用于地下油气探测(烃类检测)，如识别真假亮点、预测油气等，是一种常用的油气检测方法。

AVO属性可以作为含流体的直接显示，它主要是基于储层内部的孔隙或裂缝空间中含流体之后，P波速度(Vp)与S波速度(Vs)的响应之差。P波对孔隙或裂缝内流体的变化敏感，只要岩石孔隙或裂缝空间中有少量的流体如水、气就会使岩石的P波速度明显地降低；相反，S波不受岩石孔隙中流体的影响，它主要取决于岩石骨架。由于孔隙或裂缝中含有流体，使得储集层岩石中的Vp/Vs降低，改变了来自储层顶与底的反射的相对振幅，它是地震波反射到界面上的角度的函数。

FVO分析的结论可以直接描述含流体发育特征。尤其是存在有裂缝发育的储层内，地震波的频率变化不但与偏移距有关，而且与方位角的变化(裂缝方向)有关。理论研究结果已明确指出，当储层内孔隙或裂缝空间含流体时，地震波的频率随着炮检距的增大而逐步衰减。对于岩石储集层，孔隙或裂缝空间含流体或不含流体，其地震波的频率衰减特征是不一样的。同样，如果储层内含流体的裂缝方向发育(一组或多组方向)，地震波的频率在裂缝方向要比在裂缝法向方向衰减得慢。也就是说，在裂缝法向方向，地震波的频率衰减最大。

在AVO技术中常用的五个基本弹性参数为：①杨氏模量(或弹性模量)E；②泊松比σ；③切变模量(或横波模量)μ；④体积模量K；⑤λ(常把λ、μ称为拉梅常数)。在石油物探中，按岩石泊松比σ的变化，尤其是含不同流体后岩石σ的变化，可以进行岩石的横向追踪，判断岩石的含油、气、水特征。

(2)叠前弹性参数反演。

弹性波阻抗比传统的AVO属性反演参数具有更高的抗噪声及抗干扰能力。现阶段，主要是采用叠前弹性参数反演技术来实现反演纵横波阻抗、泊松比、拉梅常数和切变模量等参数，对岩石的机械特性、裂缝发育特征、储层的含油气性进行精细描述，常规的叠前弹性波阻抗反演可以由下面的六个步骤逐步实现：

一是测井数据解释。求取各井的含水饱和度(S_W)、泥质含量(V_{SH})、砂岩百分比含量、孔隙度(POR)。

二是测井横波反演，求取各井的横波速度(V)、纵横波速度比(Vp/Vs)、泊松比σ、拉梅常数λ等。

三是测井EI反演。求取各井的各个入射角的弹性波阻抗(EI)曲线。

四是测井EI曲线子波求取。求取井的EI子波，为后面的地震EI反演做准备。

五是地震弹性波阻抗反演。求取地震各个入射角的弹性波阻抗数据体(角道集)。

六是地震弹性参数反演。求取P波阻抗数据体、S波阻抗数据体、拉梅常数数据体、切变模量数据体和泊松比数据体。

3)攻关方向

礁滩储层的流体识别存在较多困难，主要有以下几个原因：气藏埋深大，地震资料分辨率低，存在很大的勘探风险；气藏隐蔽性强，为典型的岩性气藏；气藏储层相对较薄，且非均质性较强；地震资料频带窄，叠后属性衰减方法预测存在较大局限性；地震资料入射角相对较小，远偏移距不够，AVO常规属性分析成效不大；气、水模式研究相对不够深入，反射特征不够明确且变化较大。在实际应用中，AVO属性分析、电阻率反演、动态频谱能量异常参数(DR)反演、多角度扩展弹性阻抗(MEEI)反演、瞬时频谱分析技术、低频伴影等方法有一定的成效，但预测精度往往不高，所以气、水识别仍然是礁滩储层勘探的难点。

6.2 通南巴气田

川东北区块陆相油气资源十分丰富，主要分布在上三叠统和侏罗系。目前，上三叠统须家河组及侏罗系千佛崖组是上部陆相地层主要的勘探开发层系。

须家河组气藏是通南巴气田的主要开发层系。须家河组气藏储层致密、储量动用困难、开发效果不理想。通过攻关，逐步明确了该区优质储层形成机制，建立了“双源供烃、立体输导、断褶缝控富”的成藏富集模式，认识到在褶皱枢纽裂缝有利发育区与优质储层发育有利区的叠合部位部署是高产稳产井的关键，并形成了断缝与褶皱缝精细刻画关键技术，为井位部署提供了关键依据。

6.2.1 储层预测技术

致密砂岩油气研究以测井资料为基础，开展充分的岩石物理分析工作，确定致密砂岩储层存在的地球物理问题、预测难点，测试合适的技术手段，逐步开展沉积、岩性、物性及储层的空间位置信息的预测研究。通过叠后地震属性分析＋波形分类(沉积相)，预测有利砂岩平面展布；通过叠后波阻抗反演＋多参数降维反演＋分频孔隙度反演技术(岩性及物性预测)，预测有利储层空间展布，从而最终实现致密砂岩有利储层预测。

1)沉积相、地震相预测技术

致密砂岩沉积有利相带研究主要是通过地震属性及波形分类的手段得到地震相，以及通过井震对比建立单井沉积相与地震相的关系，从而最终得到沉积相平面图并可确定有利砂岩储层的平面分布位置。

(1)沉积相标志和单井相划分。

前人对四川盆地须家河组沉积环境进行了多次系统的研究，存在多种沉积相划分方案，研究成果表明四川盆地陆相沉积具有复杂多变的特点。结合多种资料认为，通南巴地区沉积体系主要为陆相的辫状河三角洲沉积体系。主要包括：辫状河道微相；水下分流河道微相；河口坝微相；席状砂微相和河道间微相。

(2)地震相划分。

由于不同沉积微相的岩性组合和电性特征的差异，造成其在地震反射的频率和振幅响应上必然存在区别。通过对地震剖面的反射特征与钻井岩性组合分析显示，在常规地震剖面上三角洲平原河道相往往表现为低频率、强振幅反射的特征；三角洲前缘水下分流河道通常表现为中低频率、强振幅反射的特征；河口坝是中高频率、中强振幅反射特征；高频、中弱振幅较连续反射预测为席状砂的反射。因此，我们通过地震反射特征分析，可以建立地震属性与沉积微相连接的桥梁，进而利用地震属性分析进行地震相和沉积相分布的研究。

神经网络无监督波形分类技术是严格忠实于地震信息本身，可以细致刻画地震信号的横向变化。通过计算机分析每一个地震道波形的变化，得到研究区地震波形的分类，按照每种波形出现概率划分地震相的类型和平面分布规律。总的来说，纵向上不同的岩性组合会引起地震反射特征存在差异性，这种差异也反映出沉积相带的差异，是我们利用地震属性进行划分相研究和储层定性分布的基础。

波形地震相分析原理：波形地震相分析技术是利用地震道波形特征对某一层间内地震数据道进行逐道对比，细致刻画地震信号的横向变化，从而得到地震异常体平面分布规律。其技术方法是基于神经网络技术，该技术是在地震反射层段内对地震道进行训练，通过多次迭代之后，构造合成地震道，然后与实际地震数据进行对比，再通过自适应试验和误差处理，合成道在每次迭代后被改变，在模型道和实际地震道之间寻找更好的相关性，得出地震波形分类平面分布图。最后与测井曲线对比，对地震资料做出综合性的地质解释，进行储层预测和含油性判别。

波形地震相分析一般分两步实施：第一步，利用神经网络对地震层段间地震道形状进行分析，建立一个最能表征层段内地震道形状差异的模型道序列；第二步，在实施层段中对每一地震道与模型道序列进行比较，并按最佳相关建立地震道和模型道之间的联系，得到标明模型相似性的空间分布，即地震相，并为后续地震层间属性分析指明方向。

2）地震属性分析法

地震属性是指从叠前和叠后地震数据中提取出来的运动学、动力学和统计学地震特殊测量值。地震属性技术是指提取、显示、分析和评价地震属性的技术，在石油地震勘探中包括地震属性的提取、地震属性的分析、利用地震属性区分构造、岩性并进行目的层预测，从而确定有利储层位置。

由于地震单属性参数受处理和其他因素影响，如岩性变化、流体变化、储层孔隙度的变化、调谐效应、地层厚度等，其反映的相边界在不同属性图上存在较大差异。因此，可以综合多个地震振幅、相位、频率类属性，加强指导地震相的划分。由于受沉积相带的影响，相带中的沉积岩性、粒度、分选性等对地球物理响应明显不同，所以不同地震属性之间间接地“殊途同归”。

3）叠后波阻抗反演、相控下拟声波反演

地震波阻抗反演处理是致密砂岩储层预测的重要环节，针对通南巴致密砂岩储层的地震反演是在沉积相、地震相的控制下采用了 Jason 反演软件的稀疏脉冲反演方法。岩石物理分析表明，利用 GR 曲线和声波重构后的拟声波曲线可以更好地区分致密砂岩储层。利用 GR 曲线重构后的声波曲线开展拟声波反演，通过岩石物理参数交会图确定砂岩储层的波阻抗门槛值，定量计算优质砂岩储层厚度。其中，稀疏脉冲反演是以趋势约束稀疏脉冲反褶积算法为基础的递推反演方法，主要包括最大似然反褶积、L1 范数反褶积和最小熵反褶积。具体对主要的稀疏脉冲反演方法分述如下：

最大似然反褶积，利用状态空间和系统辨识的方法，用自回归－滑动平均模型描述地震子波，用高斯－伯努利序列描述反射系数，并由此推导出二次型目标函数（似然函数），再用非线性寻优方法在迭代过程中逐步最大化。

最小熵反褶积，输出为稀疏脉冲序列，最小熵反褶积仅是一种准则，使输出具有简单而稀疏的外形，对子波的相位没有限制，因此有较强的适应性。最小熵反褶积只是一种较为合理的目标函数或约束，并不全面控制反褶积质量，其准则对强反射层非常敏感，如果不加约束，有可能使多个相邻的反射系数压缩成一个大的层反射系数而降低分辨率。

(1)拟声波曲线重构。

充分利用各种测井曲线，提高地震资料反演的分辨率和精度，一直是油气勘探开发地震研究工作的努力方向。长期以来，常规地震反演都是用声波(AC)测井曲线来进行地震地质层位标定和波阻抗反演。然而，在很多情况下，由于钻井井筒污染、储层胶结程度和孔隙度或其他非地层岩性因素影响，声波测井曲线中的高频信息在很多情况下不能代表岩性变化，分不清地层剖面上的岩性，测井声波不能很好地反映储层和围岩的差异，导致岩性识别及预测困难，从而造成测井曲线与地震剖面匹配性较差，波阻抗反演结果与钻井地质成果不吻合，储层预测相对困难及准确度不高的问题，因此，需要充分利用现有的各种测井资料，弥补声波测井的不足，来提高用相关的测井资料进行地震层位标定的准确性和地震资料反演的分辨率，以便更准确地进行储层参数预测。

声波曲线重构是将常规测井曲线中对岩性识别能力较强的曲线，通过数学工具拟合声波曲线，使之与声波曲线建立相关关系。重构声波曲线将反映地层岩性变化的非声波曲线信息融合到声波曲线中，约束反演过程，提高了反演结果的准确性和分辨率。

常见构建拟声波曲线方法主要有统计回归、理论计算以及信息融合法等，但是，前两种方法都没有考虑声波曲线中地层背景速度低频信息，理论上不合理。信息融合法利用小波多分辨率分解和信息融合等技术进行拟声波曲线的合成，合成拟声波曲线的关键是要获得符合要求的低频和高频分量。一般情况下，具体的获取做法通常为两个步骤：低频分量获取方法，即对声波曲线做滤波处理获取低频分量；或由地震速度转换得到层速度，然后对层速度进行滤波获取低频分量；也可直接对 VSP 资料提供的层速度做平滑或滤波获取低频分量；高频分量获取方法，即对能明显区分岩性特征的测井曲线进行分析整理和滤波。

例如，GR 曲线能较好地区分泥页岩与砂岩，可采用回归及统计的方法，用 GR 曲线来重构声波曲线。具体实现步骤为：先将非声波的源曲线与井声波曲线创建成具有声波量纲的新曲线(高频成分)；再从原始声波曲线中提取能够反映地层背景速度的低频成分；然后将已产生的具有声波量纲的新曲线(高频成分)和从原始声波曲线中提取的低频成分进行“调制”重构，最后合成拟声波曲线。

(2)叠后波阻抗反演。

在重构声波曲线的基础上，采用 Jason 软件中稀疏脉冲反演方法进行波阻抗反演，反演的结果可提高岩性判断、识别能力。

另外，地震子波的好坏直接影响反演的效果，因此优选地震子波是反演成功的关键。由于地震资料往往是非零相位的，在合成记录与实际地震数据对比时需要利用已提取的多道相干子波，对多道相干子波进行相位校正及振幅校正，用不同相位参数的子波与测井反射系数制作合成记录，直到获取一个与井旁道相关最佳的合成记录(评价标准为相关系数)，这时的子波称为最优子波。与此同时，也确定了用于反演建模的测井波阻抗曲线与地震道之间的对应关系。

构建岩性波阻抗框架模型的主要目的是，基于地质层位对比解释方案，通过标定测井波阻抗与地质层位的对应关系，建立能够反映岩性沉积特征的地质结构单元模型。

首先，建立起一个先验性的岩性结构模型，包括地层地质单元体、地质构造断层等结构；然后把测井波阻抗曲线在地质单元体内进行内插、外推，作为反演的初始波阻抗约束模型。这样的模型应表现出地震相与测井相之间关系的和谐性，合成记录与井旁道对应具有一致性。初始波阻抗模型是反演的基本约束条件，决定了反演前每一细小层位初始约束波阻抗值。其初始约束波阻抗值在时空上是变化的，它决定了反演结果的构造形态(低频分量)，给出的是一个先验的岩性波阻抗结构模型。利用 Jason 反演软件的稀疏脉冲反演模块开展高分辨率波阻抗反演，从波阻抗反演剖面图可以看出，拟声波重构的波阻抗反演剖面不仅提高了分辨率，而且反映的地质现象更加丰富，与实钻情况基本一致。

4)分频孔隙度反演技术

通过对多井的岩石物理分析，发现孔隙度和波阻抗之间没有相对明显的数学关系，利用波阻抗直接转换计算孔隙度会存在一定的多解性。同时考虑地震资料的分辨率有限性，并尽可能利用井点垂向信息以减少预测风险。依靠测井和地震数据，通过研究不同地层厚度下的振幅与频率之间的关系(AVF)，将 AVF 作为独立信息引入反演，合理利用地震的低频、中频、高频频带信息，降低薄层反演的不确定性，得到一个高分辨率的反演结果。同时它也是一种无子波提取，无初始模型的高分辨率非线性反演。

对于薄层来讲，振幅(A)是波阻抗(Z)和厚度(H)的函数，振幅(A)是不同岩石成分含量(B)和孔隙度(ϕ)的函数，若根据振幅直接反演求取孔隙度，则是非线性问题。同一地层在不同的主频频率子波下会表现出不同的振幅特征(AVF 特征)，以这一特征为依据，对地震资料的有效频带进行分频处理。对于分频处理后的地震资料，利用非线性方法(BP 神经网络、支持向量机等学习方法)，以叠前反演属性(反演的波阻抗体、密度体等)加上岩相体为约束，建立不同频率的地震资料与测井孔隙度的非线性映射关系，由此得到直接表征储层的孔隙度成果。

6.2.2 裂缝预测技术

1)地震裂缝预测基本原理

裂缝作为地球表面最小，分布最广，同时也是最复杂的构造，对其的研究已有 100 多年历史，随着研究深入，目前研究重点更多地关注裂缝参数的描述和定量预测。从国内外研究现状看，目前的裂缝预测方法主要体现在两个方面：一方面，根据岩心、常规测井和纵波资料，在裂缝有效识别的基础上，以地质规律为指导，通过测井裂缝信息，标定地震资料，充分挖掘和提取裂缝的地震信息，从而利用地震信息预测裂缝分布；另一方面，通过古构造应力场数值模拟结合岩石破裂准则，从构造成因角度分析裂缝的发育特征。近些年发展比较快、应用相对较多的裂缝预测方法主要有构造主曲率法、地震属性分析和基于地质力学理论的应力场数值模拟法，由于各种预测方法根据其理论假设有着自身的缺陷，在使用过程中，应充分考虑研究区的实际地质条件和资料准备情况，选择更为合适的方法以提高裂缝预测的准确率。

(1)相干法。

相干体技术是一种基于三维地震数据体的断层识别方法。该技术通过对相邻地震道之间地震属性进行对比分析，求得与周围数据的相干系数，相干系数低的点反映了地层的不连续性，代表在空间某一局部位置出现了层位错断，并以此为特征，对断裂进行识别。

相干体技术可用于研究复杂地质构造、断裂发育区，预测裂缝发育带。主要有三种相干算法，即相关算法Corr(C1)、相似算法Semb(C2)和特征值算法Eig(C3)。C1运算速度最快，但是其抗噪能力最差，一般用于信噪比高、以识别大断层为主的地震资料；C2比C1的运算速度稍慢，但其抗噪能力较强，多数情况下该方法效果较好；C3运算速度最慢，但该方法在保证抗噪能力的同时，提高了断层的横向分辨能力，对小断层更加敏感。相干体估算的缺陷是对波形和横向振幅变化敏感，而不同的地质目标在横向上具有一定连续性，因此存在与描述方法不匹配的问题。

(2)构造主曲率法。

利用构造主曲率法预测裂缝是由Murray于1968年提出的，其原理为当岩层在挤压作用下发生弯曲变形，褶皱中性面以上的外凸部位产生拉张应力，进而产生的褶皱相关裂缝。

岩层受到的应力越大，变形就越严重，此时便具有更高的曲率值，裂缝的发育程度更高。曲率值包括主曲率、高斯曲率、极大与极小曲率、最大正曲率、最小负曲率、倾向曲率和走向曲率等。目前，用于预测裂缝的曲率主要为主曲率和高斯曲率。Staples曾尝试以最大正曲率和最小负曲率直接对裂缝进行预测，其精度达到了裂缝预测的要求(图6-8)。

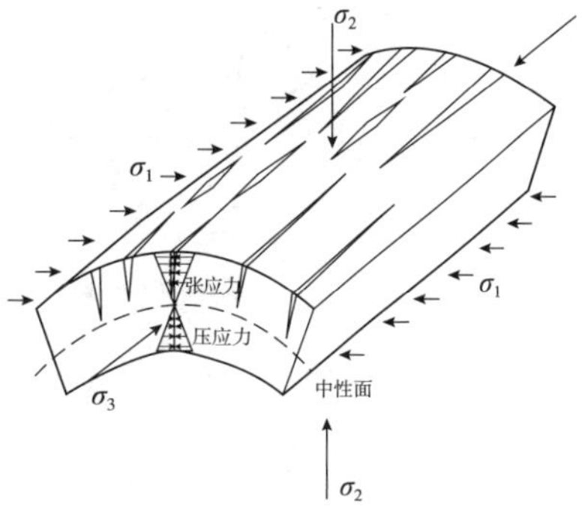

图6-8　构造主曲率法预测裂缝原理示意图

利用曲率法预测裂缝需要满足以下条件：储层厚度不大且横向稳定，预测的构造裂缝为岩层受到构造应力形成的，而不是侵蚀和岩石体积收缩等因素，岩层发生弹性和脆性变形，不考虑岩层发生的塑性流动。

(3)最大似然法。

在断裂构造复杂地区，不同级次的断层和裂缝广泛发育，地层产状(倾角和方位角)变化大，地震资料存在照明不均、成像品质差、随机噪声偏多等问题，即使采用最先进的相干体算法，其成像结果也不尽理想。

最大似然属性刻画断裂的原理主要来源于对地震图像的相似性分析，基于Hale提出的面向断层的相似性理论，通过截取地震图像的方式来对比分析相邻地震反射特征的相似性，其主要通过计算窗口内不同角度与方位的相似系数来实现。

该方法的主要缺点是计算了与断层方向无关区域的相似系数或无序性。这个区域的大小控制了对噪声和地层变化的灵敏度。当区域比较小时，该属性表现得比较敏感，而且噪声较大。基本上说，断层区域是高无序性并且低相似性的，而当一个窗口足够小的时候，它们可以表现为低无序性，所以追踪断层并且将其区分开非常困难。

尽管地震数据基本表现为局部连续性，但是计算得到的断层属性依然可以探测并突出断层，这些断层属性更连续而且更像断层。最大似然数据体表现为断层的代表，可以优化完善交互式的断层解释流程，为分析解释断层提供更好的支持。

2)多尺度融合裂缝预测

结合野外露头实测结果，利用岩心和薄片资料将须家河组天然裂缝分为构造裂缝和非构造裂缝，其中，构造裂缝可以进一步分为区域性构造裂缝和局部构造裂缝，区域性构造裂缝为一定区域内发育的同地层高角度或垂直相交的剪切裂缝，产状稳定，形成于地层变形初期，可以用来恢复其形成时期的主应力方位；局部构造裂缝不具有区域性特征，在不同地区、不同构造类型和样式以及不同构造部位，裂缝的产状、性质和规模等方面均不相同，这种裂缝可以进一步分为断层相关裂缝和褶皱相关裂缝(图6-9)。

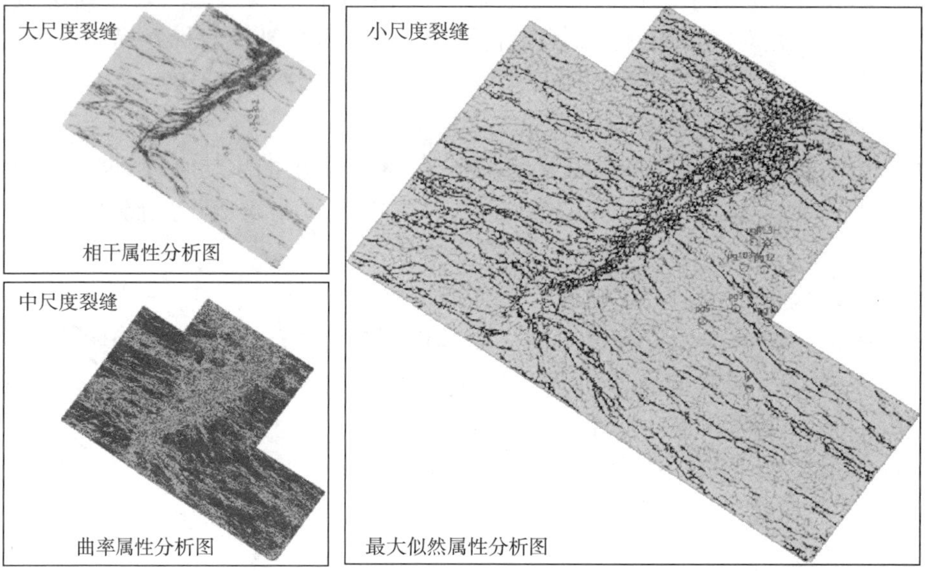

图6-9　多级次裂缝预测属性图

在对地震资料进行解释时，利用信息与图片处理技术可有效地克服地震数据信息的多解问题，并更好地使用多属性地震信息。多信息综合预测能够提取以及选择与地质特性相关的地震属性。借助融合方式使各种地震属性能够形成互补，进而有效地提高单独信息分析的确定性以及准确性，同时可以避免因单一属性处于不敏感的状态时，而引起错误的理解。

例如在普光地区，针对千佛崖组不同级次断层叠合发育，产状、性质均存在差异的特点，融合不同地震属性对不同级次断层的别变能力，获得千佛崖组页岩层多尺度裂缝的分布。

相干属性横向分辨率较低，对低级次断层识别能力弱，但对大尺度断裂、大断裂带有较好的成像效果，曲率对于中等尺度裂缝的识别能力较强，最大似然属性对地震资料的不连续性敏感性强，其对小尺度裂缝的识别能力较其余属性强，结合不同属性对裂缝的展布进行预测。

普光地区北部千佛崖组一段③小层整体微裂缝发育，裂缝与断裂伴生。中部大湾断裂带裂缝集中发育，裂缝呈北东向顺主构造线展布分析原因：该区收到的挤压应力较大，构造变形相对较大，微裂缝发育。远离大湾构造带裂缝密度降低，裂缝呈北西南东向展布。

从普陆页1井水平井轨迹方向多尺度融合裂缝预测平面图分析结果可以看出：钻井过程中钻井液漏失量较大的1号漏点与3号漏点与预测结果较为吻合，而漏失量较小的2号漏点在裂缝预测图中并未出现明显响应，利用多属性融合对多尺度裂缝进行预测具有一定的效果(图6-10)。

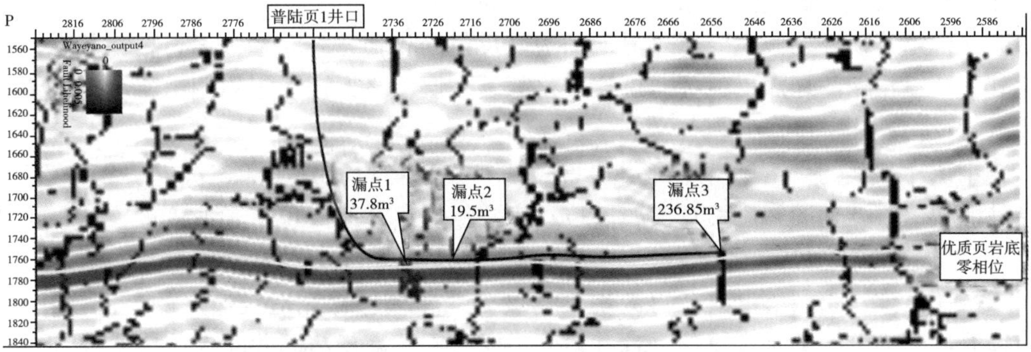

图6-10　普陆页1井千一段③小层页岩段裂缝预测剖面图

6.2.3　Eaton 法孔隙压力预测

大量实践和理论研究表明，压力是油气排出、运移和聚集的前提与基础，并可联合构造应力共同控制泥岩裂缝储层的发育和演化及开发效果。对流体压力场的分析可采用单井压力对比研究和井间压力分布特征分析相结合的方法。利用地震资料进行井间地层压力预测的方法主要通过地震速度谱、属性分析和地震反演等几类途径。目前，针对地层压力预测的方法手段主要有：等效深度法、Eaton 法、有效应力法、Bowers 法和经验统计模型法。

Eaton 法异常地层孔隙压力预测模型具有多种等效形式。

本文采用下式表示：

$$P_f = P_{ov} - (P_{ov} - P_w)\left(\frac{\Delta t_n}{\Delta t}\right)^n \tag{6-1}$$

式中　P_f——孔隙流体压力，MPa；

P_{ov}——上覆地层压力，MPa；

P_w——静水压力，MPa；

Δt_n——地层正常压实声波时差，$\mu s \cdot m^{-1}$；

Δt——实测声波时差，$\mu s \cdot m^{-1}$；

n——Eaton 指数，无量纲。

实际工作中上覆地层压力 P_{ov} 计算公式为：

$$P_{ov} = \rho_{ov} g h \tag{6-2}$$

式中　ρ_{ov}——上覆地层平均密度，g/cm³；

g——重力加速度，取值 9.8m/s²；

h——目标层位埋深，m。

静水压力 P_w 计算公式为：

$$P_w = \rho_w g h \tag{6-3}$$

式中　P_w——上覆地层水平均密度，g/cm³。

其余取值同上。

利用实测地层压力、钻井泥浆等资料识别正常压实泥岩段，读取合理的声波时差值，继而采用指数压实模式对工区内统计读取的正常压实段泥岩声波时差进行回归拟合，获得正常压实声波时差与深度的关系。

井震标定将研究层段主要层序界面与地震反射同相轴建立联系，通过精细构造及断裂系统建立覆盖全区的地震反射标志层层序格架。在层序格架控制下采用道集拉平的高密度速度数据反演地震速度体。

精细层序格架约束下层析速度反演得到的速度趋势与测井实测声波趋势符合性更好，在声波曲线出现变化的超压发育段，层位约束层析反演速度体现出了速度的变化，更能反映地层速度的变化趋势。

以层序格架约束层析反演获得的地震速度为低频模型补充地震速度的空间变化趋势，井震联合反演高分辨率速度模型。盲井检验表明地震速度反演的井间吻合率超过80%。

实测声波时差则采用高分辨率井震联合速度反演获得的速度体转换得到各采样点的声波时差值，经实验总结，Eaton指数采用2。

以Eaton法明确了压力系数与地震速度之间的负相关关系，进而利用高分辨率井震联合速度反演获取普光探区速度分布，转换得到区内压力系数展布。经与钻遇研究目标层组各井实测压力数据对比，Eaton法压力系数预测准确性可达80%。

例如，普光探区内千佛崖组一段③小层预测压力系数介于0.8～1.4，东向斜区内压力系数较高在1.3～1.4，老君井区压力系数约为1.15，宣汉井区压力系数在1.1～1.2，双庙井区压力系数在1.0～1.15，双河场压力系数在1.1～1.3。总体来看普光探区东向斜及南部宣汉井区具有较为明显压力异常(图6－11)。

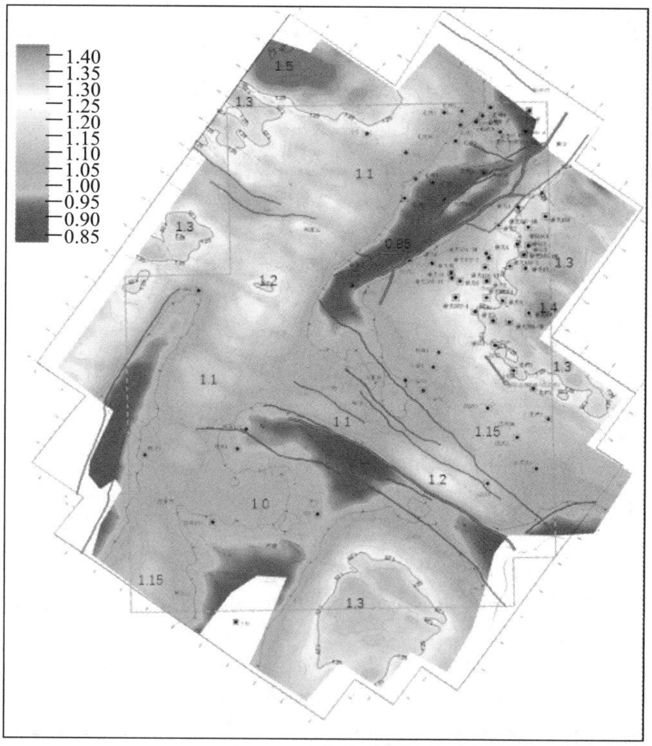

图6－11　普光地区千佛崖组页岩层压力系数预测平面图

6.2.4 基于薄板理论的地应力预测技术

致密气藏具有低孔隙度、低渗透率的特点，大规模开采致密气需通过水平井压裂技术实现致密储层的改造。有数据表明，水平井方位与最大水平主应力接近垂直，且水平地应力差异比较小时，有利于压裂形成网状裂缝，提高储层改造效果。

以普光气田为例，首先建立地应力预测模型，在精细的三维地震解释、三维地震叠前反演的基础上，利用井点数据模拟选取应力计算的区域适应性参数，开展地应力场的三维模拟，预测最大水平主应力方向、最小水平主应力方向以及水平应力差异系数；通过区域应力机制分析以及钻井实测诱导缝解释结果和应用情况对比分析，验证了地应力地震预测结果的可靠性，证实了地应力研究在非常规气开发中的重要作用。

1)地应力预测原理

水平应力和垂直应力的关系是泊松比的简单函数，这就是最早使用的各向同性地应力预测模型。计算地应力有两种假设：水平方向应力相等，建立了金尼克公式和马特威尔－凯利公式；水平方向应力不相等，建立了黄氏模型、弹簧模型、葛氏模型等。对于构造运动比较剧烈的地区，水平地应力的很大部分来源于地质构造运动产生的构造应力与构造作用引起的水平方向的应力差异，这往往是油气勘探所重点关注的。对于水平应变则多采用薄板理论模型进行计算。

(1)地质模型的建立。

首先将目的层连同上下盖层作为一个岩石块体的隔离体来计算，然后从地质的角度提出构造成因，构造裂缝的特征，构造应力场的宏观特征及断层发育史。在此基础上，恢复古构造剖面图，推断地质隔离体的受力方向及大小，设定边界条件并提出反演应力场及裂缝的地质标准。

(2)力学模型的建立。

以弯曲薄板作为油层构造模拟的力学模型，用二维的方法来处理地层构造。该方法主要以背斜构造作为模型进行分析，得出可以用构造面上一点的最大曲率值作为该点裂缝发育程度的判据，而以最小主曲率方向指示可能出现的张裂缝走向。弹性薄板理论假设所研究的地层是均匀连续、各向同性、完全弹性的，并认为地层的形变完全是由构造应力所形成的。

2)基于地震数据的地应力预测

基于地震数据的地应力场的建立，利用目的层的深度域层位面信息、速度信息和密度信息。在地形地貌复杂地区先对数据预处理，消除地貌因素影响。

第1步：利用三维叠前地震资料进行叠前反演，得到纵波速度、横波速度及密度三个数据体。叠前反演要求原始数据准确可靠，地震数据经过相对保幅处理，反演过程中对地震道集的叠前预处理、井震标定、地震子波提取、低频模型建立、反演参数测试、叠前联合反演等关键技术环节进行质控。为保证反演结果的精确，在准确层位标定的基础上，对角道集提取三个不同角度的统计子波，使用速度谱的低频(0～2Hz)信息建立低频模型来约束平面规律，迭代30次进行反演，得到的反演结果与实际测井资料吻合，可以满足后续预测工作的要求。

第2步：根据广义胡克定律、薄板理论和应力莫尔圆原理，采用趋势面拟合方法计算地层面的曲率分量，进而求得目的区的地应力场。本项应力场数值模拟与地震反演技术紧密结合，使应力场数值模拟更加合理地考虑了构造、断层、地层厚度、岩性等影响裂缝发育的地质因素，与普通曲率法相比有效提高了模拟准确率。

以普光工区为例，目的层为侏罗系千佛崖组，从构造特征来看，已经历了多期次，多个方向的构造挤压作用，形成了一系列以北东—南西向控边断层加持的隆洼相间的构造带，整体上呈“两边缓、中间隆”的构造格局。

工区千一段水平最大主应力方向为东西向至北西—南东向，地应力预测结果与本区区域应力机制基本吻合，同时与本区构造特征相符。

工区内较为平整的构造单元水平主应力方向大体一致，普光东向斜、双庙内应力方向基本为东西向展布，双河场及双庙东部最大主应力方向基本呈南北展布而宣汉断裂带及大湾断裂带内应力方向变化较大。宣汉 1 井附近断裂带内水平主应力方向近北西—南东向，大湾断裂带内水平主应力方向呈北东—南西向展布。

第7章 气井产能评价

气井产能试井和产能评价是预测气井产能、分析气井动态、了解气井生产能力的最重要的方法，在气田勘探开发过程中具有十分重要的地位。准确评价气井产能，是设计气田开发方案、制订气田生产计划、确定气井合理产量、预测可采储量(EUR)的基础，是科学利用地层能量高效开发气田的关键手段，对实现气田科学高效开发具有重要作用。气藏的储层物性条件、储层厚度、单井产能、气体组分等不同，气井产能测试和评价方法也不同。这里重点介绍普光海相高含硫气井和陆相致密/页岩凝析气井产能测试和评价方法的适应性研究和应用。

7.1 气井产能评价方法

气井产能测试以气体的稳定渗流理论为基础，目的是确定气井的产能方程和合理生产制度。气井产能测试的基本方法是首先关井取得静止地层压力，然后开井生产，在短期内多次改变气井的工作制度，待每个工作制度压力和产量稳定后，测量该制度下的产气量、井底压力及井口油、套压等资料，求出气井产能方程式和绝对无阻流量，分析气井生产能力。目前产能测试方式有常规回压试井测试、等时试井测试、修正等时试井测试、“一点法”测试等。这些方法均是比较成熟的产能测试方法，但适应条件各不相同。为此，针对气井测试资料的特点，在系统分析不同产能评价方法的适用条件以及影响气井产能的主要因素的基础上，研究适合不同气田的测试气井产能评价方法，为准确评价气井产能和确定气井合理产量提供依据。

7.1.1 常规回压试井方法

这种试井方法是以三个以上不同的气嘴连续开井，同时记录气井生产时的井底流动压力。回压试井在测试时的要求是，每个气嘴开井生产时，不仅要求产气量达到稳定，而且要求井底流压也必须稳定，同时要求地层压力也是基本不变的。因此，回压试井通常又称为“稳定试井”。但是现场实施时，对低渗透气藏要达到井底流压稳定很困难，需要长时间开井，而长时间开井后，又造成地层压力同时下降，这也就限制了回压试井方法的应用。因此，回压试井方法只适合在高渗透率气藏中应用。

7.1.2 等时试井方法

等时试井是采用若干(≥3个)不同的产量生产相同时间；在以每一产量生产一定时间后均关井一段时间，使压力恢复到气层静压；最后再以某一定产量生产一段较长时间，直至井底流压达到稳定。等时试井是为缩短试井时间提出的，其理论基础是气流入井的有效泄流半径仅与测试流量的生产持续时间有关，而与测试流量数值大小无关。等时试井由于每次开井后都必须关井恢复到地层稳定压力，对于渗透率较高的储层，这种试井方法所需要的关井时间不长，但是对于致密低渗储层却需要很长时间，并不能有效地减少测试时间。因此，它常被“修正等时试井”方法所替代。

7.1.3 修正等时试井方法

修正等时试井是对等时试井的进一步简化和改进。在等时试井中，各次生产之间的关井时间要求足够长，使压力恢复到气藏静压，因此，各次关井时间一般来说都是不相等的。修正等时试井中，每一测试流量下的试气时间和关井时间都相同，最后也以某一稳定产量生产较长时间，直至井底流压达到稳定。修正等时试井最大的特点是开关井时间相同，不要求压力恢复到静压，这大大缩短了不稳定测试时间。修正等时试井是目前致密低渗气藏产能测试的主要方法。

7.1.4 “一点法”产能评价方法

“一点法”公式是在二项式产能方程的基础上，通过统计分析气井的稳定试井、等时试井或修正等时试井资料并归纳总结得到的经验公式。其无阻流量计算公式为：

$$q_{\mathrm{AOF}}=\frac{\dfrac{2(1-\alpha)}{\alpha}q_{\mathrm{g}}}{\sqrt{1+4\left(\dfrac{1-\alpha}{\alpha^{2}}\right)P_{\mathrm{D}}}-1} \tag{7-1}$$

$$P_{\mathrm{D}}=\frac{P_{\mathrm{R}}^{2}-P_{\mathrm{wf}}^{2}}{P_{\mathrm{R}}^{2}}\qquad q_{\mathrm{D}}=\frac{q_{\mathrm{g}}}{q_{\mathrm{AOF}}}$$

式中 P_{R}——地层压力，MPa；

P_{wf}——井底流动压力，MPa；

q_{AOF}——无阻流量，$10^4\mathrm{m}^3/\mathrm{d}$；

q_{g}——气井产量，$10^4\mathrm{m}^3/\mathrm{d}$。

从式(7－1)可以看出，影响“一点法”经验产能公式的主要参数是 α。α 为经验统计参数，与二项式产能方程中的系数 A、B 有关，可以通过多工作制度系统测试确定的二项式产能方程求得。气藏的储层特征、储层物性、流体性质不同，得到的“一点法”经验公式有较大的不同，各气田根据系统试气资料推导的“一点法”公式很多，适用条件各不相同。

其中陈元千“一点法”产能公式是由四川不同气田 16 口气井的矿场实测资料统计得出的，α 系数的统计均值为 0.25，该方法在四川气田得到广泛应用。其二项式表达式为：

$$q_{\mathrm{AOF}}=\frac{6q_{\mathrm{g}}}{\sqrt{1+48P_{\mathrm{D}}}-1} \tag{7-2}$$

式中变量及单位同前。

现场应用实践表明，陈元千“一点法”公式对中、高渗储层气井产能预测具有较好的适用性。在陈元千“一点法”产能公式基础上，根据高含硫气井测试情况，通过统计及修正，形成了川东北高含硫“一点法”产能公式。式(7－3)是利用川东地区不同类型气井稳定试井和完井测试资料分别计算的无阻流量，并与陈元千“一点法”公式计算结果比较，对其进行误差统计分析，再根据无阻流量大小将气井分为三种类型，并进行校正，归纳总结出的东北高含硫不同类型气井“一点法”公式。

公式一(α 值为0.26)：

$$q_{\mathrm{AOF}}=\frac{5.69q_{\mathrm{g}}}{\sqrt{1+43.78P_{\mathrm{D}}}-1} \tag{7-3a}$$

公式二(α 值为0.22)：

$$q_{\mathrm{AOF}}=\frac{7.09q_{\mathrm{g}}}{\sqrt{1+64.46P_{\mathrm{D}}}-1} \tag{7-3b}$$

公式三(α 值为0.12)：

$$q_{\mathrm{AOF}}=\frac{14.67q_{\mathrm{g}}}{\sqrt{1+244.4P_{\mathrm{D}}}-1} \tag{7-3c}$$

川东地区“一点法”三种公式适用条件：公式一适用于无阻流量 $<100\times10^4\mathrm{m}^3/\mathrm{d}$ 的气井，公式二适用于无阻流量在 $100\times10^4\sim300\times10^4\mathrm{m}^3/\mathrm{d}$ 的气井，公式三适用于无阻流量 $>300\times10^4\mathrm{m}^3/\mathrm{d}$ 的高产气井。分析不同“一点法”产能公式可以看出，当井底压力趋于零时，计算的无阻流量趋近于实测产量。因此，只要生产压差足够大，用各种“一点法”公式计算的无阻流量基本一致。表7-1是用各种“一点法”公式计算的普光气田测试段无阻流量结果表。从普光实际试气资料分析看，当试气生产压差达到地层压力的25%以上时，陈元千“一点法”公式以及川东北各种“一点法”公式计算的无阻流量相近。也就是说，测试压差超过地层压力的25%时，气井“一点法”计算的无阻流量几乎与 α 值的大小无关。

表7-1 各种“一点法”公式计算的无阻流量结果表

井名	层段	测试层段/m	ΔP	陈元千“一点法”	指数式“一点法”	普光公式	罗家寨公式	川东公式
普1井	飞一二下段	5610.3~5666.24	20.4	56.3	56.0	61.3	60.9	56.0
普2井	飞一二中段	5027.5~5102.0	29.5	71.6	70.1	74.7	70.9	71.4
	飞一二上段	4933.8~4985.4	42.9	23.3	22.4	23.5	23.8	23.3
	飞三段	4776.8~4826.0	41.4	28.5	27.4	28.7	29.1	28.4
普4井	飞一二中段	5759.3~5791.6	15.4	90.2	91.3	103.5	92.8	89.4
普5井	飞三段	4830.0~4868.0	45.8	15.8	15.2	15.9	16.0	15.8
普6井	飞一二中段	5030.0~5160.0	33.8	36.0	34.9	36.9	36.0	35.9
	飞三段	4850.7~4892.8	25.8	48.4	47.6	51.1	49.3	48.2

综上所述，常规回压试井、“一点法”产能试井适用于渗透率较高、在短时间内气井流压能达到稳定的气藏，修正等时试井除稳定生产段需要达到稳定外，其余工作制度无须稳定，适用于低渗透、特低渗透气藏，可以大大缩短测试时间。普光气田储层非均质性强，且渗透率普遍较低，试井解释的渗透率多在 $5\times10^{-3}\mu\mathrm{m}^2$ 以下，考虑高含硫气田特性，为

获取长时间的测试资料准确评价气井产能，并避免造成环境污染，普光气田多数气井更适合采用修正等时试井法，但对于物性好、产量高、测试稳定时间短的气井也可采用稳定试井的测试方法。

7.2 高含硫气井产能评价

普光气田高含硫，采用常规放喷燃烧方式试气测试时间短，再加上含气井段长、非均质性强，给准确评价气井产能带来很大困难。针对普光气田产能评价问题，开发初期，运用气井渗流理论，在系统分析影响气井产能评价主要因素的基础上，提出了针对探井短时测试资料的气井产能评价方法——模拟校正法，对测试井产能进行评价和预测，编制完成了气田初步开发方案；在产能建设阶段，为进一步落实产能，引进配套焚烧炉和EE级/HH级放喷试气组合流程，对高含硫气井开展长时间系统试气，建立了考虑酸压增产和层间干扰的长井段气井产能预测方法，并采用多种方法研究确定普光气田气井合理配产。

7.2.1 气井短时测试产能评价

在脱硫厂和生产管线建成之前采用多工作制度稳定试井方法确定气井产能成本高、风险大，气藏投产前基本没有进行过系统测试，主要采用单点测试。因此，在开发前期评价阶段，根据测试资料状况，比较准确地评价和预测气井的产能是圆满完成开发方案设计的基础。为此，针对普光气田探井测试资料的特点，在系统分析不同产能评价方法的适用条件以及影响气井产能的主要因素的基础上，研究适合普光气田的短时测试气井产能评价方法，为准确评价气井产能和确定气井合理产量提供依据。

1）气井产能短时测试资料分析

普光气田长兴组—飞仙关组气藏有9口探井24个层段的产能测试资料，分析长兴组—飞仙关组气藏探井的产能测试资料，普光气田气井产能测试具有以下特点：

（1）受流体组分高含硫影响，气井测试方法简单。

普光气田天然气组分中H_2S含量高，具有强烈的腐蚀性和剧毒，给气井安全测试和现场HSE管理带来巨大的挑战。所有探井产能测试主要采用一开一关或二开一关的工作方式，每个开井测试段采用1～4个工作制度，开井时间最长27.4h。

（2）单个工作制度的开井时间短，压力波动比较大，大部分测试井的井底流压未达到稳定。

普光气田探井多采用"短时测试"方式，单个工作制度开井测试时间在2～10h，对于渗透性较好的飞一二段储层，个别层段基本达到稳定流动阶段，大部分储层段因测试时间短，压力未稳定（图7－1、图7－2）。

如普光2井飞三段酸压后测试，从测试产量、压力曲线与时间的关系可以明显看出，测试过程中井口压力、井底流压急剧下降，没有达到稳定，无法用常规的产能评价方法求取气井无阻流量。而且普光气田储层纵向、横向非均质性都较强，由于测试生产时间短，泄气半径小，难以反映储层非均质性对气井产能的影响，给产能评价工作带来困难。

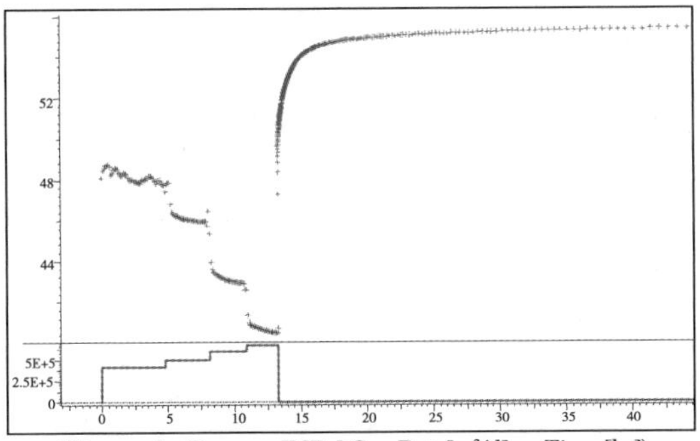
History plot(Pressure[MPa],Gas Rate[m^3/d] vs Time [hr])

图7-1 普光5井长兴组压力及流量曲线

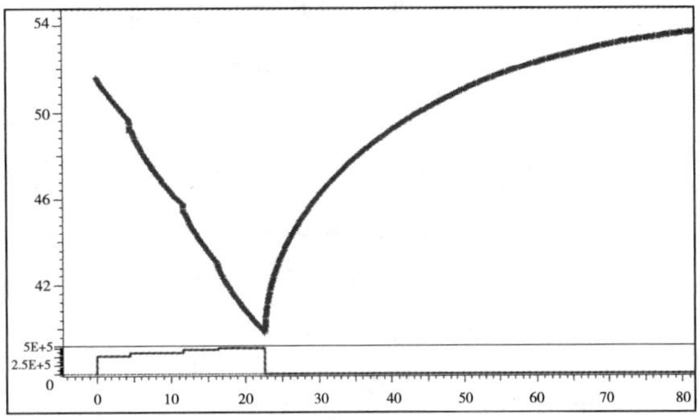
History plot(Pressure[MPa],Gas Rate[m^3/d] vs Time [hr])

图7-2 普光2井飞三段压力和产量曲线

(3)部分探井测试层段压差大，流压下降快。

普光气田大部分获工业气流的未酸压气井测试层段生产压差很大(11.15～42.91MPa)，表明气井未酸压改造情况下稳产条件较差。部分气井测试工作制度设计不合理，油嘴大，产量过高，流压快速下降，二项式曲线出现倒置现象，难以用常规产能评价方法进行产能评价。

上述问题的存在，给准确评价普光气田生产井产能带来了挑战。

2)短时测试气井产能评价方法

为消除测试时间短、压力未稳定对气井产能评价结果的影响，研究提出短时气井产能评价方法——模拟校正法，对气井的产能评价结果进行校正。

(1)影响气井产能评价结果的因素分析。

对于一口气井，在储层物性已经确定的情况下，影响气井产能评价结果的因素主要就是测试方法和测试条件，如测试时间和测试压力等。

气井生产未达到稳定时，气井二项式产能方程为：

$$P_i^2 - P_{wf}^2 = A_t q_g + B q_g^2 \tag{7-4}$$

$$A_t = \frac{42.42 T P_{sc} \bar{\mu}_g \bar{z}}{K h T_{sc}} \left(\lg \frac{8.085 K t}{\phi \bar{\mu}_g \bar{c}_t r_w^2} + 0.87 S \right) \tag{7-5}$$

$$B = \frac{36.91 T P_{sc} \bar{\mu}_g \bar{z}}{K h T_{sc}} \cdot D \tag{7-6}$$

气井生产达到稳定时，二项式产能方程为：

$$\bar{P}_R^2 - P_{wf}^2 = A q_g + B q_g^2 \tag{7-7}$$

$$A = \frac{84.84 T P_{sc} \bar{\mu}_g \bar{z}}{K h T_{sc}} \left(\lg \frac{0.472 r_e}{r_w} + 0.434 S \right) \tag{7-8}$$

气井绝对无阻流量为：

$$q_{AOF} = \frac{-A + \sqrt{A^2 + 4B(P_R^2 - 0.101^2)}}{2B} \tag{7-9}$$

式中 P_i、$\bar{P}_R$——原始地层压力、平均地层压力，MPa；

P_{wf}——井底流动压力，MPa；

q_g——气井产量，$10^4 m^3/d$；

T——气层温度，K；

K——地层渗透率，μm^2；

h——地层厚度，m；

P_{sc}——标准状态压力，$P_{sc}=0.101325MPa$；

T_{sc}——标准状态温度，$T_{sc}=293.15K$；

$\bar{\mu}_g$——气体黏度，mPa · s；

$\bar{z}$——气体偏差系数；

S——污染系数；

D——紊流系数；

r_w、r_e——井眼半径、外边界距离，m。

由式(7－5)可知，气井产能方程系数 A_t 是时间的函数，时间不同，A_t 的值不同，此时确定的气井产能也不相同，因此如果气井试气未达到稳定，反映的是气井的瞬时产能，并非气井的稳定产能。

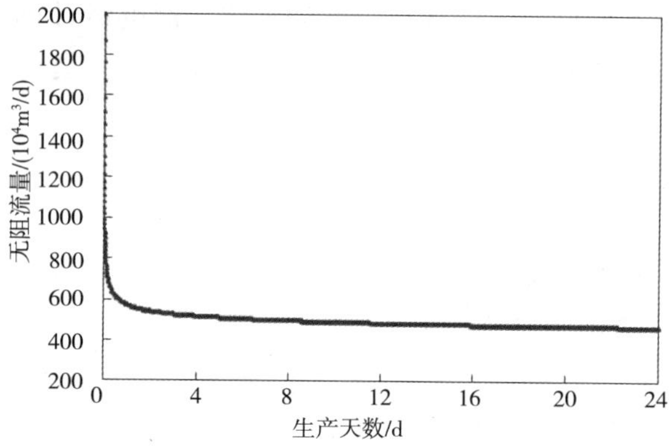

图7－3　测试时间与无阻流量的变化曲线

由陈元千“一点法”产能公式同样可以看出，气井测试时间对产能计算结果有很大影响，如果测试时间短，流压 P_{wf} 不稳定，则计算的气井无阻流量偏高。图7－3是采用不同延时生产时间的井底流压，采用陈元千“一点法”产能公式计算的气井无阻流量随生产时间的变化关系。从图中可以看出，随测试时间的延长，气井的绝对无阻流量不断降低，但当测试时间达到拟稳定后，气井的无阻流量的变化将很小。从图中还可以看出，在开井初期，无阻流量的计算结果对井底压力极为敏感。

因此，要想获得可靠的气井产能，必须达到一定的测试时间(＞或＝拟稳态时间)，即探测半径达到气井所控制的范围，否则计算的无阻流量会产生较大误差，如果测试时间过短，气井远未达到稳定，此时计算的无阻流量偏大；如果测试时间过长，则会在储层中形成一定的压力降，储层偏离原始状态，使评价结果偏小。

(2)短时测试气井产能评价方法。

根据产能试井理论，“一点法”测试和系统试井产能评价方法都要求所有测试点达到稳定流动，而等时和修正等时试井也要求延时测试点必须达到稳定流动。因此，这类方法很难适应普光气田气井短时测试产能评价的需要。模拟校正法就是在多工作制度或“一点法”测试的基础上，利用现有测试资料，模拟气井达到稳定流动的井底压力，而对常规产能评价方法进行改进的分析方法。

模拟校正法确定气井产能的思路：

①利用一口气井试气关井压力恢复测试资料，进行不稳定试井解释，分析确定测试层和测试井的储层参数(图7－4)，建立起反映测试井地层特性的单井地质模型。

②采用建立的测试井地质模型，模拟气井产能试井过程(图7－5)，即试气过程中压力变化，确定达到拟稳定阶段的井底流动压力。

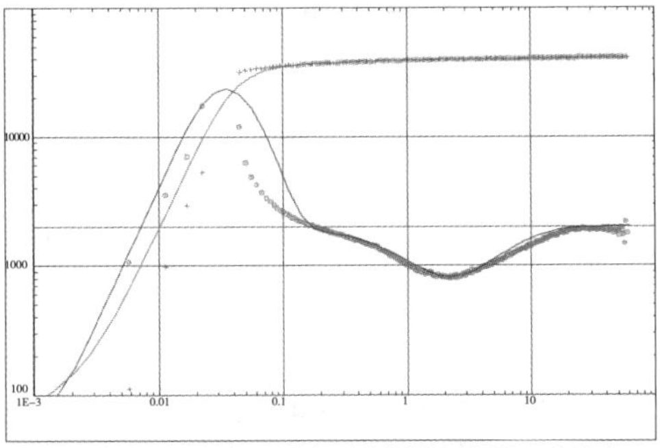

Log-Log plot:dm(p) and dm(p)′ [MMPa²/cP] vs dt [hr]

图7-4 普6井长兴组上部实测压力及其导数曲线

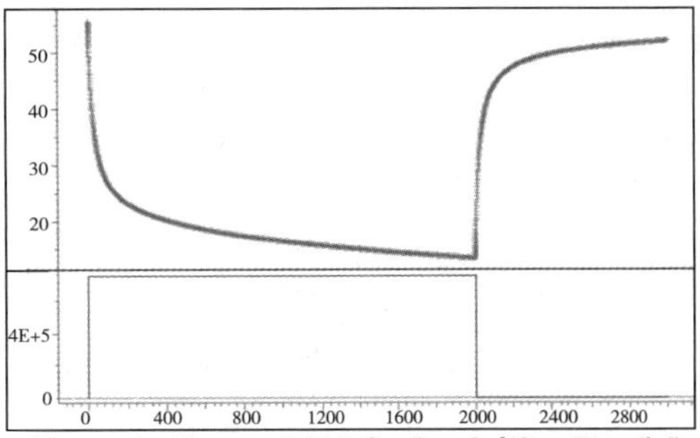

History plot (Pressure [MPa], Gas Rate [m³/d] vs Time [hr])

图7-5 模拟试气井底流压变化图

由气井稳定二项式产能方程和未稳定产能方程，可以推得气井达到拟稳定流动阶段所需的时间为：

$$t = \frac{0.02756\phi\bar{\mu}_g c_t r_e^2}{K} \tag{7-10}$$

③用测试井试气的产量、地层压力及确定的稳定井底流动压力，根据测试资料情况，选择适合这类气藏的“一点法”公式或多工作制度产能评价方法评价气井产能。

模拟校正法是针对高含硫气藏气井测试时间短、井底压力未稳定、确定的气井产能偏高而提出的校正方法，此方法的理论基础是用气井不稳定试井资料建立反映气藏动态特性的地质模型，进而评价气井产能。因此，该方法还可用于其他因测试时间短而影响气井产能评价结果的气藏，如低渗、特低渗气藏。

以普光6井为例，该井在飞一段—飞二段中部(4992.5～5158m)进行了酸压改造，酸压后进行了一开一关测试，测试时间6h20min，井底压力52.35MPa，生产压差2.15MPa，产量$128\times10^4 m^3/d$，没有达到稳定，测试后关井恢复115h。

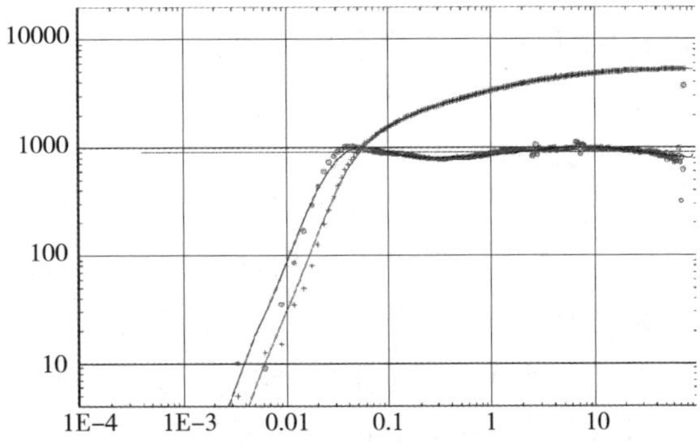

Log-Log plot:dm(p)and dm(p)′ [MMPa²/cP] vs dt [hr]

图7-6 普光6井飞一段—飞二段中压力及其导数曲线

为评价普光6井酸压效果，应采用普光6井酸压后关井压力恢复测试资料，进行不稳定试井解释(图7-6)，确定储层物性参数及单井地质模型(表7-2)，根据确定的普光6井飞一段—飞二段中段地质模型模拟单点试气压力变化，气井以$128.15\times10^4 m^3/d$定产量生产1个月，井底压力随时间变化关系见图7-7。

表7-2 普光6井飞一段—飞二段中部酸压后压力恢复测试解释结果表

地层系数/($10^{-3}\mu m^2\cdot m$)	渗透率(内/外)/$10^{-3}\mu m^2$	表皮系数	井筒储集(初/终)/(m^3/MPa)	内外区边界/m	外推压力/MPa
326	2.41/4.02	-4.6	2.34/0.0023	109	54.53

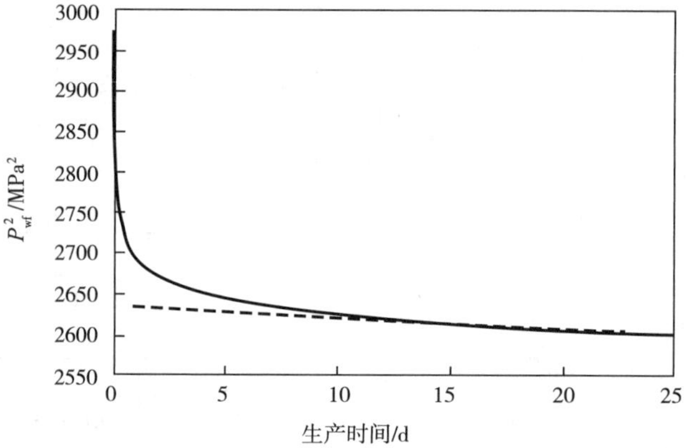

图 7 –7　普光 6 井井底流压与测试时间关系曲线

从图 7 –7 中可以看出，气井井底压力在开井初期急剧下降，当测试时间达到 10d 左右时基本稳定，此时稳定井底流压为 51.34MPa，生产压差为 3.93MPa。

应用“一点法”产能公式和修正后的井底流压，计算了普光 6 井酸压后无阻流量，结果为 $438.5\times10^4m^3/d$。而采用测试初期 7h 不稳定的井底流压数据计算的无阻流量为 $663.3\times10^4m^3/d$，比用短时气井产能评价方法确定的稳定时的无阻流量偏大 51%。

3）普光气田探井试气产能评价

普光气田长兴组—飞仙关组气藏完钻探井中，有 8 口井 18 个层段试气测试获得高产工业气流，其产能测试主要采用一开一关或二开二关的工作方式。这里利用前面提出的产能评价方法，针对各层段不同类型测试资料特点，分别采用陈元千“一点法”、模拟校正法和关井压力恢复法对测试层段产能进行评价，计算出各测试段无阻流量；在此基础上，确定出长兴组—飞仙关组各层段单位地层系数（Kh）的无阻流量，再应用叠加原理求取全井段产能。

（1）测试层段无阻流量。

①长兴组测试层段无阻流量。

普光气田探井长兴组气层试气生产压差小，测试时间短，而测试时间的长短对产能影响较大，因此，对长兴组进行产能评价时，采用前面提出的模拟校正法模拟产能试井曲线，确定出试气达到稳定的井底压力，然后用陈元千“一点法”公式计算产能。采用模拟校正法和压力恢复法计算的长兴组气藏各测试层段的无阻流量结果见表 7 –3。

表 7 –3　长兴组测试层段“一点法”无阻流量计算表

井名	层段	测试段/m	压力恢复法/($10^4m^3/d$)	无阻流量/($10^4m^3/d$)
普光 2 井	长兴组	5237～5281.6	110.2	84.8
普光 5 井	长兴组	5141～5243.8	132.9	92.5
普光 6 井	长兴组	5295～5385.2	134.2	98.7
普光 8 井	长兴组	5509～5592		18.6

从表 7 –3 中可以看出，普光气田长兴组气层产能在平面上有较大差异，构造高部位普光 2、普光 5、普光 6 井长兴组气层产能高，无阻流量为$(84.8\sim98.7)\times10^4m^3/d$，而构

造低部位普光8井长兴组无阻流量很低，只有 $18.6\times10^4m^3/d$，这与构造高部位长兴组储层物性较好、低部位物性较差的特征一致。

②飞仙关组测试层段无阻流量。

由于飞仙关组各层段试气生产压差大，时间对产能计算结果影响不大，故不需校正，因此，应用测试数据采用陈元千“一点法”以及压力恢复法计算飞仙关组气藏各测试层段无阻流量，结果见表7－4。

表7－4　飞仙关组各测试层段“一点法”无阻流量计算表

井名	层段	测试段/m	压力恢复法/($10^4m^3/d$)	无阻流量/($10^4m^3/d$)
普光1井	飞一段—飞二段中段	5610.3～5666.2	49.4	56.3
普光2井	飞三段	4776.80～4826	18.9	33.2
	飞一段—飞二段上段	4933.9～4985.4	16.9	23.3
	飞一段—飞二段中段	5027.50～5102	74.9	71.6
普光4井	飞一段—飞二段下段	5759.3～5791.6	92.7	90.2
普光5井	飞三段	4830～4868	16.2	15.8
普光6井	飞三段	4850.7～4892.8	—	48.4
	飞一段—飞二段中段	5030～5160	55.0	35.4
普光7－侧1井	飞一段—飞二段上段	5484.7～5546.7	25.1	20.7
	飞一段—飞二段中段	5571.7～5590.7	46.4	35.9
普光9井	飞一段—飞二段中下段	5915.8～6099.5	133.0	121.4
	飞一段—飞二段中下段	5915.8～5993(酸压)	266.4	275.8

从表7－4中可以看出，普光飞仙关组各层段纵向上产能表现出明显差异，飞一段—飞二段中、下段气层产能高；飞一二上、飞三层段产能低，这说明飞一段—飞二段中、下段是普光飞仙关组气藏的主力产层。

(2)气井酸压效果分析。

通过试井分析可知，普光和罗家寨气田飞仙关组气藏大部分气井在钻井、完井过程中，产层存在严重污染。为提高单井产量，普光、罗家寨气田飞仙关组气藏进行了部分气井的酸化或酸压改造，表7－5是酸化或酸压前后试气结果表，其中普光6、普光9井和罗家6井酸化层段以Ⅰ类、Ⅱ类储层为主，普光2井酸压层飞二段以Ⅲ类气层为主。从表中可看出，飞仙关组不同类型储层酸化或酸压后都有一定的增产效果，普光气田主体测试段无阻流量酸化或酸压后增长倍数平均为1.42，罗家寨飞仙关组气藏罗6井酸化后产能增加2.56倍。由此可见高含硫碳酸盐岩气藏通过酸化和酸压可以改善近井地带储层的渗流条件，提高单井产量。预计普光气田飞仙关组储层酸压后气井产能可提高一倍以上。

(3)气井全井段产能预测。

普光气田储层巨厚，生产层位多，各探井在测试过程中，采用分层测试的方式，而且每一层都没有全部射开，只是射开部分层段进行测试。因此，需准确分析预测全井段生产井产能，这对气田开发方案的制定具有重要意义。

表7-5　普光和罗家寨气田措施改造前后试气结果表

气田	井名	层段	射孔有效厚度/m	措施前有效渗透率/$10^{-3}\mu m^2$	措施前表皮系数	措施前无阻流量/($10^4m^3/d$)	措施后无阻流量/($10^4m^3/d$)	无阻流量提高倍数/倍
普光	普光6井(酸化)	飞一段—飞二段中段	98.1	7.17	210	133	350.5	1.64
	普光9井(酸化)	飞一段—飞二段中下段	60.4	8.34	5.85	121.4	275.8	1.27
	普光2井(酸压)	飞三段	25.1	1.03	2.37	33.2	77.8	1.34
	平均							1.42
罗家寨	罗家6井(酸化)	飞仙关组		11.77	36.1	75.1	267.3	2.56

普光气田长井段产能预测以测试层段评价结果为基础，综合考虑投产工艺措施等对产能的影响，再应用叠加原理求取全井段产能。具体思路是，依据各测试层段产能评价结果，分析对应层段无阻流量和地层系数，确定不同测试层段(长兴、飞仙关)单位地层系数的无阻流量；预测新井全井段无阻流量时，采用不同测试层段(长兴、飞仙关)单位地层系数(Kh)的无阻流量的平均值，分别计算各个层段的无阻流量，对飞仙关组气藏考虑酸压效果，在自然产能的基础上，提高一倍，求出各层段实施酸压后的无阻流量；由于长兴组酸压后产能尚不清楚，故对长兴组不考虑酸压效果，最后将长兴组—飞仙关组各层段无阻流量相加确定全井段无阻流量。

各层段无阻流量的计算采用地层系数加权的方法，计算公式为：

$$(q_{AOF})_i = (q_{AOF})'_i \times (Kh)_i / (Kh)'_i \tag{7-11}$$

式中　$(q_{AOF})_i$——分段无阻流量($i=1, 2, 3, 4$)，$10^4m^3/d$；

$(Kh)_i$——分段地层系数($i=1, 2, 3, 4$)，$10^{-3}\mu m^2 \cdot m$；

$(q_{AOF})'_i$——测试段的无阻流量($i=1, 2, 3, 4$)，$10^4m^3/d$；

$(Kh)'_i$——测试段的地层系数($i=1, 2, 3, 4$)，$10^{-3}\mu m^2 \cdot m$。

依据上述计算方法，预测普光各气井全井段酸压后无阻流量，结果见表7-6。

表7-6　普光气田全井段预测酸压无阻流量计算结果表

层位	无阻流量/($10^4m^3/d$)							
	普光1井	普光2井	普光4井	普光5井	普光6井	普光7-侧1井	普光8井	普光9井
飞三段	10.8	77.8	3.2	84.1	98.0			17
飞一二上段	1.8	71.0	24.7		26.0	57.4		
飞一二中段	129.4	144.8	90.0	12.5	438.5	95.2		275.8
飞一二下段		74.0	180.4	19.7				
长兴		85.2		97.1	108.8		18.6	
全井段	142.0	452.9	298.4	213.5	671.3	152.6	18.6	292.8

分析上述结果，可以得出，普光气田平面上不同区域气井产能差异较大，其中普光 2 块构造高部位普光 2 井和普光 6 井产能最高，构造中部普光 4 井、普光 9 井、普光 5 井次之，普光 3 块普光 1 井和普光 7 - 侧 1 井较差，构造低部普光 8 井最差。这与高部位储层厚度大、物性好，低部位储层薄、物性差特征一致。

7.2.2　气井长时间系统测试产能评价

国内常规高含硫气井主要采用火炬燃烧的方式试气，由于火炬燃烧的效率低、H_2S 燃烧不完全，易造成环境污染，因此通常开井测试时间较短、泄气半径小，试气资料主要反映井筒附近储层特征，常规方法评价气井产能会产生较大误差。普光气田开发前期评价阶段编制方案时，采用模拟校正法解决了因测试时间短、压力未稳定对产能评价的影响。在产能建设阶段，为进一步落实气井产能，普光气田借鉴国外高含硫气田测试经验，引进国外的焚烧炉，研究地面试气流程及装备，对试气过程中的高含硫天然气进行高温燃烧处理，成功解决了含硫气井系统测试环保排放问题，实现了高含硫气井的长时间系统测试，为进一步准确评价气井产能奠定了基础。

1)高含硫气井试气工艺

(1)EE 级 + HH 级 + 焚烧炉组合地面测试流程设计。

为了满足放喷长时间试气的需要，综合考虑高含硫气田地层压力温度、流体性质、井下管柱和井口通径等情况，进行试气流程设计，地面测试流程由四进四出、70MPa→35MPa→35MPa 三级降压 EE 级放喷流程和 105MPa→35MPa 二级降压 HH 级流程两部分组成(图 7 - 8)，具备单路、多路同时放喷功能，可实现压井、替喷等同一流程作业。

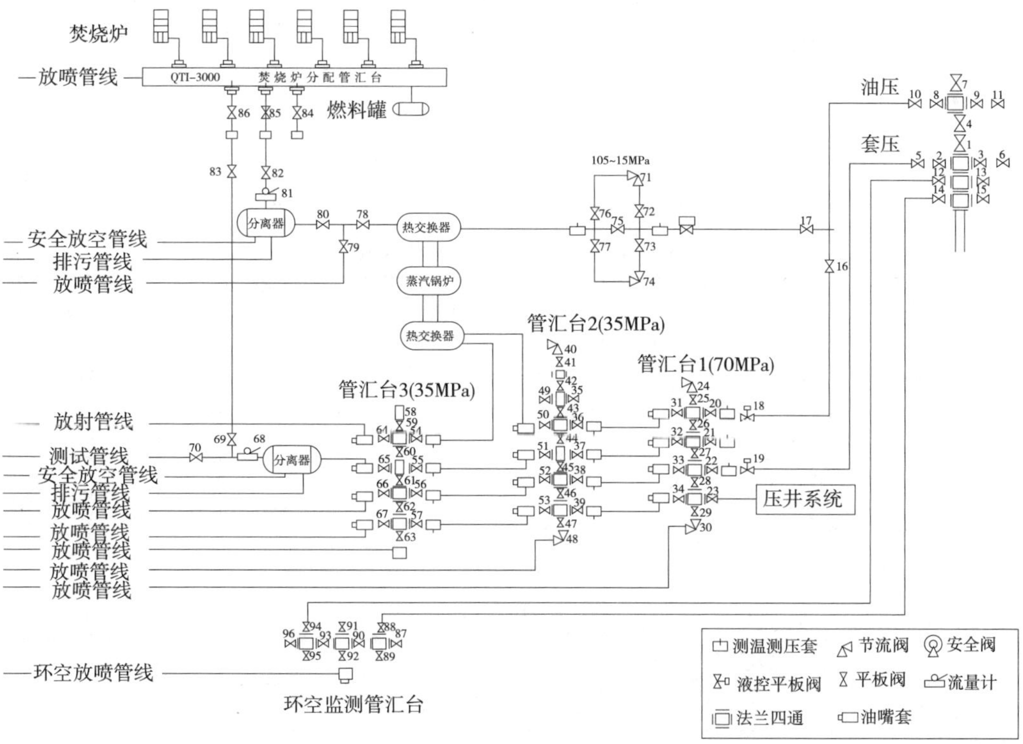

图 7 - 8　HH 级与 EE 级 + 焚烧炉并联试气放喷流程

主试气流程为HH级管汇+焚烧炉流程，EE级流程主要作为放喷、压井、替喷使用，当HH级流程在试气过程中出现冰堵、油嘴刺坏或其他意外情况时，可倒换至EE级流程做短时间试气，待HH级流程恢复正常后，再倒回HH级流程试气，尽可能保持设计时间试气连续、无间断。EE级放喷流程主通径为65mm，HH级试气流程主通径为78mm。

(2)放喷及试气节流设计。

根据水合物生成研究及不同油嘴下临界流量计算情况，以普光302－2井为例，对普光气田放喷及试气的节流进行了设计。二级、三级节流放喷及试气节流计算结果如表7－7、表7－8所示。

表7－7　二级节流计算结果表

序号	产量/($10^4m^3/d$)	位置	温度/℃	压力/MPa	油嘴/mm	水合物生成温度/℃	备注
1	55	井口	62	35			
		一级节流	46.18	22.96	13		加注0.5%的乙二醇
		二级节流	1.47	3.31	15	－36	二级前加热到65℃
2	45	井口	58	36			
		一级节流	35.14	18.42	11		加注0.5%的乙二醇
		二级节流	0.27	2.74	14	－39	二级前加热到60℃
3	35	井口	52	37			
		一级节流	34.99	23.26	10		加注0.5%的乙二醇
		二级节流	0.51	2.17	12	－40	二级前加热到70℃
4	25	井口	46	38			
		一级节流	27.72	24.26	8		加注0.5%的乙二醇
		二级节流	1.8	1.58	10		二级前加热到75℃

表7－8　三级节流计算结果表

序号	产量/($10^4m^3/d$)	位置	温度/℃	压力/MPa	油嘴/mm	水合物生成温度/℃	备注
1	55	井口	62	35			
		一级节流	47.02	23.88	13		加注0.5%的乙二醇
		二级节流	33.16	15.79	15		
		三级节流	5.11	3.49	18	－35	三级前加热到55℃
2	45	井口	58	36			
		一级节流	37.68	20.33	11		加注0.5%的乙二醇
		二级节流	20.16	12.69	14		
		三级节流	3.14	2.76	18	－39	三级前加热到50℃

续表

序号	产量/($10^4m^3/d$)	位置	温度/℃	压力/MPa	油嘴/mm	水合物生成温度/℃	备注
3	35	井口	52	37			
		一级节流	36.57	24.98	10		加注0.5%的乙二醇
		二级节流	17.51	14.41	11		
		三级节流	5.14	2.18	15	-40	三级前加热到60℃
4	25	井口	46	38			
		一级节流	35.14	23.44	8		加注0.5%的乙二醇
		二级节流	22.01	15.72	10		
		三级节流	1.29	1.58	12	-47	三级前加热到60℃

(3)高含硫气井放喷及试气装备。

①放喷试气流程装备。

根据生产节流分析、放喷试气油嘴尺寸计算结果，以及预测的放喷试气节流温降、压降及水合物生成条件，选用三级降压油嘴管汇、热交换器、卧式三相分离器及连接管汇等装备见表7-9。

表7-9　试气流程主要设备表

设备名称	技术指标
三级降压油嘴管汇	压力级别：105MPa，HH级；温度等级：P-U级(28.9~121℃)
热交换器	压力级别：35MPa；热交换能力：4mmBtu/h
卧式三相分离器	设计压力：10.8MPa，工作压力：7MPa；温度等级(盘管)：-28.9~204℃；天然气处理能力：最大操作压力下为56MMscf/d(标况158×$10^4m^3/d$)；水处理能力：在2min延迟时间下为6969bbl/d(即1108m^3/d)
化学注入泵	注入压力：105MPa；化学液体：甲醇；注入能力：0.01~0.19m^3/h
地面安全控制系统	压力级别：105MPa，HH级
数据采集系统	压力级别：105MPa，HH级
焚烧炉	系统处理能力：60×$10^4m^3/d$，燃烧效率：99.99%

②焚烧炉及其连接。

a. 高含硫高温焚烧炉。

焚烧炉由炉膛、底座及进气部分、点火及控制系统三部分组成。上部是炉膛，用耐火材料做衬里，下部是底座及进气部分(图7-9)，共采用6台焚烧炉。

图7-9　高含硫高温天然气试气焚烧炉

单台焚烧炉尺寸：16.0m×2.8m×3.0m。

单台焚烧炉燃烧量：10×$10^4m^3/d$。

燃烧效率：99.99%。

出口速度：21.23m/s。

焚烧炉入口气压力：0.035～0.56MPa。

焚烧炉进气温度：－5～120℃。

b. 焚烧炉配套管线连接。

焚烧炉与地面试气流程配套连接包括原料气连接与燃料气连接(图7－10)。

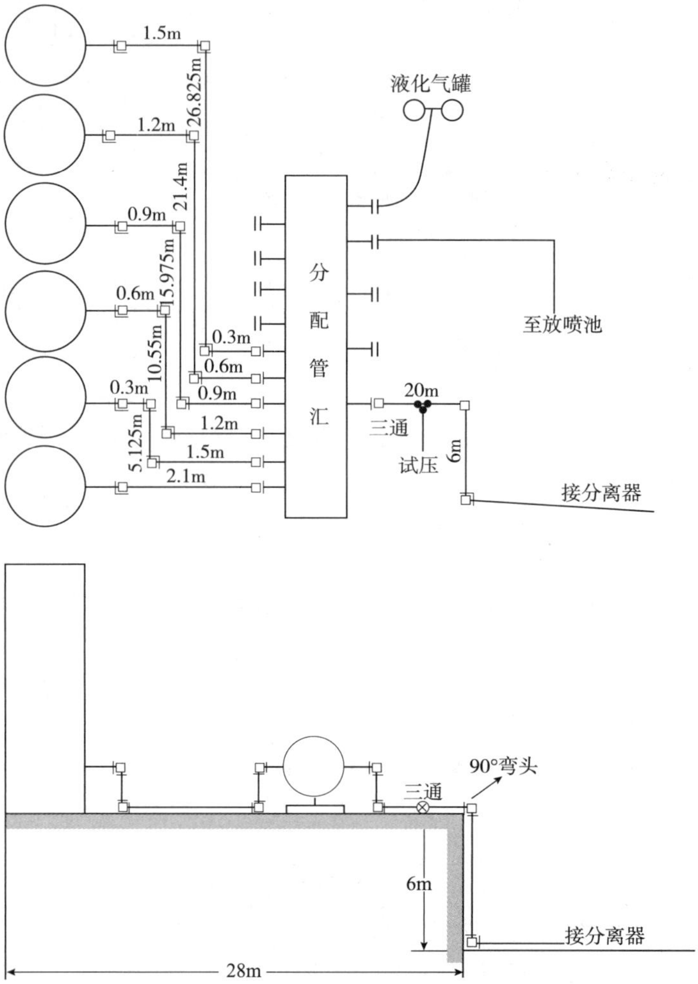

图7－10　焚烧炉配套管线连接

原料气连接包括：分离器到分配管汇的连接、分配管汇到6台焚烧炉的连接以及分配管汇至放喷池的连接。

燃料气连接包括：液化气罐到分配管汇的连接、分配管汇到焚烧炉燃料气进口的连接。

③焚烧炉控制技术。

为确保焚烧炉安全可靠运行，并符合环保要求，设置了多重安全控制系统，主要包括超压保护系统、H_2S监测系统、可燃气体最低爆炸极限检测系统、点火监测报警及控制系统、炉顶超高温监测系统、电源板及接线盒系统等。焚烧炉数据采集及控制流程见图7－11。

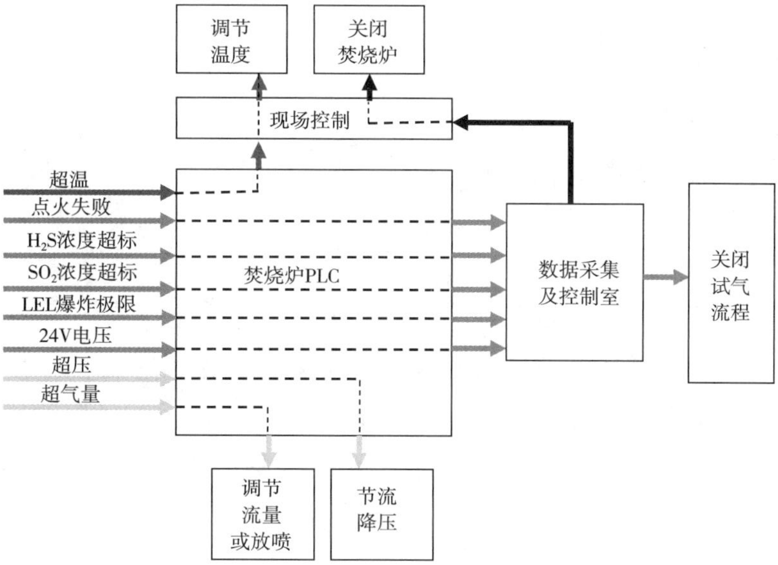

图7-11 焚烧炉数据采集及控制流程总图

④SO_2 扩散模拟。

根据普光地形、地貌、气象等条件选择了具有代表性的2口井，分别位于不同海拔高度(一口井在山的高部，一口井在山的低部)，计算原料气焚烧量为 $70\times10^4m^3/d$。根据扩散模拟计算结果，SO_2 浓度较高点10个点位置(图7-12)。时间、风速、风向及其稳定性对 SO_2 扩散浓度影响的结果如图7-13～图7-16。

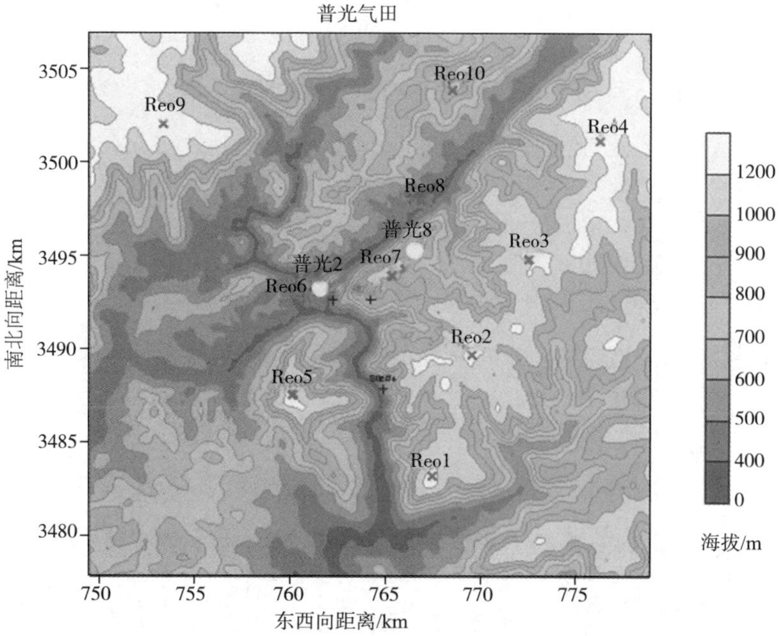

图7-12 2口井和10个潜在的 SO_2 超标点位置地形图

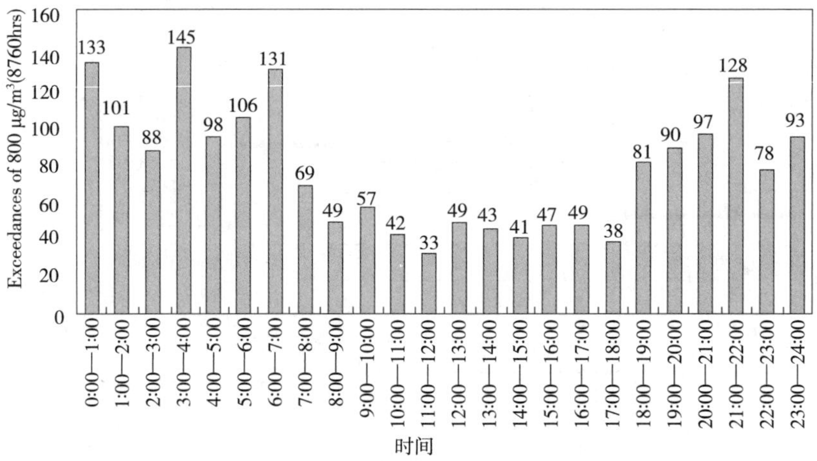

图 7－13　时间影响 SO_2 超扩散超标图

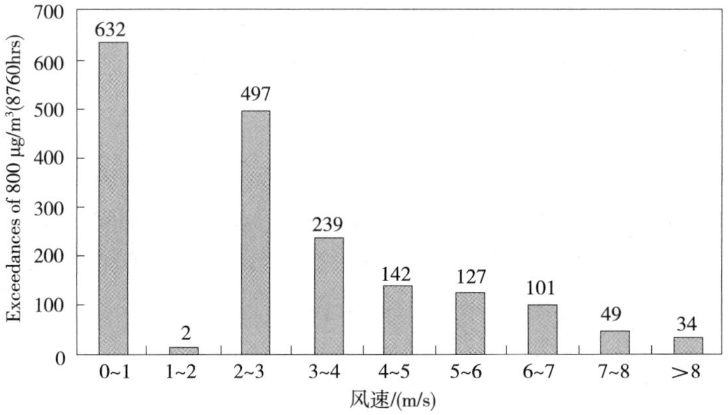

图 7－14　风速影响 SO_2 超扩散超标图

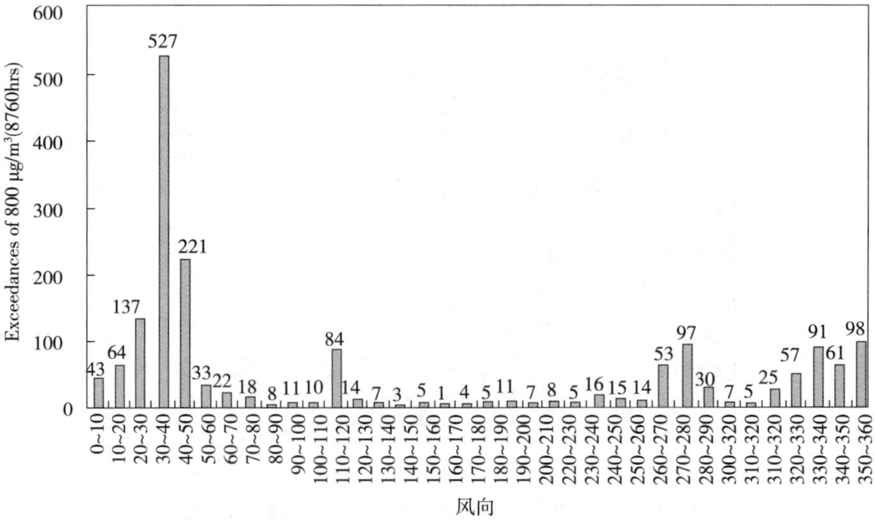

图 7－15　风向影响 SO_2 超扩散超标图

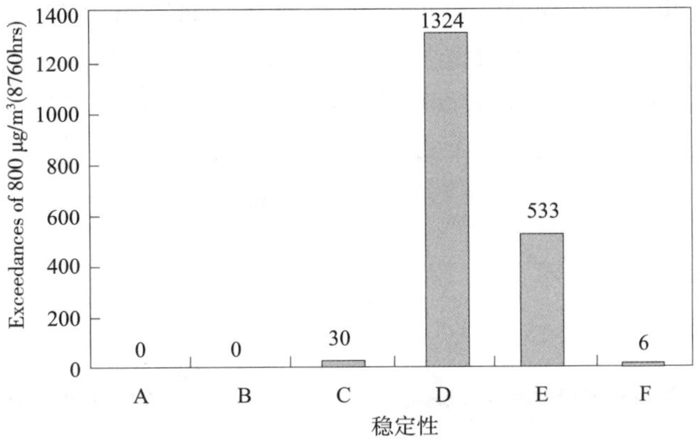

图7－16　稳定性影响 SO_2 超扩散超标图

通过 SO_2 扩散模拟计算，虽然大部分时间 SO_2 一小时平均浓度低于 500μg/m³，但是确实有一小时 SO_2 平均浓度高于 500μg/m³ 的情况出现。因此，在现场试气要选择最佳试气井、试气时段、试气工作制度及试气时间，并应根据计算结果，在 SO_2 超标点设置 SO_2 监测系统，实现试气过程中定点、定时、定人员的 SO_2 浓度实时监测。

2)高含硫气井产能测试

根据气井渗流方程，在流动为不稳定状态时，气井产能是产量、压力和时间的函数。即测试时间较短，产量、压力未达到稳定时，计算的是气井近井地带或瞬时产能。随着测试时间延长和影响半径的扩大，二项式产能方程系数 A_t 逐渐增大，无阻流量相应地减小，直至影响半径扩大至气井所控制的范围，达到稳定或拟稳定流动才能得到固定的系数 A 和准确的无阻流量。因此，要满足缩短测试时间又要得到准确反映气井产能特征的参数，关键是采用合理的测试时间、产量、压力进行测试。

(1)合理测试时间研究。

根据气井产能试井理论，要评价气井真实产能，测试时气井压力降应达到一定的范围，对于稳定试井气井合理测试时间就是达到稳定流或拟稳定流的最短时间，而对于等时和修正等时测试，气井合理测试时间研究包括确定等时间隔时间及延续生产时间，延续流动期的合理时间也是达到拟稳定流的最短时间。由于普光气田井型和措施复杂，对测试时间影响较大。因此，应针对不同情况开展气井的合理测试时间研究。

①井筒储集对测试时间的影响。

开井测试时，首先反映的是井筒储集效应，其间测得的压力数据不能反映地层特性。因此，要取得反映地层特性的压力数据，开井时间必须大于井筒储集期的时间。

根据文献资料研究，气井井筒储集结束的时间为：

$$t_{ws}=\frac{(60+3.5S)C\mu_g}{22.608Kh} \tag{7-12}$$

式中　t_{ws}——井筒储集结束时间，h；

C——井筒储集系数，m/MPa；

μ_g——气体黏度，mPa·s；

S——表皮系数；

Kh——地层系数，μm²·m。

由式(7－12)可知，气井筒储集结束时间 t_{ws} 与井筒储集系数 C、表皮系数 S、μ_g 成正比，与地层系数 Kh 成反比。根据普光气田流体特征、地层参数，分别模拟计算出压力计放在产层中部和井口时的井储结束时间(图 7－17)。

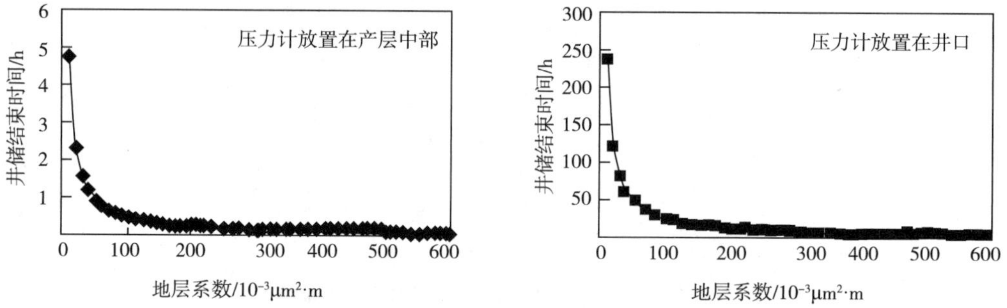

图 7－17　压力计分别放在产层中部、井口时的井储结束时间对比

根据计算结果可以看出，压力计位置对井储效应的时间影响较大，当地层系数 $Kh = 10\times10^{-3}\mu m^2\cdot m$ 时，压力计放置在产层中部井储时间为 4.8h；压力计放置在井口时井储时间为 240.6h。井筒储集系数、表皮系数越大，气井井筒储集结束的时间越长；地层系数越小，气井井筒储集结束的时间越长，这样测试时达到拟稳定状态的开井生产时间就越长。普光气田储层巨厚，气井地层系数都 $>100\times10^{-3}\mu m^2\cdot m$，因此，压力计放置井底测试时井储效应在 0.5h 内结束；压力计放置井口测试时井储时间不到 20h。

②未压裂直井合理测试时间的确定。

根据气井渗流理论，在气井测试过程中，当井筒储集效应消失后，气井探测半径随测试时间增加而增加，直到达到了气田的外边界或相邻生产井的不流动边界，此时探测半径为常数，流动可以认为已达到拟稳定状态，这个时间即为气井合理的测试时间。

气井探测半径的计算公式为：

$$r = 0.12\sqrt{\frac{Kt}{\phi\mu C_t}} \tag{7-13}$$

式中　t——压力传导时间，h；

K——地层有效渗透率，$10^{-3}\mu m^2$；

ϕ——有效孔隙度，%；

C_t——综合压缩系数，MPa^{-1}；

μ——地层流体黏度，mPa·s；

r——探测半径，m。

基于普光气田地质参数可计算出探测半径随测试时间的变化曲线(图 7－18 和图 7－19)，可以看出，在相同的渗透率和测试时间下，气井孔隙度越大探测半径越小；在相同的孔隙度和测试时间下，储层渗透率越大探测半径越大。

普光气田主体平均井距为 800m，供给半径为 400m 左右。根据探测半径公式，利用普光气田的地质参数，模拟计算不同渗透率、不同孔隙度情况下探测半径达到 400m 时需开井生产的时间(表 7－10)。当孔隙度为 5%，渗透率为 $1\times10^{-3}\mu m^2$ 情况下、泄气半径达到 400m 时需要的时间 216h；当孔隙度为 8%，渗透率 $3\times10^{-3}\mu m^2$ 时，泄气半径达到 400m 时需要 115h。

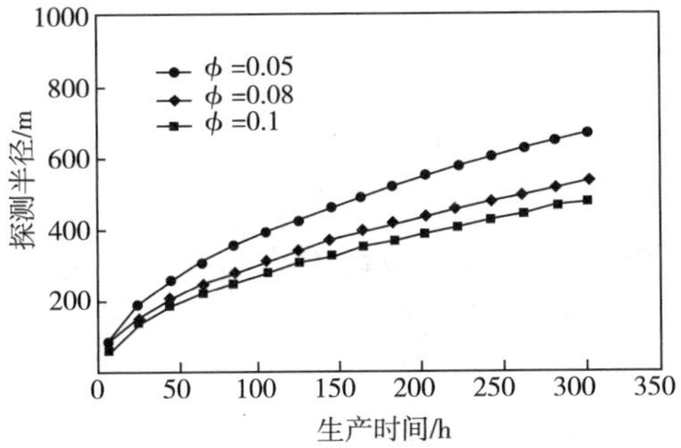

图 7-18 不同孔隙度、测试时间下的探测半径

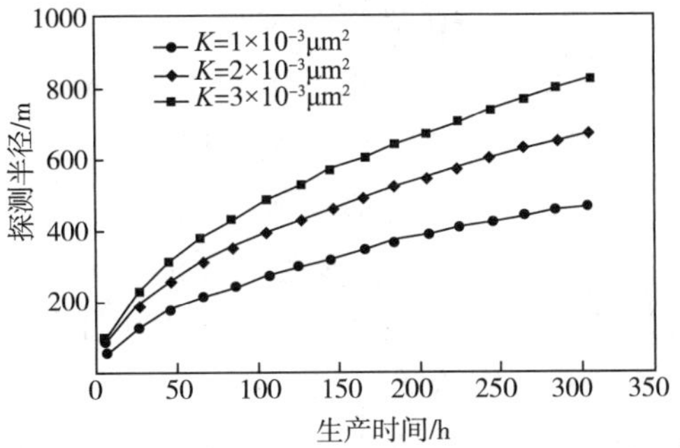

图 7-19 不同渗透率、测试时间下的探测半径

表 7-10 不同渗透率、不同孔隙度下的探测半径

油气半径	$K=0.5\times10^{-3}\mu m^2$	$K=1\times10^{-3}\mu m^2$	$K=3\times10^{-3}\mu m^2$	$K=5\times10^{-3}\mu m^2$	$K=7\times10^{-3}\mu m^2$	$K=10\times10^{-3}\mu m^2$	备注
$r=400$m 时的测试时间/h	432.0	216.0	72.0	43.3	30.9	21.6	$\phi=0.05$
	692.0	346.0	115.3	69.4	49.5	34.6	$\phi=0.08$
	865.5	432.7	144.3	86.6	61.8	43.3	$\phi=0.1$

进一步结合普光气田的储层特征，孔隙度为 5% ~8%，气层有效渗透率主要在$(1.0\sim3.0)\times10^{-3}\mu m^2$，气井测试时间在 72 ~345h 就可以达到 400m 的探测半径。因此，普光气井产能测试延时生产的合理时间为井储效应结束后再测试≥72h。

对于修正等时试井，为充分反映储层物性对气井产能的影响，每个等时间隔的生产时间应大于井筒井储效应结束时间；同时还要考虑开井流动结束时探测半径必须 >30m 的范围，以保证在流动期能反映地层的特性。探测半径 >30m 所需的测试时间为：

$$t_{30}=\frac{62.49\phi\bar{\mu}_g c_t r_e^2}{K} \tag{7-14}$$

综合以上两个条件，修正等时试井的等时间隔设计应取 t_{ws} 和 t_{30} 的较大值。基于普光气田开发井地层系数，计算压力计放置井口测试时井储结束达到径向流时间，多数井在 10 ~20h，因此，压力计放置井口时单个工作制度测试等时间隔应为 20 ~30h。

③压裂直井合理测试时间的确定。

对于酸化或压裂改造的气井，测试时间短时，反映的气井产能主要为渗流早期裂缝流动阶段的产能，不能充分反映远井地带非均质或低渗透带的产能，无阻流量计算结果将会偏大。因此，酸压措施后评价气井产能的合理测试时间应充分反映地层的拟径向流阶段。

对于压裂投产的气井，地层拟径向流开始时间与裂缝的导流能力有关，达到地层拟径向流的开始时间 t_{bs} 为：

$$t_{bs}=(t_{Dbs}\phi\mu_g C_t x_f^2)/3.6K \tag{7-15}$$

$$t_{Dbs}=5\exp[-0.5(K_{fd}w_{fd})^{-0.6}] \tag{7-16}$$

$$K_{fd}w_{fd}=K_f w/Kx_f \tag{7-17}$$

式中 $K_{fd}w_{fd}$——裂缝的无因次导流能力；

t_{Dbs}——拟径向流开始的无因次时间；

x_f——压裂裂缝半长，m；

K——气层渗透率，$10^{-3}\mu m^2$；

K_f——裂缝渗透率，$10^{-3}\mu m^2$；

w——压裂裂缝缝宽，m。

由公式可以看出，裂缝的无因次导流能力越强，气井达到拟径向流的时间越长；地层渗透性越强，气井达到拟径向流的时间越短。当裂缝为无限导流裂缝时，即 $K_f d_{wf} \geq 100$ 时，达到拟径向流的时间最长。

研究表明，压裂井达到地层拟径向流动期的 2～3 倍生产时间以后，再延续生产对气井产能的影响不大。因此，压裂井修正等时试井延续流动期合理生产时间一般按拟径向流动开始时间的 2～3 倍考虑，而等时间隔的生产时间要求达到径向流，以充分反映地层的渗流特征。

根据普光气田的地质特征，取裂缝半长为 50m，可以计算出不同渗透率，不同裂缝导流能力 $K_{fd}w_{fd}$ 情况下，酸压气井达到拟径向流的开始时间（图 7－20）。从图中可知，根据普光气田地质特征和酸压情况，气井压裂裂缝的无因次导流为 2～15，则渗透率为 $2\times10^{-3}\mu m^2$ 时达到径向流的时间为 30～40h，按拟径向流开始的 3 倍时间计算，压裂井延续生产阶段合理测试时间为井储效应结束后再测试 90～120h。

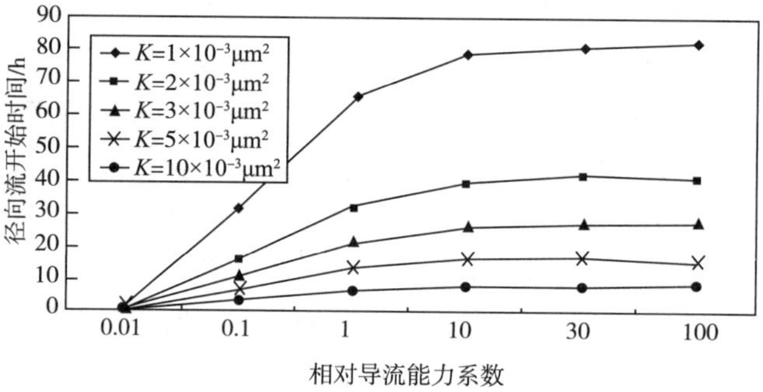

图 7－20　普光气田压裂井不同渗透率、不同导流能力下的径向流开始时间

（2）气井合理测试产量。

当气井以一定产量测试时，气井流压随生产时间增加而逐渐降低。为使测试产能能够真实体现气井实际情况，气井合理测试产量应为在合理测试时间情况下，测得的流压值与气井达到稳定状态的流压值较接近的情况下的产量值。因此，研究测试产量、地层系数、渗透率等参数对气井测取的流压值与稳定状态的流压值误差，进一步确定气井合理测试产量界限。

根据产能试井理论，无限大地层定产量生产的气井井底流压与生产时间的对数呈线性关系［式（7－6）］。分析该公式可以看出，气井流压受产量、地层系数、渗透率的影响。而气井流压的准确性也直接影响气井产能评价的结果。因此，结合普光气田地质参数，进一步研究各个参数对流压的影响及敏感性。

①渗透率对气井流压的影响。

根据井底流压与产量、渗透率、地层系数等参数的关系式，计算当气井地层压力、产量、地层系数一定时，渗透率对气井流压的影响。从计算结果可以看出（图 7－21），相同的测试时间内，渗透率越大，流压误差越大，但差别不是很明显。随着测试时间的延长，流压误差大幅减小。如渗透率为 $1\times10^{-3}\mu m^2$ 时引起的误差与渗透率为 $10\times10^{-3}\mu m^2$ 时引起的误差仅相差6.7%，表明渗透率引起的流压误差敏感性较差。

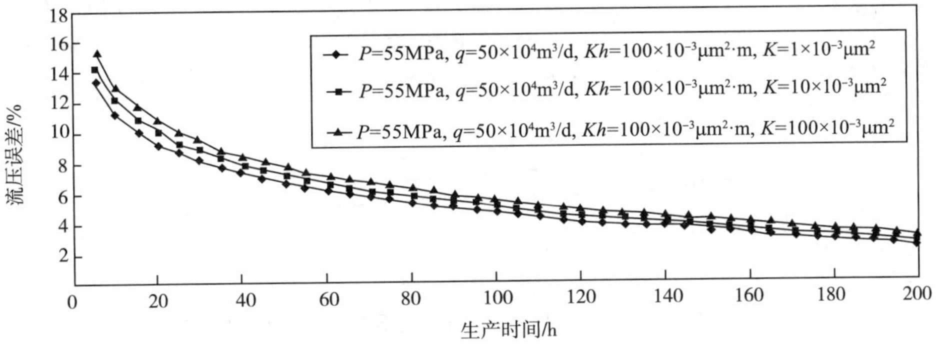

图7-21 不同渗透率下的流压误差变化曲线

②地层系数对气井流压的影响。

根据井底流压与产量、渗透率、地层系数等参数的关系式，计算当气井地层压力、产量、渗透率一定时，地层系数对气井流压的影响。从计算结果可以看出(图7-22)，当气井地层压力、产量、渗透率一定时，在相同时间内，地层系数愈大，引起的流压误差越小，但其影响趋势随地层系数增大而大幅减小，地层系数越大流压误差越小，表明随着地层系数增大，流压敏感性逐渐减弱。随着测试时间的延长，流压误差趋于稳定。如地层系数为 $100\times10^{-3}\mu m^2\cdot m$ 时引起的误差与地层系数为 $200\times10^{-3}\mu m^2\cdot m$ 时引起的误差相差59%，地层系数为 $200\times10^{-3}\mu m^2\cdot m$ 时引起的误差与地层系数为 $300\times10^{-3}\mu m^2\cdot m$ 时引起的误差相差37%，地层系数为 $300\times10^{-3}\mu m^2\cdot m$ 时引起的误差与地层系数为 $400\times10^{-3}\mu m^2\cdot m$ 时引起的误差相差27%。

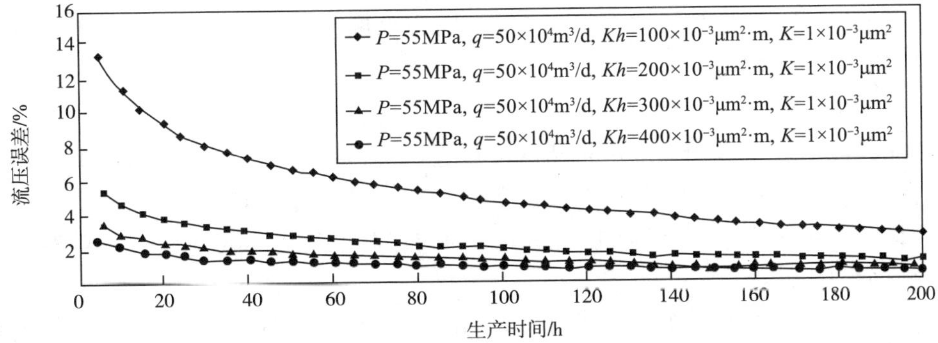

图7-22 不同地层系数下的流压误差变化曲线

③测试产量对气井流压的影响。

根据井底流压与产量、渗透率、地层系数等参数的关系式，计算当气井地层压力、地层系数、渗透率一定时，测试产量对气井流压的影响。从计算结果可以看出(图7-23)，当气井地层压力、地层系数、渗透率一定时，在相同时间内，测试产量越大，引起的流压误差越大，且影响趋势基本一致。随着测试时间的延长，流压误差趋于稳定。如测试产量

为 $50\times10^4m^3/d$ 时引起的误差与测试产量为 $80\times10^4m^3/d$ 时引起的误差相差45%，表明测试产量对流压影响敏感性较强。

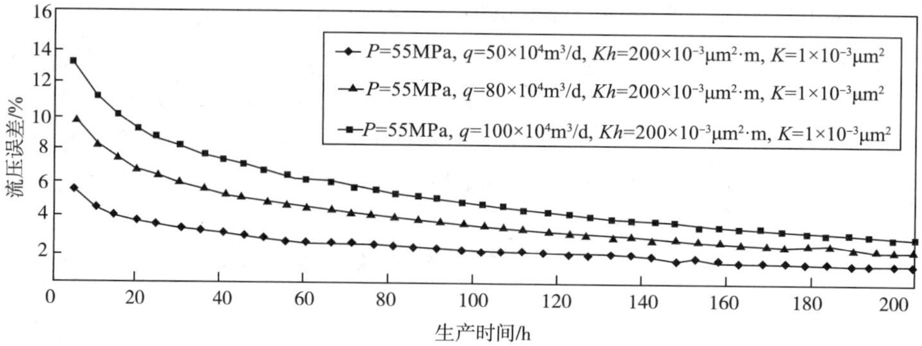

图7－23　不同产量下的流压误差变化曲线图

④普光气田开发井合理测试产量的确定。

根据前面分析，地层系数越大，在相同时间内，气井测取的流压值与稳定状态的流压值误差越小，气井达到稳定的测试时间越短；而测试产量越大，引起的流压误差越大，气井达到稳定的测试时间越长。根据普光气田的储层特征，高部位气层厚度200～400m，低部位气井气层厚度也>100m，气层有效渗透率主要在$(1\sim3.0)\times10^{-3}\mu m^2$，因此，气田大多数开发井地层系数$>200\times10^{-3}\mu m^2\cdot m$。进一步分析普光气田开发井在合理测试时间不同产量的流压误差(图7－22、图7－23)，可以看出，气井测试产量为$(80\sim100)\times10^4m^3/d$时，在合理测试时间120h左右时，气井流压误差在3.0%～4.1%；测试产量为$(50\sim60)\times10^4m^3/d$时，流压误差在2.0%左右。考虑开发初期地层压力较高，即使5%的误差，也会引起流压相差2MPa左右，导致无阻流量误差增大。因此，为尽量减少测试时间，普光气田气井进行修正等时试井时，建议等时开井测试产量采用$(50\sim100)\times10^4m^3/d$进行测试，测试产量由小到大递增，测试过程中生产压差控制在地层压力的20%以内，同时最大产气量应维持不产生井壁坍塌，应避免测试时底水锥进到井内；最后延时生产阶段测试产量采用$(60\sim70)\times10^4m^3/d$。

3)应用实例

普光302－2井位于四川盆地川东断褶带黄金口构造带普光构造东南翼，原始地层压力55.6MPa，气层中深5199.8m，气层有效厚度518.4m。为了获取长时间的测试资料，避免造成环境污染，该井酸压施工完成后于2008年8月采用高温焚烧炉试气技术进行了系统试气。

(1)现场测试。

根据普光高含硫气田特性，普光302－2井产能试井采用修正等时试井＋压力恢复试井方式进行，试气工作制度的设计：井底积液排尽后，先关井48h进行静压测试，然后进行修正等时试井，工作制度四个，等时距为36h，由于焚烧炉最大试气量为$60\times10^4m^3$，设计产量依次为$25\times10^4m^3/d$、$35\times10^4m^3/d$、$45\times10^4m^3/d$、$55\times10^4m^3/d$，稳定产量为$40\times10^4m^3/d$，稳定生产时间为7d；产能试井后进行压力恢复试井，关井压力恢复为7d，气量采用气嘴调节，井底压力采用井口压力折算。气井实际试气过程中，根据现场测试情况，稳定产量测试时间变更为96h，最后关井进行了108h压力恢复测试。产能测试数据记录见表7－11，实测产能测试数据见图7－24。

表 7－11　产能测试数据记录表

工作制度	测试时间/h	测试油嘴直径/mm	稳定产量/($10^4m^3/d$)	产液量/m^3	井口稳定压力/MPa	井口温度/℃
一开	36	6.35	25.43	1.8(前期无法计量)	38.80	40.46
一关	36		0		38.73	35.65
二开	36	7.937	37.99	6.6	38.59	49.19
二关	36		0		38.85	35.65
三开	36	9.525	53.29	10.07	38.12	56.98
三关	36		0		38.92	35.65
四开	36	12.7	86.42	3.41	36.10	67.99
稳定生产	96	8.73	46.79	11.07	38.48	58.86
关井恢复	108		0		38.86	35.65

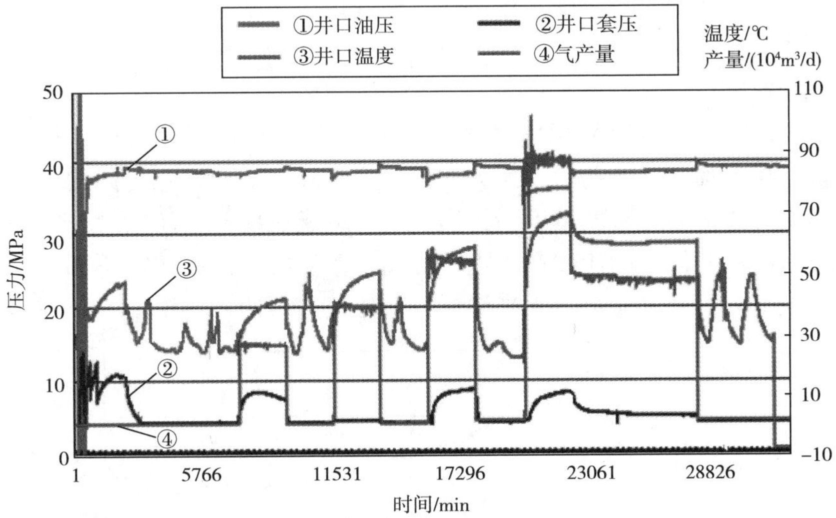

图 7－24　普光 302－2 井实际产能测试数据图

试气过程中 4 个工作制度均启用焚烧炉，6 台焚烧炉点火一次成功，累计试气 240h，燃放天然气约 498.9×10^4m^3，测试气完全燃烧，燃烧效率＞99.99%，现场应用运行主要参数见表 7－12。

表 7－12　QTI 焚烧炉性能参数

油嘴直径/mm	运行时间/h	日产气量/10^4m^3	管汇台进气量/($10^4m^3/d$)	分配管汇进气口压力/psi	平均炉温/℃
6.35	36	25	25	24	440
7.938	36	38	38	35	740
9.525	36	53	53	59	1150
12.70	36	83	43	40	870
8.7325	36	48	48	46	980

试气期间，对周围环境开展了大气、水质、土壤、生态等方面的监测及调查。共布设大气自动监测点位 32 个，大气人工监测点位 6 个；布设地表水监测断面 3 个。监测工作分为试气前背景调查、试气期间实时监测及试气后污染调查三个阶段。监测工作历时 22d，共获得数据 1521184 个。环境监测分析表明：试气过程中个别监测点 SO_2 最高浓度达到 2. 8ppm，远未达到国家标准规定的 5. 0ppm，试气过程对局部大气环境质量在短时间内有一定影响，但不会造成大范围、高浓度的大气污染；放喷试气阶段对河流水质无明显影响；监测区域内没有发现大面积受伤害或枯萎的植被，表明本次试气工作没有造成生态破坏。

(2)测试资料分析。

从普光 302 －2 井产能测试数据可以看出，普光 302 －2 井生产压差小、压力恢复快，具备较高的产气能力，但是测试资料存在许多复杂现象：4 个工作制度开井压降曲线先降后升；关井压力恢复曲线，早期压力急剧回升，而后期压力出现逐级下降；井口温度在关井过程井口出现先下降、中间上升、后期下降的反常现象。

测试资料中的复杂现象，反映了该气井井筒和地层的动态信息，分析认为导致这种复杂现象的因素主要有如下几点：

①井底积液影响。

普光 302 －2 井在酸压过程中用液总量为 $1108m^3$，现场放喷过程中，从地层中返排酸液量少，造成返排不彻底。开井时，压力初期出现下降，随着开井时间的延长和测试产量变化，进入地层的酸液会随着气体不断排出井筒，造成后期井口压力上升。关井初期，井口压力先上升，随后井筒中的流体产生重力分离，重质的液体向井筒下部运动滑落，产生井底积液，甚至部分积液可能会进入高渗层，造成关井后期井口压力下降(图 7 －25)。

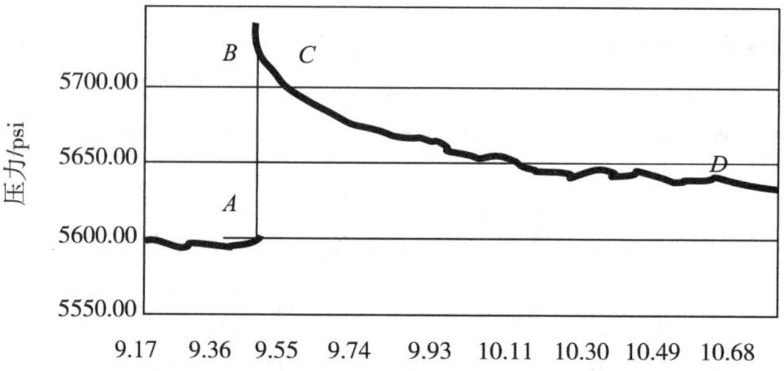

图 7 －25　普光 302 －2 井关井过程中的压力变化曲线(二关)

②井储变化影响。

气体具有压缩性和惯性，高产气井井筒中的气体流速较快，当气井井口关井时，气体在惯性力的作用下，继续向井口流动，从而产生一个“憋压”过程，使井口压力急剧增加；此后由于部分高渗层出气多，压力下降幅度大，井筒中的压力比地层的平均压力高，井筒中的部分气体又开始向地层反向渗流，井筒中的压力持续降低。井筒中的气体能量有限，当反向渗流速度达到一定值后，流速逐渐降低，直到最终达到静止平衡状态，井筒中的压力趋于恒定。反之，开井时，由于气藏埋藏深，气量无法及时流到井口，造成井口压力瞬间降低，此后，受压差的影响，气体不断流向井口，造成井口压力逐渐升高。

这种压力变化的现象符合高产量、低压差气井的测试压力变化规律，是导致该类气藏测试压力异常现象的主要因素。

③温度变化影响。

温度实测资料证明，关井过程中井筒温度是不断变化的。开井时地层高温流体产出并加热井筒，使井筒流体平均密度降低，井口压力开始下降；关井时井底压力快速回升，井筒热损失使流体温度下降，井口压力则开始上升。由于井筒和地层是连通的，所以温度下降引起的压力降会被续流效应补充。

尽管井筒温度的变化对井筒压力分布有一定影响，但该影响不是导致高产气井开、关井压力资料复杂的主要因素。

(3)产能评价。

综合考虑压力折算的影响因素，采用节点分析软件内置的 No－slip assumption(无滑移假设)方法，对该井测试井口压力进行井底压力折算。井底压力折算采用以下数据：气体组分采用试气求产期间现场采样测试分析数据；气水比采用不同试气工作制度累计产液量折算；井筒建模考虑地温梯度、井筒管柱及井斜数据。每个工作制度的选点遵循以下原则：一是选取每个工作制度末井口压力数据；二是选择流量、温度同时稳定的井口压力数据。计算结果见表7－13。

表7－13 修正等时试井井底压力折算表

工作制度	测试时间/h	稳定产量/($10^4m^3/d$)	产液量/m^3	井口压力/MPa	井底压力/MPa	井口温度/℃
一开	36	25.43	1.8	38.80	54.48	40.46
一关	36	0		38.73	55.90	35.65
二开	36	37.99	6.6	38.59	54.09	49.19
二关	36	0		38.85	56.08	35.65
三开	36	53.29	10.07	38.12	53.53	56.98
三关	36	0		38.92	56.15	35.65
四开	36	86.42	3.41	36.10	51.56	67.99
稳定生产	96	46.79	11.07	38.48	53.88	58.86
关井恢复	108	0		38.86	56.08	35.65

从计算结果表可以看出，最终关井恢复井口压力折算的井底压力与普光2、普光6井同等深度地层测试压力基本吻合，井口压力与折算井底压力趋势及相邻工作制度稳定压力差基本一致，认为计算结果可信。

根据普光302－2井的井口压力数据及井底压力折算数据，受酸液返排及井底积液的影响，三次关井后的稳定压力呈上升趋势，三关稳定压力超过了终关井恢复压力，与正常修正等时试井曲线不符。针对上述情况，该井产能评价采用终关井恢复压力作为每次关井恢复压力，采用等时试井方法，对普光302－2井产能资料进行分析与解释。

根据井底折算压力和试气产量，利用二项式方法对普光302－2井产能进行了计算，对测试数据根据相应的影响参数进行了修正，结果见图7－26。

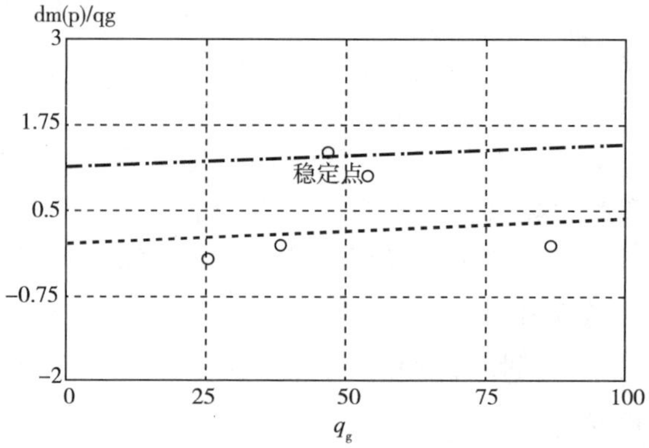

图 7-26　修正后普光 302-2 井等时试井二项式分析结果图

计算得出普光 302-2 井无阻流量为 768.17×$10^4m^3/d$，产能方程为：

$$\overline{P}_R^2 - P_{wf}^2 = 1.133386q_g + 0.00383q_g^2 \tag{7-18}$$

普光 302-2 井焚烧炉试气作业为国内首次现场应用，应用结果表明，焚烧炉燃烧工艺成熟、燃烧效率高，测试期间未造成环境污染，达到了气井长时间试气测试目的，获取了可靠的地层测试资料，建立了气井产能方程，确定了气井无阻流量，进一步落实了普光气田气井产能，为准确评价高含硫产能提供了依据。

7.2.3　气井合理配产研究

研究气井的合理产能，对于气田的合理开发有重要意义，合理配产是保证气田高效开发的基础。合理的气井产量应能够使气井有较长的稳产期，而且使气藏获得较高的采收率和较好的经济效益。普光气田地质条件复杂，储层厚度大、非均质性强、高含 H_2S，并且存在边底水，开发投资高，为保证气田科学高效的开发，从提高多层合采井井控储量动用程度、延缓边水推进、确保气井稳产期、提高经济效益等因素考虑，运用多种方法研究确定了普光气田各井区气井的合理产量。

1）气井合理产量确定原则

影响气井合理产量确定的因素很多，主要包括气井产能、流体性质、生产系统、稳产时间、气藏开发方式和社会经济效益等。普光气田投产井段长，产量高，储层纵横向非均质性强，高含硫，开发投资大，并存在边底水，合理配产就是在气井产能允许的范围内，提高气井的采出程度和经济效益。因此，普光气田气井合理产量确定遵循以下原则：要能够充分利用地层能量，提高储量动用程度；满足气田合理采气速度的要求；控制气藏的边、底水推进；确保气井稳产期和市场需求；大于单井经济界限产量；不造成油管的冲蚀损害；满足一定的携液能力；获得好的经济效益。

2）气井合理产量的确定

根据上述原则，普光气田确定气井合理产量的方法是，首先确定单井初期产量界限；其次根据评价的气井产能，采用经验法、采气指数曲线法、节点分析法、类比等方法综合分析研究单井合理配产；最后在建立气藏地质模型的基础上，用数值模拟方法优化确定全气藏各井区气井的合理产量。

(1)单井初期日产量界限。

新钻井初期日产量界限指在一定的开发技术和财税体制下，新钻开发井所获得的收益能弥补全部投资、采气操作费并获得最低收益率时初期所应达到的最低产量，当新钻井初期日产量大于这一值时，则认为经济上是可行的。

根据普光高含硫气藏开发特征和经济运行规律，以气田有效开发必须满足基本投资回收期和收益率的要求等经济条件为约束，建立单井初期产量界限模型。根据普光气田主体开发钻井、采气和地面单项工程设计，直井、斜井和水平井单井总投资分别为17667万元、18603万元和19772万元。借鉴目前中石化气田开发采气成本情况，依据采气和地面建设方案设计的相关指标，考虑与单井相关的操作成本。按照天然气井口基准价格980元/10^3m^3、税后硫黄价格400元/t计算，单井经济界限结果见图7－27。

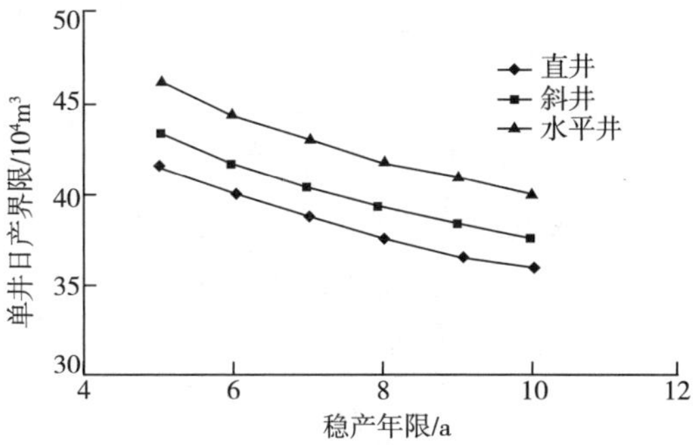

图7－27　不同井型初期日产量界限

从测算结果可以看出，不同井型的单井界限不同，斜井和水平井要求的单井初始日产量界限比直井高；气井稳产期不同，单井初始产量界限也不相同，稳产期越长，新钻井要求的初期产量界限越低。在气井稳产10年的条件下，普光气田直井要求的单井初始日产量界限为$36\times10^4m^3$；斜井要求的单井初始日产量界限为$37.5\times10^4m^3$；水平井要求的单井初始日产量界限为$40\times10^4m^3$。因此，气井的合理配产时应大于单井初期日产量界限。

(2)单井合理配产研究。

在气田开发评价阶段，气井合理产量主要是根据试气和试采资料评价的气井产能方程和无阻流量，采用采气曲线法、节点分析法、单井数值模拟和类比法等多种方法确定。

①采气曲线法。

采气曲线法确定气井合理产量着重考虑的是减少气井渗流的非线性效应所引起的附加压力降。气井的采气方程用二项式可表示为：

$$P_e^2 - P_{wf}^2 = AQ + BQ^2 \tag{7-19}$$

将式(7－19)整理可得：

$$P_e - P_{wf} = \frac{AQ + BQ^2}{P_e + \sqrt{P_e^2 - AQ - BQ^2}} \tag{7-20}$$

由式(7－20)可见，气井的生产压差$P_e - P_{wf}$是地层压力P_e和气井产量Q的函数。大量的计算结果表明，在产量比较小时，气井生产压差与产量呈直线关系，随着产量的增加，生产压差的增加不再沿直线增加而是高于直线，这时气井表现了明显的非达西流效应。即随着产量的增加，气井生产压差与产量呈曲线关系且凹向压差轴，即惯性造成的附加阻力增加。一般情况下，气井的合理配产应该保证气体不出现湍流。

根据普光气田气井测试确定的二项式产能方程，可以绘制二项式产能曲线，在二项式产能曲线上沿早期达西渗流直线段向外延伸，直线与二项式产能曲线切点所对应的产量即为气井的合理产量(图7－28、图7－29)。

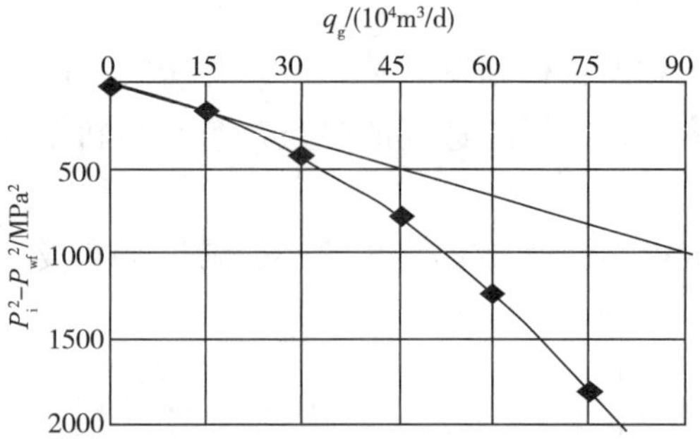

图7－28　普光6井长兴组上部二项式产能曲线

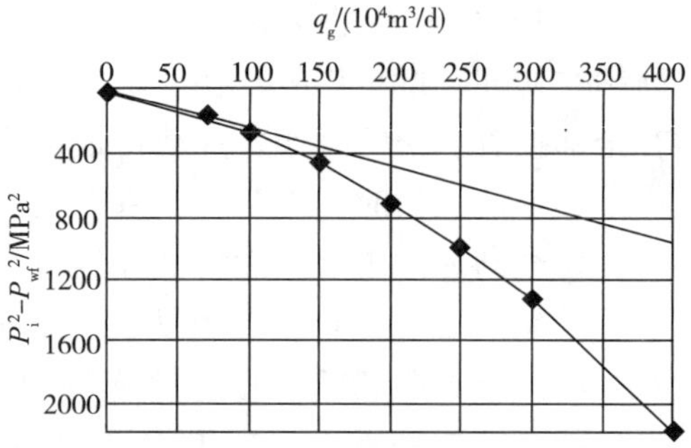

图7－29　普光303－2井酸压后二项式产能曲线

根据采气曲线切点法，普光1井飞一段—飞二段中部合理产量应该为$10\times10^4m^3/d$(约$1/6q_{AOF}$)；普光6井长兴组合理产量为$15\times10^4m^3/d$(约$1/7q_{AOF}$)；普光303－2井酸压后合理产量应该为$60\times10^4m^3/d$(约$1/6q_{AOF}$)；普光301－3井酸压后合理产量应该为$75\times10^4m^3/d$($1/7q_{AOF}\sim1/6q_{AOF}$)。

因此，普光气井在不出现紊流的情况下的合理配产为无阻流量的1/7～1/6。如果全井段打开生产，且不存在层间干扰，按照1/7～1/6无阻流量配产，则普光1井合理产量应$(20\sim25)\times10^4m^3/d$；普光2井合理产量为$(65\sim75)\times10^4m^3/d$；普光4井合理产量为$(40\sim50)\times10^4m^3/d$；普光5井合理产量为$(30\sim35)\times10^4m^3/d$；普光6井合理产量为$(95\sim110)\times10^4m^3/d$；普光303－2井酸压后合理产量应该为$(50\sim60)\times10^4m^3/d$；普光301－3井酸压后合理产量应该为$(75\sim85)\times10^4m^3/d$。

②节点分析法。

节点分析法确定合理产量的思路是，将气井生产从地层经井筒流到井口考虑为一个系统，选取井底为节点，从地层流到井底称为流入，从井底经井筒流到井口称为流出；用二项式产气方程描述并绘制流入动态曲线；对不同油管可以采用垂直管流法计算井筒损失，计算得到井底压力随产量的关系曲线，即流出动态曲线，将流入曲线与各规格油管条件下的流出曲线绘制在一张图上，其交点所对应的产量就是各种油管尺寸下的协调产量，即在一定油管下气井的合理产量。

根据气井实际参数绘制流入流出曲线可以确定，普光气田301－3井的合理产量为$80\times10^4m^3/d$，为无阻流量的1/6；普光气田303－2井的合理产量为$70\times10^4m^3/d$，为无阻流量的1/5(图7－30、图7－31)。因此，根据节点分析法，气井的合理配产约为无阻流量的1/6～1/5。

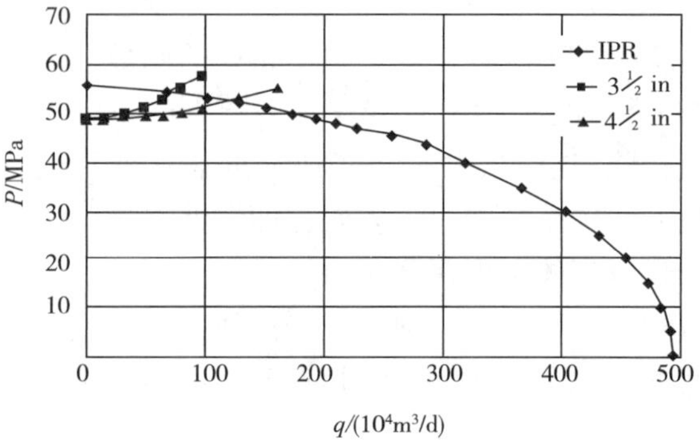

图7－30　普光301－3井流入流出曲线

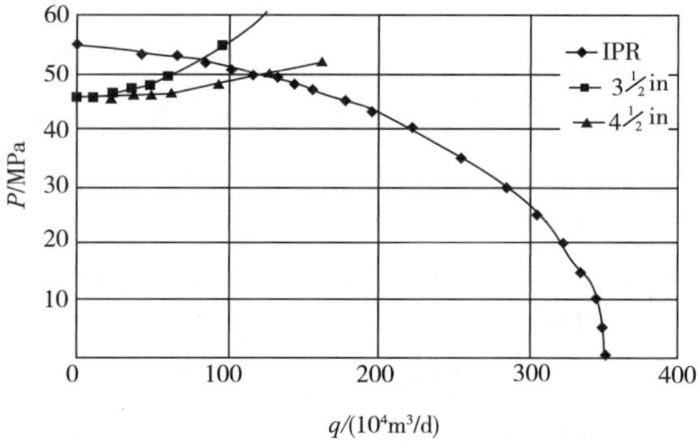

图7－31　普光303－2井流入流出曲线

③单井数值模拟方法。

普光气田构造低部位有边底水，依据气藏的综合地质特征及完钻井资料，建立普光气藏的三维地质模型，应用数值模拟方法研究不同配产与气井稳产时间、采出程度以及见水时间的关系，优化确定气井的合理产量。

为研究边底水对气井开采的影响，以普光305－1井和普光9井的构造深度、储层物性参数为基础，建立局部区域三维地质模型，截取普光305－1井区域进行有底水气井数值模拟研究(图7－32)。

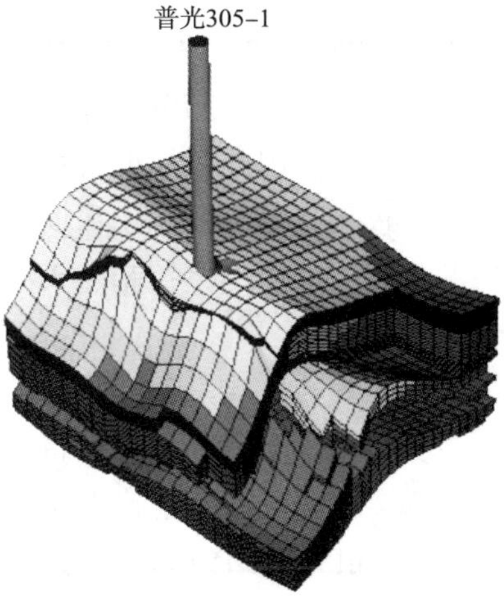

图7－32 底水气藏数值模拟网格模型

设计在气层顶部向下打开33%模型的基础上，考虑产量分别为$15\times10^4m^3/d$、$20\times10^4m^3/d$和$35\times10^4m^3/d$时，模拟计算并分析气井的稳产期、见水时间等开发指标。

从分析计算结果(表7－14)可以看出，气井配产对气井无水采气期和无水采出程度影响很大，随着气井产量的增加，稳产期和无水采气期明显缩短，无水期采出程度大幅度减小，其在于气井配产高、生产压差大，在井底形成低压带，气水层压差增大，使底水在井底附近迅速推进，从而使气井过早出水，气藏水侵量大大增加，严重影响气井的开发效果。

表7－14 底水气井不同配产情况下开发指标对比表

产量/($10^4m^3/d$)	生产压差/MPa	见水时间/a	无水期采出程度/%	稳产时间/a
15	7	11.6	22.5	15.5
20	10.5	4.3	12.9	6.1
35	17.2	1.8	9.3	1.8

因此，对有底水的气井来说，为控制和减缓底水推进，应控制压差生产，本区气井的生产压差应控制在7MPa以内。

利用普光203－1井和普光202－1井建立边水地质模型，对受边水影响的气井普光203－1井进行气藏数值模拟(图7－33)。设定不同配产，计算气井稳产期、见水时间等开发指标(表7－15)。

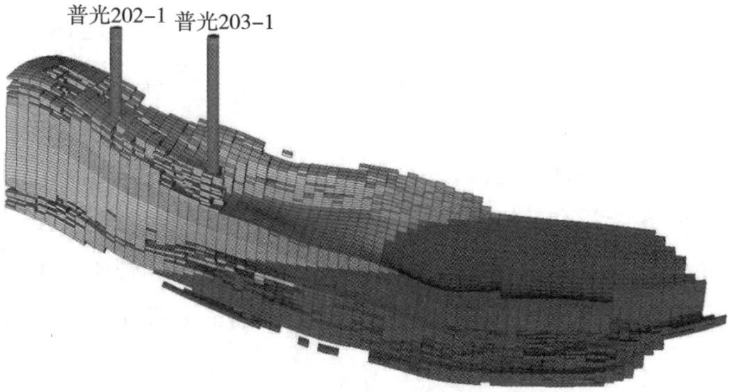

图7－33 边水气藏数值模拟网格模型

表 7－15　边水气井不同配产下开发指标对比表

产量/($10^4m^3/d$)	生产压差/MPa	见水时间/a	无水期采出程度/%	稳产时间/a
60	2.3	8.8	26.4	14
80	3	6.5	26.0	7.8
120	4.5	4.1	22.3	2.2

研究结果表明，随着气井配产的增加，边水气井稳产期缩短，见水时间提前，无水期采出程度减小。因此，靠近边水的气井，若配产高、生产压差过大，将会加快边水的推进速度，导致无水采气期和无水期采出程度明显减小，严重影响气井的开发效果，靠近边水的气井生产压差应尽量控制在 3MPa 以内。

④类比法。

与相似气田类比是研究气井合理产量的常用方法。拉克气田为高含硫碳酸盐岩气藏，对比拉克气田，普光气田地质特征、流体性质与拉克气田比较相似。拉克气田储层有效厚度为 350～500m，略高于普光气田，压力系数(1.57～1.67)高于普光气田(1.09～1.18)，储层类型为孔隙—裂缝型，单井配产为(33～100)×$10^4m^3/d$。因此，普光气田单井合理产量可参考拉克气田。

(3)气井合理产量应考虑的因素。

普光气井产量较高，且有边底水，因此，配产时还应考虑极限携液产量和油管冲蚀流量。气井合理产量应大于产水时最小携液极限产量，并且低于冲蚀流量。

①气井产水时极限携液产量。

普光气田有边底水，在生产中后期，井底会产出地层水，井底积液会限制气井的生产能力，因此，气井出水后，要能把液体及时排出井筒。因此，气井合理产量应大于产水时最小极限携液产量。

根据普光气田的基础数据，利用 Turner 极限携液产量公式，可以计算不同油管内径条件下气井生产时连续排液的最低产量，即极限携液流量。

随着油管管径的变大，气井极限携液流量也增大(图 7－34)，3½in 油管极限携液流量是 10×$10^4m^3/d$，4½in 油管极限携液流量是 15×$10^4m^3/d$，根据前面确定的气井合理产量可知，气井产量远高于极限携液流量，气井不会产生积液现象。

②冲蚀流速。

气体沿井筒流动过程中，不断对管壁产生动力学作用，当流速达到某一限度时，管壁受到冲蚀，发生损害。因此，一定管径的油管，有一个特定的允许流速极限，即最大允许产量极限。

根据普光气田天然气性质和地层条件等因素，按 Beggs 公式计算了不同管径不同井口压力下不造成冲蚀的临界产量(图 7－35)。计算表明，随着产量增大，要求不造成冲蚀的油管管径也增大。普光气田生产井大多是外径 88.9mm 油管，在不造成油管冲蚀损害的情况下，要求气井产量低于 90×$10^4m^3/d$；外径 101.6mm 油管则要求产量低于 150×$10^4m^3/d$。

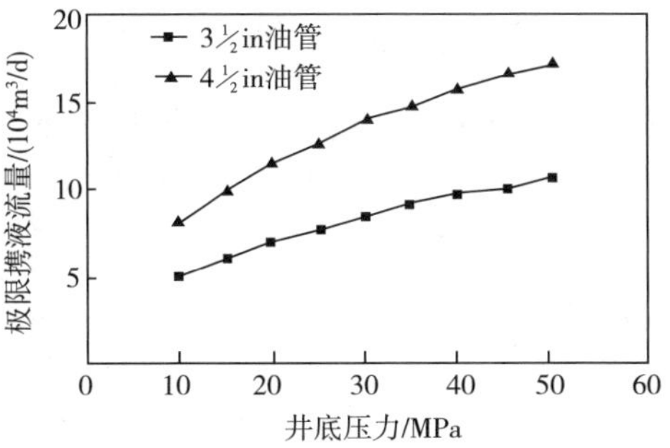

图7－34　不同油管直径极限携液流量

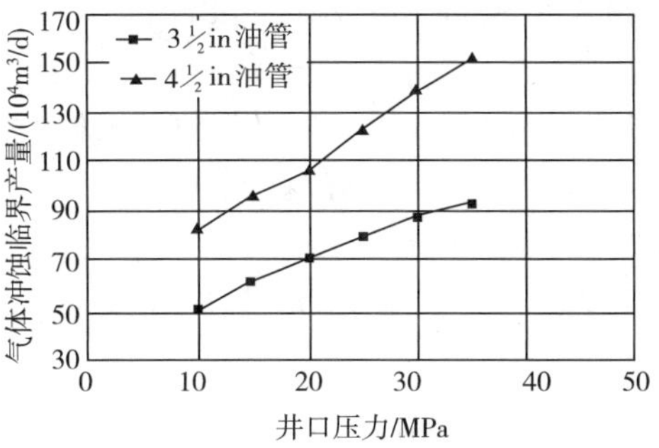

图7－35　不同油管直径气体冲蚀临界产量

普光长兴组—飞仙关组气藏是中国石化“川气东送”工程的主供气源，该气藏的平稳供气对天然气外输工程有着举足轻重的作用。如果气井配产过高，地层压力下降快，气井产量难以稳定，或者某一口气井出现问题关井，都会影响外输供气。因此，从合理利用地层能量、保证气井较长稳产时间等方面考虑，气井初期产量不宜过高。综合分析，普光气田可选用各井初期产能评价无阻流量的1/7～1/5配产。

(4)优化确定全气藏各气井合理产量。

根据普光地质建模研究成果和流体高压物性等资料，建立气藏数值模型，在气井产能评价结果的基础上，先对各生产井按无阻流量的1/7～1/5进行初步配产，在初步配产基础上进行数值模拟计算，预测开发指标，以给定的气井最小井口外输压力(9MPa)为限制条件，在采气速度4.4%、年产规模$80\times10^8m^3$、各生产井稳产时间接近的条件下，同时考虑控制边水推进，对于靠近边水的气井生产压差控制在3MPa以内，确定气井合理产量为$(30\sim100)\times10^4m^3/d$，平均产量$60\times10^4m^3/d$；其中气藏构造高部位普光2井、普光6井区合理产量为$(70\sim100)\times10^4m^3/d$，低部位靠近边底水区域合理产量为$(30\sim50)\times10^4m^3/d$。

7.3　致密/页岩气井产能评价

陆相致密气/页岩气是普光气田非常规能源勘探开发的重要接替领域之一，目前已陆续实现突破。但储层特征、渗流机理更复杂，气井产能评价方法还需要不断地完善。致密/页岩气藏地质特征、渗流机理不同于常规气藏，产量递减规律存在较大差异；根据气藏特殊性质，建立适用于普光陆相致密/页岩凝析气藏的产能评价方法。

7.3.1　普光致密/页岩凝析气井产能评价

1)致密/页岩凝析气井产能评价方法

结合普光陆相致密/页岩气井生产特点及测试资料情况，初步建立了测试产量修正法、流动物质平衡、RTA解析模型、递减分析、数值模拟等产能评价方法。实践表明气井生产时间越长，产能评价结果越准确。

由相态研究可知，页岩纳米孔对凝析气相态有明显影响，考虑纳米孔“近壁效应”露点压力明显下降，因此页岩凝析气压裂水平井试气初始产能评价需要根据储层是否出现反凝析来进行评价。

（1）基于单向流动初始产能评价。

当地层压力高于凝析气藏露点压力，或者当凝析油饱和度低于临界流动饱和度时，凝析油尚未流动，此时储层内仍是单相流动，可以将地面凝析油产量折算成当量气产量，按照二项式或“一点法”评价初始产能。其中，凝析油折算当量气产量可以参考陈元千“一点法”来折算：

$$q_{ge} = q_{gsc} + q_o \frac{24056\gamma_o}{1E4M_o} \tag{7-21}$$

式中 q_{ge}——当量气产量，$10^4 m^3/d$；

q_{gsc}——产气量，$10^4 m^3/d$；

q_o——产油量，m^3/d；

γ_o——油相对密度；

M_o——油摩尔分子量，kg/kmol。

将凝析油折算成当量气后，利用当量总产气量，借鉴常规气藏“一点法”或二项式来评价凝析气井初始产能。

“一点法”：

$$q_{AOF} = \frac{2(1-\alpha)q_{ge,sc}}{\alpha\left[\sqrt{1+4\left(\frac{1-\alpha}{\alpha^2}\right)P_D}-1\right]} \tag{7-22}$$

二项式法：

$$P_e^2 - P_{wf}^2 = Aq_{ge,sc} + Bq_{ge,sc}^2 \tag{7-23}$$

式中 P_e——地层压力，MPa；

P_{wf}——井底流压，MPa；

A，B——二项式产能方程系数；

B，α——一点法评价系数；

C，P_D——无因次压力降，$P_D = P_{wf}/P_e$。

（2）基于三区模型的多相流动产能评价方法。

对于凝析气井产能分析，目前仍然沿用单相气井的产能分析方法，即二项式和指数式产能方程，或者在此基础上发展起来的经验修正近似修正分析。这种近似对于地层总凝析液量较少时是可行的，但对于地层总凝析液量较多时会产生较大的误差，这种误差往往体现为确定的产能偏大。这是由于多相流动增加了气相的流动阻力，降低了其相对渗透率；同时由于液体析出聚集在近井地带，造成“液锁”，严重影响气相流动。

前述反凝析动态影响分析已经清晰表明，凝析油析出造成的渗透率变化对产能的影响巨大。这种不同区域的渗透率变化实际上可以通过相对渗透率来表征，特别是当储层中出现两相流动时。而两相流动则主要出现在近井区，因此准确反映近井区的流动特征对凝析气井流入动态分析就显得至关重要。分析凝析气藏的多相渗流动态时，考虑高速流动效应与不考虑高速流动效应存在较大差别。

凝析气在储层中的三区渗流模型目前已成为凝析油气流动研究的基础（图7－36、图7－37）。压力衰竭过程中，凝析油饱和度从0增加，并且可能在Ⅱ区、Ⅲ区的孔隙中存在，因此流入动态分析必须考虑不同区域的流动特征。

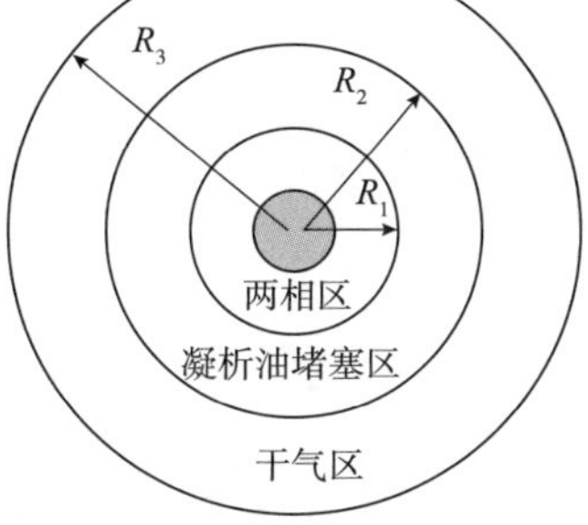

图 7－36　凝析气井三区分布

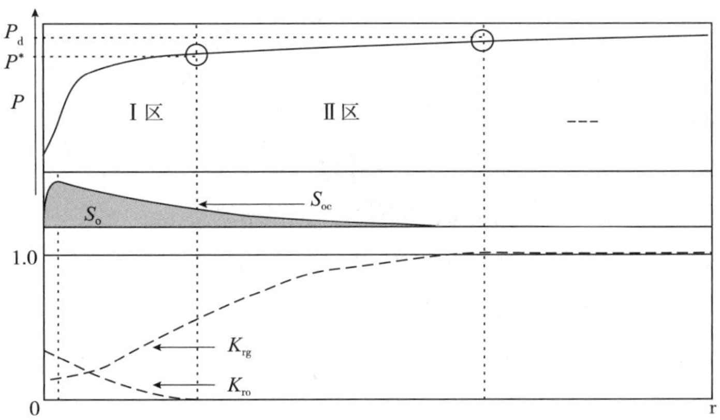

图 7－37　三区流动中储层动态变化

模型假设条件为：均质凝析气藏，中心一口井，定产生产；生产处于稳定流动状态；随着流动压力变化，储层会出现不同的油气分布状态。

在凝析气藏稳态理论基础上，假设地层中气为非达西流动，油为达西流动，分别写出油气两相的渗流方程为：

油相：
$$\frac{\mathrm{d}p}{\mathrm{d}r}=\frac{1000\mu_o}{KK_{ro}}\frac{Q_o}{2\pi rh\rho_o} \tag{7-24}$$

气相：
$$\frac{\mathrm{d}p}{\mathrm{d}r}=\frac{1000\mu_g}{KK_{rg}}\frac{Q_g}{2\pi rh\rho_g}+\beta_g\rho_g\left(\frac{Q_g}{2\pi rh\rho_g}\right)^2 \tag{7-25}$$

式中　β_g——惯性阻力系数，$\beta_g=\dfrac{0.003168}{(KK_{rg})^{1.25}\varphi^{0.75}}$，MPa · s²/kg；

P，P_e，P_{wf}——压力、供给压力和井底压力，MPa；

r——与井筒的距离，m；

h——气层厚度，m；

μ_o，μ_g——油、气的黏度，mPa · s；

K_{ro}，K_{rg}——油、气相对渗透率；

ρ_o，ρ_g—— 油、气的密度，kg/m³；

Q_o，Q_g—— 油、气的质量流，kg/s。

定义地层中气的质量流量与总的质量流量之比 $L_g=\dfrac{Q_o}{Q_o+Q_g}$，

可以推导出，凝析气、液两相渗流的产能方程：

$$\left(\rho_{sc}^2\int_{R_w}^{R_e}\frac{\beta_g K_{rg}L_g^2}{r^2\mu_g}\mathrm{d}r\right)Q_{sc}^2+\frac{2000\pi h\rho_{sc}}{K}\ln\left(\frac{R_e}{R_w}+S\right)Q_{sc}-4\pi^2h^2\left[\psi(P_e)-\psi(P_{wf})\right]=0 \tag{7-26}$$

上面方程右端是关于气井质量流量 m_t 的线性函数，可以简化为：

$$\frac{\psi(P_e)-\psi(P_{wf})}{Q_{sc}}=AQ_{sc}+B \tag{7-27}$$

式中

$$A=\left(\rho_{sc}^2\int_{R_w}^{R_e}\frac{\beta_g K_{rg}L_g^2}{r^2\mu_g}\mathrm{d}r\right)/(4\pi^2h^2) \tag{7-28}$$

$$B = \frac{2000\pi h\rho_{sc}}{K}\ln\left(\frac{R_e}{R_w}+S\right)/(4\pi^2h^2) \tag{7-29}$$

式中 $\psi(P)$——两相拟压力函数，(kg·MPa)/(m^3·mPa·s)；

Q_{sc}——标准状况下凝析气的产量，m^3/s；

ρ_{sc}——标准状况下凝析气的密度，kg/m^3；

R_e，R_w——供给半径和井半径，m；

S——表皮系数。

$$\psi(P) = \int_{P_r}^{P}\left(\frac{K_{ro}\rho_o}{\mu_o}+\frac{K_{rg}\rho_g}{\mu_g}\right)dP \tag{7-30}$$

其中，页岩凝析气井产能方程满足二项式时，可以使用二项式产能方程来评价。

2)普光页岩/致密凝析气藏产能评价

普光陆相千佛崖组凝析气井处于评价阶段，开展了系统的产能试井，采用二项式产能方程进行评价，为气井合理配产提供了依据(表7-16)。

表7-16 普光页岩/致密凝析气藏无阻流量统计表

类型	井名	地层压力/MPa	井底压力/MPa	生产压差/MPa	测试产量/($10^4m^3/d$)	无阻流量/($10^4m^3/d$)
致密砂岩	普陆3井	42.03	35.82~36.38	5.65~6.21	6	13.5
	普陆4井	52.19	33.11~46.84	1.0~12.32	5.48~31.34	44
	普陆301井	44.42	39.16~41.36	3.06~5.26	5.0~11.0	43.38
页岩	普陆页1井	44.5	12.9~31.3	13.2~31.6	4.6~9.6	11.1
	普陆页2井	37.5	16.97	20.5	2.21	4.8

普陆3井采用4mm、6mm、8mm、10mm气嘴放喷求产，其中，6mm、8mm气嘴放喷条件下，产能、油压、流压波动范围标准执行中国石化企业标准及石油天然气行业标准。产量变化幅度符合<5%中国石化企业标准。采用二项式产能方程计算无阻流量$q_{AOF}=13.5\times10^4m^3/d$。

普陆4井采用4mm、6mm、8mm、10mm、12mm气嘴放喷求产，其中，4个工作制度放喷求产，压力波动范围<0.1MPa，产量波动范围<10%，计算无阻流量$q_{AOF}=44\times10^4m^3/d$。

普陆301井采用$5\times10^4m^3/d$、$7\times10^4m^3/d$、$9\times10^4m^3/d$、$11\times10^4m^3/d$，4个工作制度放喷求产，压力波动范围<0.1MPa，产量波动范围<10%，采用二项式法计算无阻流量$q_{AOF}=43.38\times10^4m^3/d$。

普陆页1井采用$5\times10^4m^3/d$、$7\times10^4m^3/d$、$9\times10^4m^3/d$、$11\times10^4m^3/d$，4个工作制度放喷求产，压力波动范围<0.1MPa，产量波动范围<10%，采用二项式法计算无阻流量$q_{AOF}=43.38\times10^4m^3/d$。

普陆页2井仅开展了5mm气嘴下产能测试，采用"一点法"评价气井无阻流量$q_{AOF}=4.8\times10^4m^3/d$。

7.3.2　通南巴致密气井产能评价

通南巴气藏测试气井5口，主要位于三至四级断裂控制的褶缝区，三级断裂3口井射孔投产，双孔模型，试井渗透率$(3.93\sim18)\times10^{-3}\mu m^2$，储能比$0.02\sim0.03$，裂缝发育；马303－2H井压裂投产，复合特征，压裂沟通断缝；四级断裂区马1－13H井表现为复合特征，压裂沟通断缝，试井渗透率$0.45\times10^{-3}\mu m^2$，低于三级断裂区。气藏主要表现为双重介质渗流特征。

一类区马1－13H井采用5mm、6mm、7mm、8mm气嘴生产，同时在压力和产气量稳定的情况下，测取了流压反梯度，流压测试回归对比各流压点在趋势线附近，表明测压时井筒内压力处于稳定状态。依据二项式产能方程计算得出无阻流量$q_{AOF}=57.41\times10^4m^3/d$。

二类区马4井采用4mm、6mm、8mm、12mm气嘴求产。产能、油压、流压波动范围标准执行中国石化企业标准及石油天然气行业标准。产量变化幅度符合<5%中国石化企业标准。采用二项式产能方程计算无阻流量$q_{AOF}=13.2\times10^4m^3/d$。

三类区马1井气嘴分别为2mm、4mm、6mm、8mm，4个工作制度生产，压力波动范围<0.1MPa，产量波动范围<10%，计算无阻流量$q_{AOF}=4.95\times10^4m^3/d$。

系统试井6口，采用二项式方法评价，2口气井采取"通南巴"一点法评价，评价结果为$25.5\sim79.2\times10^4m^3/d$，平均为$53\times10^4m^3/d$。

根据系统测试资料，线性回归修正α，建立通南巴气藏"一点法"产能评价公式：

一类区：$\alpha=0.32$
$$q_{AOF}=\frac{1.36q_g}{0.32\times(\sqrt{1+26.56P_D}-1)} \tag{7-31}$$

二类区：$\alpha=0.41$
$$q_{AOF}=\frac{1.18q_g}{0.41\times(\sqrt{1+14.04P_D}-1)} \tag{7-32}$$

三类区：$\alpha=0.53$
$$q_{AOF}=\frac{q_g}{0.53\times(\sqrt{1+6.69P_D}-1)} \tag{7-33}$$

根据已有11口井系统测试资料，回归建立通南巴气藏不同类型储层的"一点法"产能公式，平均预测精度达到91.4%。

利用产能测试(7口)及通南巴"一点法"评价计算通南巴气田须家河组气井产能，结果显示：一类区气井初期无阻流量为$(25.5\sim79.2)\times10^4m^3/d$，平均无阻流量为$53\times10^4m^3/d$；二类区气井初期无阻流量为$(12\sim25)\times10^4m^3/d$，平均无阻流量为$15.27\times10^4m^3/d$；三类区气井初期无阻流量为$(3.98\sim12)\times10^4m^3/d$，平均无阻流量为$6.3\times10^4m^3/d$。

第 8 章　开发井位部署方案优化与实施

气田开发方案是指导气田开发的技术性文件，是气田开发工程项目成败和产生效益的关键，是气田产能建设工程决策的重要依据。气田投入开发必须有正式批准的气田开发方案。气田开发井位部署方案是开发方案的重要组成部分。在开发方案的实施过程中，科技人员要注重随钻井跟踪研究，实时研究新钻井资料，动态开展储层预测、含气性预测、精细地质建模、产能评价等相关研究工作，不断深化气藏构造、沉积微相、储层特征、气水关系、开发单元划分、储量动用状况以及气井产能等方面的认识，及时根据新资料和新认识，对气田开发井位部署方案进行实时优化调整，为开发方案的超前性、科学性、高效性奠定基础。

8.1　普光气田

普光气田属于超深、高含 H_2S、海相碳酸盐岩气田，开发面临诸多世界级难题，科学合理的开发方案是实现气田高效开发的关键。在充分调研国内外类似气田开发技术经验的基础上，引进与创新并举，应用最新科技攻关成果，以科学态度编制开发方案，并实时跟踪实钻情况，及时优化井位部署方案，确保开发方案科学合理，为不断提高普光气田开发水平提供科学指导。

8.1.1　普光主体井位部署方案优化与实施

1) 方案编制背景

自 2003 年 7 月预探井普光 1 井完井测试获高产气流发现普光气田后，随着勘探及开发评价的不断深入，2005 年 2 月至 2006 年 8 月，根据最新勘探成果、探明储量规模和气藏地质认识，引进、吸收国外类似气田开发技术和经验，结合自主科技攻关，先后编制完成了天然气年产能力 $20\times10^8m^3$、$30\times10^8m^3$、$60\times10^8m^3$ 和 $120\times10^8m^3$ 等多套开发方案。由于普光气田是具有边底水的高含硫碳酸盐岩气田，地质条件复杂，对气藏的认识不可能一次完成，在储层分布、气水关系以及动用储量规模等方面的认识还存在较大的不确定性，故前期编制的各套方案均应视为初步开发方案。通过加强跟踪研究，不断深化气藏地质认识，及时优化调整开发方案，是实现普光气田科学高效开发的重要保证。

在开发方案的实施过程中，注重随钻井跟踪研究，实时研究新钻井资料，动态开展储层预测、含气性预测、精细地质建模、产能评价等相关研究工作，不断深化气藏构造、沉积微相、气层纵横向展布、气水关系、开发动用储量规模以及气井产能等方面的认识，及时根据新资料和新认识，对普光气田的开发技术政策、井位部署方案、开发指标以及开发井井轨迹、投产层段、酸压增产技术等进行优化，实现了普光气田的科学、高效开发。

2)方案优化部署

开发方案实施跟踪研究表明，普光气田在构造、沉积、气层厚度、流体分布、动用储量规模等方面与早期认识相比都发生一定的变化：一是气田构造和气水关系有所变化，飞仙关组气藏发育边水，长兴组气藏发育底水；二是局部区域沉积微相变化大、储层非均质性增强，造成气层有效厚度高值区的分布范围较原认识有所缩小，且构造低部位气层减薄；三是根据地质新认识评价的气田动用储量规模减小。

为确保实现提高钻井成功率、提高气层钻遇率、提高气井产能达标率等目标，根据地质研究认识和动用储量规模评价结果，通过系统开展开发技术政策、井位部署、开发指标等优化研究，及时优化开发方案。通过开发方案优化调整，设计部署开发井减少12口(图8-1)，为科学、高效开发普光气田奠定了坚实基础。

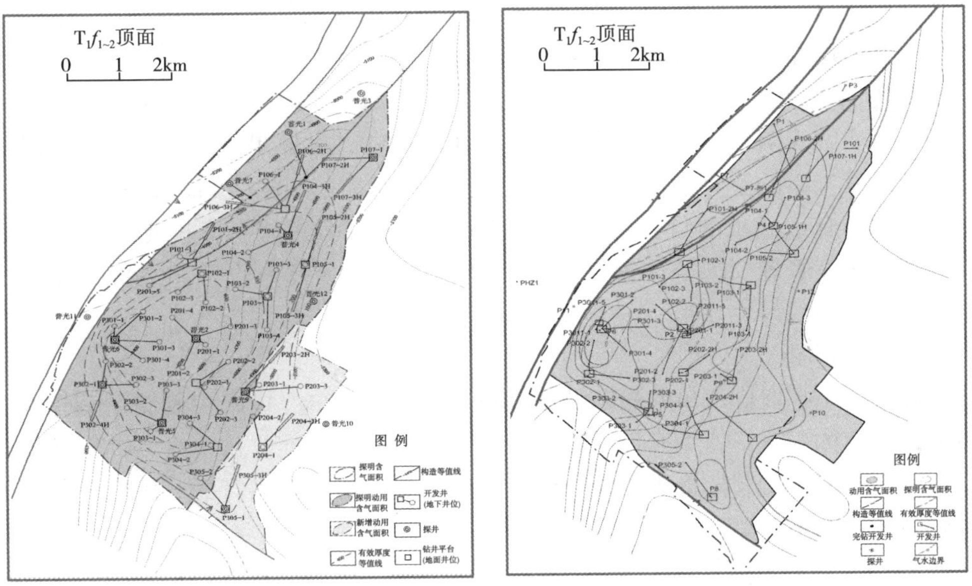

(a)普光气田主体开发井位部署图　　(b)普光气田主体开发井位优化部署图

图8-1　普光气田主体开发井位部署优化调整对比图

(1)开发技术政策优化。

遵照“多打高效井，少打低效井，避免无效井”的原则，根据地质跟踪研究新认识，特别是储层预测及含气性预测描述的主力气层的产状、厚度和平面上的稳定性等方面的研究成果，以及气水关系、动用储量规模等新认识，对开发井型、井距及采气速度等开发技术政策进行优化研究，以指导气田井位部署的优化与调整，确保钻井成功率100%。

①井型优化。

普光气田原开发方案认为气藏主体部位(普光2、普光6井区)储层厚度大，采用直井+斜井布井方式，气藏边部储层逐渐变薄，采用斜直井+水平井布井方式。方案实施过程中的跟踪研究表明，普光气田储层非均质性较强，平面厚度变化大。为确保气田高效开发，根据地质新认识，进一步从技术经济界限、产能等方面论证了钻水平井的可行性，最终在构造高部位气层厚度相对较薄的区域和构造低部位气水边界附近优化部署了一批水平井，并通过优化设计，取得了较好开发效果。

根据气藏地质深化研究结果，普光气田主体部位(普光2、普光6井区)储层有效厚度大，纵向非均质性较强，Ⅰ类、Ⅱ类、Ⅲ类储层和致密储层交互分布，水平井不能很好地兼顾纵向上储量的动用，而斜直井在控制气藏储量、充分发挥纵向上气层产能、实施酸压等增产措施方面有其优势，能够满足开发的要求；气藏边部储层较薄，且距边水较近，部署水平井能较好地提高单井产能，控制边水推进速度；但新完钻井资料和储层预测结果表明，在构造高部位仍然存在厚度较薄的局部区域，这些区域应调整部署水平井以增加井控储量。比如距普光2井南部约1.3km的普光202－1井是优先实施的一口直井，实钻厚度159.8m，较原来预测气层厚度(300m)减少近140m，即从普光2井向普光202－1井区储层厚度逐渐减薄，因此，将位于气藏主体部位的普光202－2H井由直井优化为水平井。同理，依据上述地质新认识，将位于气藏边部的普光105－1H井由直井优化为水平井，普光204－2H井由斜直井优化为水平井，普光104－3井由水平井优化为斜直井。最终在普光气田共部署了7口水平井，其中，5口水平井部署在构造低部位气水内边界线附近；2口水平井部署在气层厚度发育较薄的区域(图8－1)。

②井距优化。

气藏开发实践表明，不同的井网部署将产生不同的开发效果和经济效益，合理的开发井距是高效开发气田的重要条件之一。普光气田具有储量丰度大、储层厚度展布变化大、非均质性强以及有边底水的特点，在开发部署时，要综合考虑气藏的地质特征、流体性质、特殊气藏开发管理要求等因素，从尽可能提高气藏最终采收率和经济效益的目的出发，优化气藏合理的开发井距。

a. 经济极限井距。

经济极限井距是对应于单井极限控制储量时的井距。单井极限控制储量是指在一定的开发技术和财税体制下，新钻开发井经济开采期内能获得基准收益率为12%时所要求的最低储量值，当新钻井控制储量大于这一值时，则认为经济上是可行的。因此，气田开发的合理井距应大于经济极限井距。

经济极限井网密度：

$$F_{\min} = \frac{N\sum_{t=1}^{T}[P_t n(1-r_c) - T_r - C_{\text{ovt}}](1+i_c)^{-t}V_t}{A\sum_{t=1}^{T}(I_t + S_{\text{oft}})(1+i_c)^{-t}} \tag{8-1}$$

经济极限井距：

$$D_{\min} = \sqrt{\frac{1000000}{F_{\min}}} \tag{8-2}$$

式中 N——地质储量，$10^7 m^3$；

A——含气面积，km^2；

P_t——油气价格，元/$10^3 m^3$；

n——商品率，小数；

r_c——税金及附加比率，小数；

T_r——资源税，元/$10^3 m^3$；

T——经济开采期，a；

I_t——新增投资，万元；

C_{ovt}——单位变动操作成本，元/10^3m^3；

S_{oft}——固定操作费用，万元/年。

从计算公式分析看，储量丰度越大，经济极限井距越小。经济极限井距的大小由气价、投资、成本等经济指标决定。

采用普光气田开发方案经济参数，根据不同井区的储量丰度，计算普光气田不同井区经济极限井网密度和井距。计算结果，普光 2 井区、普光 6 井区经济极限井网密度为 2.3 口/km^2，经济极限井距为 650m；普光 5 井区经济极限井网密度为 1.85 口/km^2，经济极限井距为 735m；普光 4 井区经济极限井网密度为 1.25 口/km^2，经济极限井距为 895m；普光 8～9 井区经济极限井网密度为 1.11 口/km^2，经济极限井距为 950m；普光 3 块经济极限井网密度为 0.64 口/km^2，经济极限井距为 1250m。在开发井位部署时，普光气田各井区的合理井距应确保大于各井区的经济极限井距。

b. 合理井距的确定。

为提高普光气田最终采收率并实现经济效益最大化，以经济极限井距为下限，综合考虑单井控制储量、采气速度、稳产期、经济效益等参数与井距的关系，采用经济评价方法、采气速度法、单井控制储量法和类比法等多种方法研究普光气田的合理井距。

经济评价方法是综合考虑地质、开发和经济因素，通过评价气藏开发的经济效益确定气田开发合理的井网密度和合理井距。合理井网密度是指气田开发赢利最大时的井网密度，即 NPV 达到最大，对应的井距即为合理井距。合理井网密度计算模型如下：

$$S_e = \max\{NPV(S)\}$$

$$NPV(S) = N\sum_{t=1}^{T}[P_t n(1-r_c) - T_r - C_{ovt}](1+i_c)^{-t}V_t - \sum_{t=1}^{T}A \cdot S \cdot (I_t + C_{oft})(1+i_c)^{-t} \tag{8-3}$$

式中　S_e——经济合理井网密度，口/km^2；

N——地质储量，10^7m^3；

A——含气面积，km^2；

S——井网密度，口/km^2；

V_t——采气速度，%；

P_t——油气价格，元/10^3m^3；

n——商品率，小数；

r_c——税金及附加比率，小数；

T_r——资源税，元/10^3m^3；

T——经济开采期，a；

I_t——新增投资，万元/井；

C_{ovt}——单位变动操作成本，元/10^3m^3；

C_{oft}——固定操作费用，万元/(井·年)；

i_c——折现率，%。

用此方法确定合理井距时，需要与气田开发数值模拟结果结合。首先要建立气藏数值模型，设计不同井网密度的开发方案并进行开发指标预测，然后用经济评价方法计算各方案开发指标的净现值，得出净现值与井网密度的关系曲线，优选出 *NPV* 达到最大时的井网密度。

为了确定普光气田的合理井距，基于建立的气藏地质模型，在普光 2 井周围选取一块 $9km^2$ 的区域进行数值模拟，设计了 6 套方案(分别为 7 口井、8 口井、9 口井、10 口井、11 口井、12 口井)进行开发指标预测(表 8－1)，并对各方案进行了经济评价，得出净现值与井网密度的关系曲线(图 8－2)。

表 8－1　不同方案开发指标对比表

井网密度/(口/平方千米)	井距/m	稳产期/a	20 年末采出程度/%	财务净现值/万元
0.78	1134	14	40.5	34406
0.89	1061	12	44.4	38373
1.00	1000	11	47.7	44183
1.11	949	10	50.7	43425
1.22	905	9	53.2	38899
1.33	866	8	55.5	35726

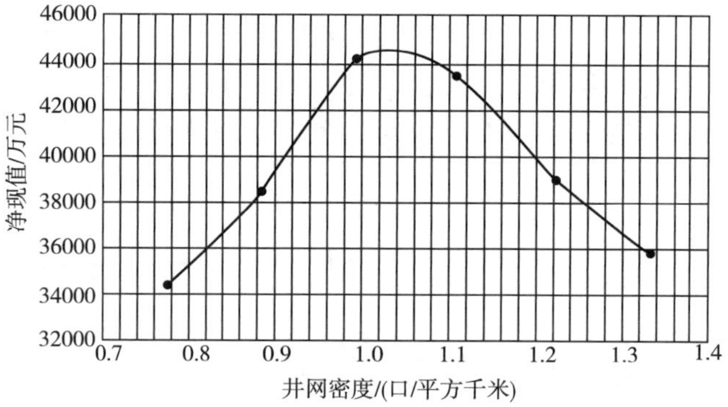

图 8－2　净现值与井网密度关系曲线

从图 8－1 中可以看出，当井网密度为 1.04 口/平方千米时，净现值最大，因此，确定普光气田经济合理井距约为 1000m。

合理采气速度法是在气藏地质储量和含气面积已知的前提下，根据气田合理开发速度和合理单井产量，建立井网密度与地质储量、采气速度之间的内在关系，进而利用其计算开发井距的单井产能法公式。

井网密度：

$$S = \frac{10000GV}{t\eta q_g A} \tag{8-4}$$

井距：

$$D = \sqrt{\frac{1000000}{S}} \tag{8-5}$$

式中　G——地质储量，10^8m^3；

A——含气面积，km^2；

q_g——规定的单井产气量，$10^4m^3/d$；

V——采气速度，%；

η——单井利用率,%；

t——年有效生产时间，d；

D——井距，m。

普光气田平均储量丰度为 $39.9\times10^8m^3/km^2$，根据气井合理产能和合理采气速度的论证结果，计算得出普光气田开发平均合理井距为1060m。

开发井距的确定应考虑合理的单井控制储量。单井控制储量法确定合理井距的思路为：根据单井配产，按稳产期末累计采出的可采储量计算出所要求的单井控制储量，然后依据储量丰度计算不同井区的合理井距。

$$N_d=\frac{330q_g t_s}{nE_R} \tag{8-6}$$

$$D=\sqrt{\frac{1000000N_d}{R}}4545 \tag{8-7}$$

式中　N_d——单井控制地质储量，10^8m^3；

q_g——规定的单井产气量，$10^4m^3/d$；

E_R——气藏采收率,%；

n——稳产期末可采储量采出程度,%；

t_s——稳产期，a；

R——储量丰度，$10^8m^3/km^2$。

从上述式中可以看出，单井配产越高，所要求的井控储量越大；在气井产量相同的情况下，不同储层丰度区对应的井网密度和井距各不相同，储量丰度越高，井距越小。

根据单井控制储量法，绘制普光气田不同单井配产和储量丰度下的合理井距关系图（图8-3），不同井区的合理井距可根据该图8-3确定：普光2、普光6井区的合理井距为800～900m；普光5井区的合理井距为900～1000m；普光4井区和普光8、普光9井区为1050～1150m，普光3块的合理井距为1300～1350m。

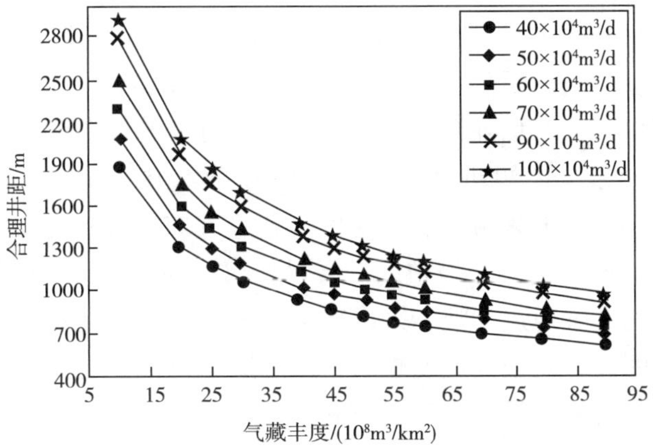

图8-3　不同单井配产和储量丰度下的合理井距关系图

通过类比法，与普光气田相似的法国拉克气田平均储量丰度为 $27\times10^8m^3/km^2$，生产井36口，平均单井日产气量 $(50\sim65)\times10^4m^3$，气田平均井距约为1500m，构造高部位井距较小，低部位井距较大。普光气田平均储量丰度为 $39.9\times10^8m^3/km^2$，明显高于拉克气田，单井配产与拉克气田相近。因此，普光气田的合理井距应小于拉克气田的实际井距。

综合各种方法分析，在当前经济条件下，确定普光长兴组—飞仙关组气藏不同井区的合理井距为800~1300m，平均井距约为1000m。对于储层物性好、丰度高的普光2井、普光6井区的合理井距为800~1000m；普光4、普光5井区和普光8井、普光9井区的合理井距为1000~1150m，普光3块的合理井距为1300~1350m(表8-2)。

表8-2 普光气田合理井距计算表

方法	普光2、普光6井区	普光5井区	普光4、普光8、普光9井区	普光3块
经济极限井距/m	650	760	950	1250
经济合理井距/m	1000			
合理采气速度法/m	采气速度4%~4.5%，1050~1100			
单井控制储量法/m	800~900	900~1000	1050~1150	1300~350
合理井距/m	800~900	1000~1150		1300~1350

③采气速度优化。

根据最新地质认识和井位部署优化成果，普光气田在气水关系、开发动用储量规模、开发井型和开发总井数方面均有调整。为此，依据气井合理配产结果，编制普光气田不同采气速度方案开展数值模拟研究，通过开发指标预测结果对比，分析采气速度对开采效果的影响，优化普光气田合理采气速度。此外，由于普光气田边部存在边水，部分区域的下部存在底水，因此在上述研究的基础上，开展高低部位不同采气速度情况下的开发效果数值模拟优化研究，以延缓气藏见水时间。

a. 普光气田合理采气速度优化。

运用数值模拟开展全区采气速度优化研究。在模拟过程中，根据地面建设的要求，将气井井口压力设定为9MPa，同时，将气藏开发过程划分为两个阶段：一是稳产阶段，即当气井井口压力高于9MPa时，气井以稳定产量生产。二是定压阶段，即气井定井口压力生产，当气井进入产量递减期后，井口压力始终保持在9MPa，当气井产量达到废弃产量时关井；此外，当产水气井产量降至临界携液量之下时也进行设定关井。

通过调整气井配产，设计初期年产能力分别为$60\times10^8m^3$、$70\times10^8m^3$、$80\times10^8m^3$、$90\times10^8m^3$和$100\times10^8m^3$的开发方案，对应的气藏采气速度分别为3.3%、3.9%、4.4%、5.0%和5.5%，同时，在各方案中设定构造高、低部位的采气速度也相同。采用数值模拟方法预测不同方案下的气藏稳产年限、采出程度，分析采气速度对这些指标以及见水时间的影响。预测结果表明，开发采气速度越高，稳产期越短，地层压力下降越快，气藏见水时间越早，且稳产期末可采储量采出程度越低(表8-3)。

此外，根据数值模拟结果，还绘制了普光气田不同采气速度与气田稳产期及稳产期采出程度的关系曲线(图8-4)。从图8-4中可以看出，采气速度在2%~5%是气藏稳产期和采出程度变化最大的区间。

利用经济评价研究方法，对不同采气速度下气田的经济效益进行评价分析，并根据评价结果最终确定普光气田的合理采气速度。

表8-3 气藏不同采气速度下开发指标预测对比表

方案编号		1	2	3	4	5
总井数/口		40	40	40	40	40
稳产期末开发指标	年产气/10^8m^3	60	70	80	90	100
	采气速度/%	3.3	3.9	4.4	5	5.5
	稳产年限/a	12	9.2	7.5	6	4.5
	累计产气/10^8m^3	717.2	644.7	597.6	539.7	438.3
	采出程度/%	39.6	35.6	33.0	29.8	24.2
	见水时间/a	6.2	5	4	2.6	1.9
	地层压力/MPa	27.4	30	31.3	33.5	36.5
预测期末开发指标(30年)	累计产气/10^8m^3	1137.8	1143.1	1147.3	1147.7	1148.1
	采出程度/%	62.8	63.1	63.3	63.4	63.4
	地层压力/MPa	15.8	15.7	15.7	15.7	15.7

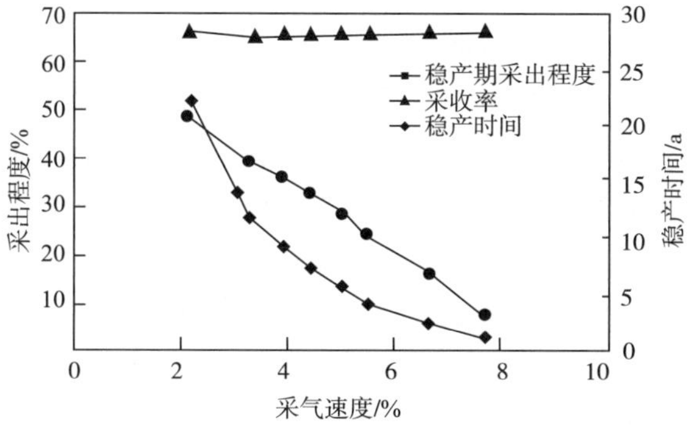

图8-4 普光气田采气速度与稳产期、采出程度的关系曲线

图8-5展示了普光气田在不同采气速度下开采时的净现值对比。从经济效益分析来看，不同采气速度下气藏经济效益存在明显差异。若采气速度过低，则开发时间长，投资回收期长，经济效益差；若采气速度过高，则气藏稳产期短，采出程度低，经济效益差。气田开发应以获得最大经济效益为目的，所以，从经济评价分析，当一个气田的开发净现值达到峰值时对应的采气速度即为合理的采气速度。因此，从经济效益考虑，确定普光气田的合理采气速度为4.4%。

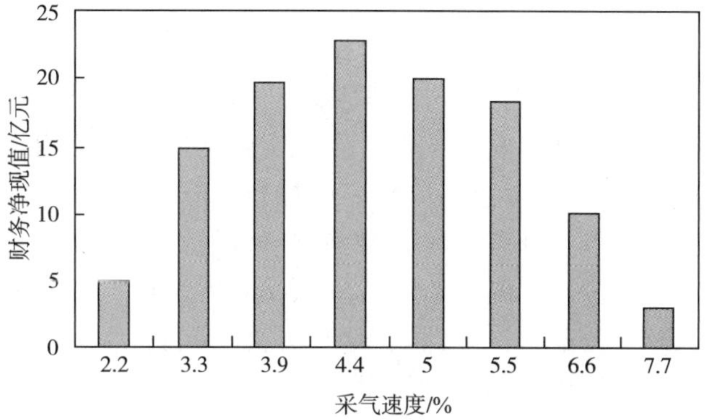

图8-5 不同采气速度下普光气田开发净现值对比

b. 分区采气速度优化。

在保持气田整体采气速度不变的情况下，通过调整构造高部位和低部位的采气速度，

对不同区域采用不同采气速度的开发效果进行指标分析与对比。为此，设计了4套方案，其中，气田总体采速为4.4%，构造低部位的采速分别为6.1%、4.0%、2.7%和1.0%，对应的构造高部位采速分别为4%、4.5%、4.8%和5.2%。

模拟结果表明，在整体采气速度相等的情况下，构造高部位气井由于距离边水较远且完井段位置较高，在整个开发过程中均不出水。当构造低部位的采气速度从6.1%减小到1.0%时，气藏的见水时间从2.8a延长到7a，无水期采出程度从12.3%提高到30.8%(表8-4)。

表8-4 不同区域不同采气速度下开发指标对比表

设计	低部位采气速度/%	高部位采气速度/%	全区采气速度/%	见水时间/a	无水期采出程度/%	稳产时间/a	稳产期采出程度/%	30a采出程度/%
方案Ⅰ	6.1	4.0	4.4	1.8	7.9	6.0	26.5	63.3
方案Ⅱ	4.0	4.5	4.4	3.0	13.2	7.3	32.2	63.4
方案Ⅲ	2.7	4.8	4.4	5.0	22.0	7.8	34.4	63.4
方案Ⅳ	1.0	5.2	4.4	6.0	26.4	6.2	27.3	63.4

研究结果表明，在采气速度相等的情况下，适当提高构造高部位区域的采气速度并降低构造低部位的采气速度，可以延缓边水的推进速度，增加无水期的采出程度。但若构造低部位的采气速度过低，将无法满足气井的最低经济界限要求，影响气藏的最终开发效益。因此，为了延缓边水的推进并延长无水采气期，普光气藏的整体采气速度不宜过高。此外，对于裂缝相对不发育的孔隙型边底水气藏(如普光气田)，不同区域可采用不同的采气速度开发，构造高部位边底水影响小的区域可采用较高的采气速度，而边底水影响大的区域则采用较低速度。

根据数值模拟研究结果，建议普光气田在采气速度为4.4%开发的前提下，构造高部位采用4.8%的采气速度，构造低部位采用约2.7%的采气速度较为适宜。

(2)井位部署优化。

针对普光气田碳酸盐岩储层控制因素多、储层非均质性强、气水关系复杂等特点，提出“整体部署，分批实施”原则。即在整体开发方案指导下，从构造高部位分批向构造低部位推进开发井的实施工作，优先实施构造高部位的重点井、关键井，上一批次开发井为下一批次开发井井位设计提供有效的基础资料。在开发方案实施过程中，通过实时跟踪研究新钻井资料，动态开展储层预测、含气性预测和精细地质建模等地质研究工作，不断深化影响对井位设计的构造、气层纵横向展布特点、气水关系、相变线等方面的研究，及时优化调整井位部署，确保实现“少井高产”目标。

普光气田产能建设始于2005年12月28日普光302-1井的开钻，此后一年多的时间，边实施边跟踪，至2008年6月，已完成了6批次30口井的地质设计，每完钻一批开发井，就开展一轮地质深化研究。2008年3月，在完钻开发井25口、边部普光7-侧1、普光11、普光10、普光101、普光12等评价井的动静态资料日益增多的情况下，对气田构造、沉积微相、储层展布、气水关系等地质特征进行了更深入的研究，并进一步评估了气田动用储量规模，据此对气田开发井位部署进行了优化调整。

井位部署优化调整思路：一是考虑气田开发经济效益，单井钻遇气层厚度或控制地质储量未达到技术经济界限的井不实施；二是考虑边底水对气田开发的影响，构造低部位气水边界附近的开发井位应适当减少，或改为水平井；三是考虑气田整体开发规模，在气层厚度大、储量丰度高的区块可适当加密井位。

普光3块由于井控储量，优化减少开发井3口。普光2块由于气水界面变化，优化减少新井8口，减少利用井1口。同时，普光2块由于储层相变西南边界减少开发井2口。构造高部位储量丰度大，建议在储层发育区增加2口开发井。

根据井位部署优化的最终结果，普光气田的开发井数由原方案部署的52口优化为40口。其中，部署直井3口(包括普光8井)，定向井30口，水平井7口。

(3)开发指标。

根据前面的优化结果，普光气田的合理采气速度应保持在4.4%左右。按照这一采气速度，在开发动用的天然气地质储量为$1811.06\times10^8m^3$的情况下，普光气田的年产天然气能力应为$80\times10^8m^3$。但是，根据“川气东送”工程稳定供气的需要，普光气田及周边的整体外输供气能力应保持在$(105\sim110)\times10^8m^3$左右。为此，首先将普光气田投产初期的年产天然气能力按$105\times10^8m^3$进行设计。但数值模拟预测结果表明，由于该方案采气速度达到5.8%，普光气田的稳产期仅有3.8年。

依据大湾—毛坝区块的运行计划，在普光气田投产一年后，大湾—毛坝区块将实现整体投产，并预期可实现年产能力超过$30\times10^8m^3$。因此，根据这一计划，普光气田可在投产第一年采用较高采气速度(采速5.8%)生产，当大湾—毛坝区块投产后，通过降低部分配产较高、稳产期较短、预期见水较早气井的单井产量，使天然气年产能力调整到$73\times10^8m^3$左右，气田采气速度调整到4%，从而使普光气田的稳产期可再保持8年左右，稳产期内预计动用储量采出程度为42%。预测普光气田优化调整方案投产30年后，动用储量采出程度为68.1%。

3)方案实施效果评价

在普光气田开发建设过程中，中国石化充分发挥上游科研优势，构建地质工程一体化研究平台，创新集成相关技术，跟踪开展配套研究，不断深化气藏认识。通过应用跟踪研究成果及时优化开发方案、井位设计、井身轨迹及投产方案，并实时指导现场工作，为普光气田高效开发提供了强有力的技术支撑。普光气田完钻38口，钻井成功率100%；开发井预测气层与实钻气层厚度符合率达86.5%；完成投产作业井37口，测试均获高产，投产作业成功率100%；实测产能超过开发方案配产要求，达产率100%。普光气田于2008年10月投入试生产，2010年3月整体投产；截至2024年6月，开发生产安全正常，累计生产天然气超过$770\times10^8m^3$，实现了安全高效开发。

(1)完成全部开发工作量，钻井工作量100%。

在开发井实施过程中，根据地质跟踪研究新认识，结合现场实施情况，边评价边调整，对方案部署进行不断优化。普光主体顺利完成了钻井任务，共完钻新井38口(直井2口、定向井30口、水平井6口)，分布在18个井台，钻井进尺23.21×10^4m，与方案相比，钻井工作量完成率100%。

(2)气井储层钻遇率100%，均钻遇较厚优质储层。

在钻井实施过程中，加强新井随钻分析，不断深化储层展布预测及气水关系认识，根据已完钻井钻遇情况，及时调整、优化井型及井轨迹，确保钻遇较厚优质储层。

完钻38口气井钻遇气层全部达到方案设计要求。其中，32口斜、直井钻遇气层厚度118.0～531.8m，单井平均厚度309.7m；6口水平井钻遇气层厚度410～620m，单井平均厚度501.8m。

从钻遇储层类别上看，钻遇Ⅰ+Ⅱ类层总厚度达到5836.7m，占总钻遇储层厚度的45.2%。水平井以Ⅰ类、Ⅱ类储层为主，斜、直井中有12口井Ⅰ类、Ⅱ类储层厚度比例大于50%，占统计井数的38.7%，气井钻遇优质储层比例较高。

(3)单井产能比方案设计略高。

普光主体于2009年10月建成投产，根据储层预测及井位部署情况，预测初期投产的35口气井试气无阻流量介于(117～696)×$10^4m^3/d$，平均无阻流量为478.3×$10^4m^3/d$。实际测试结果显示，单井无阻流量介于(94.1～768.2)×$10^4m^3/d$，单井平均无阻流量为487×$10^4m^3/d$，略高于方案设计产能。

预测无阻流量与实测无阻流量整体符合程度较高，80%的井实测无阻流量与预测相差在30%以内，只有20%的井相差在30%～81%(6口井大于预测无阻流量、1口井小于预测无阻流量)。

(4)储量动用状况与方案比有一定差距。

地质及开发特征研究表明，普光气田礁滩储层厚度大、非均质性强，开发渗流特征及动用状况复杂，纵向、平面动用程度差异大。根据目前的生产动态评估，气藏动态储量为1352.6×10^8m^3，动用程度达74.68%。储量动用状况与方案相比存在一定差距，具有较大的挖潜动用空间。分区块来看，普光2块动用程度较高，达到75.57%，普光3块动用程度为50.49%。储量动用状况差异大的原因主要是各层系间物性差异，导致物性差、生产压差大的三类气层在合采时无法充分启动。

(5)边水较原认识活跃，对气藏开发的影响比方案预计大。

方案设计时认为，普光气田存在局限边底水，水体不活跃，单重介质基质模型预测边底水随地层压力下降均匀推进，边部气井在生产7～8年后相继见水，即稳产期内基本不见水。通过地质再认识及气藏开发动态分析，飞一二段主力储层分布稳定，边部气层与水层连通性较好，且部分井区裂缝较发育，实际开发过程中边水沿裂缝及高渗层突进，气藏生产2.6年(2012年6月)即有第一口井P105-1井见水，气藏见水时间比方案预计早4.4年。实际采用动态法计算得出普光2块的水体倍数为6.0倍，属中水驱气藏，整体上随着开发持续深入，边水侵入对气藏开发的影响较大。目前已有19口井陆续产出地层水，10口井带液生产，9口井停喷。

8.1.2 大湾区块井位部署方案优化与实施

1)方案编制背景

大湾气田是继普光气田之后投入开发的又一特大型、超深、特高含H_2S气田，其地质特征与普光气田相似。在大湾气田开发方案设计过程中，借鉴普光气田开发方案优化设计技术思路和关键技术，组织气田开发设计团队，构建地质工程一体化研究平台，采用分散开展专题研究与集中开展整体研究相结合的方式，设计开发方案，指导方案实施与现场建设。在开发方案实施过程中，加强新钻评价井和开发井随钻分析，强化气田构造特征、储层特征、气藏特征等跟踪研究工作，不断深化气藏地质认识，及时优化调整开发方案与实施井轨迹，为大湾气田实现高效开发奠定了坚实基础。

2)方案优化部署

为确保大湾气田实现高效开发，在开发方案设计与优化过程中，方案设计团队借鉴了普光气田成熟的思路、方法和成果，经过多次论证、调整及跟踪优化，完成了《大湾气田开发优化方案》，以指导现场开发建设工作，并为气田高效开发奠定了坚实基础。

2008 年 8 月 27 日，大湾气田第一口开发井大湾 402－2H 井开钻，标志着大湾气田开发全面进入现场实施阶段。开发方案实施过程中，开发设计项目组实时跟踪分析新完钻井资料，应用礁滩相储层沉积微相研究、储层预测、储层含气性预测技术，开展气田构造、沉积微相、储层展布和气水关系研究，不断深化地质特征认识，为开发方案和井位设计优化提供了科学依据。

(1)开发技术政策优化。

在大湾气田开发方案实施过程中，实时跟踪分析新钻井资料，应用沉积微相、储层预测、含气性预测最新成果认识和高效井设计及优化技术与方法，不断深化气藏地质特征研究，认为大湾气田储层相对较薄、非均质性更强，平面上厚度变化快，气水关系更复杂，使动用储量规模有所减少。基于跟踪地质研究新成果，适时优化开发井位部署和实施井井身轨迹以及完井方式，最大限度钻遇气层厚度与优质储层，最大限度提高单井产能，为实现大湾气田高效开发奠定了基础。

①开发方式。

大湾气田是受断块构造与相变线共同控制的孔隙型构造—岩性弹性气驱气藏，宜采用衰竭式开发方式，依据如下：气藏压力高，均在 50MPa 左右，为气藏开发提供了充足的天然能量；大湾气藏属于过成熟干气藏，衰竭开采时不会有较重组分凝析出来残留在地下而影响天然气采收率；干气的相对密度和黏度低，从地层流入井底所需生产压差小，从井底升至地面时井筒内压降损失也较小，适合利用天然能量开发；衰竭开采比其他任何开发方式都经济和简便易行。

②开发层系划分。

依据气藏储层物性特征、储层分类空间展布特征和气水关系等方面的最新研究成果，研究认为大湾气田宜采用一套层系开发。依据如下：

从储层预测和储层对比结果可以看出，大湾气藏飞仙关组纵向上没有明显的隔层，无法分开，长兴组纵向上与飞仙关组叠合性较好；毛坝气藏 4 井区飞一段—飞二段和飞三段之间有较明显的隔层，飞一段—飞二段储层在该井区分布广泛，储层厚度大，上部飞三段主要为Ⅲ类储层，储层厚度较小，产能低，难以单独开发，一套井网即可较好地控制动用储量规模。

最新测试资料表明，大湾气藏、毛坝气藏 4 井区地层压力系数接近，分别为 1.09～1.24 和 1.28～1.30。

合层开采井控储量大，有利于单井长期稳产；同时，可以进一步优化减少开发井数和投资，提高经济效益。

根据四川碳酸盐岩气藏开发经验，全井段合采对气藏采收率的影响不大。

③井网井距。

气藏开发实践表明，不同的井网部署将产生不同的开发效果和经济效益，不断优化开发井网是实现高效开发的重要措施之一。井网部署优化重点研究井网、井型、布井方式和井距等内容。

大湾气田是一个受断块构造与相变线共同控制的构造—岩性气藏，储层非均质性强、厚度变化大，储层厚度相对较薄，采用不规则开发井网。在大湾气藏北部气层厚度大、物性好的大湾1井区和毛坝4井区，井网密度可大一些；大湾气藏南部气层厚度较小、物性差的区域，井网密度可小一些。

为了兼顾飞仙关组和长兴组开发，尽可能地增加钻遇厚度，提高单井产能，全部选用水平井进行开发，厚度大的主体区域主要采用井斜角度大于70°的水平井。

大湾气田地表属山地地形，总体地势偏陡，井场选址及道路建设困难，可采用丛式井组布井。

大湾区块主体区域(大湾气藏北部)水平井合理井距应在1700～2000m。而对于储层物性好、丰度高的区域，开发井井距可适当减小；对物性差、丰度低的区域，井距可适当增加。

(2)开发方案优化。

根据开发技术政策优化结果，结合新完钻评价井(大湾101、大湾102、毛坝7、毛坝8井)和开发井(D402－2H、D404－2H和D405－1H井)实钻资料，在新井实施取得地质新认识及动用储量规模重新评价基础上，对大湾气田井位部署方案进行了进一步优化调整。

通过优化调整大湾气田开发方案，大湾气田部署开发井由25口减少为14口，其中新钻井由17口直井或斜井优化为9口水平井(图8－6)，单井平均配产由$40\times10^4m^3/d$提高到$70\times10^4m^3/d$，实现了"少井高产，效益优先"的目标。开发方案优化后，开发投资由初次批复开发方案的47.73亿元降至37.31亿元，减少投资10.42亿元，为实现大湾气田高效开发奠定坚实基础。

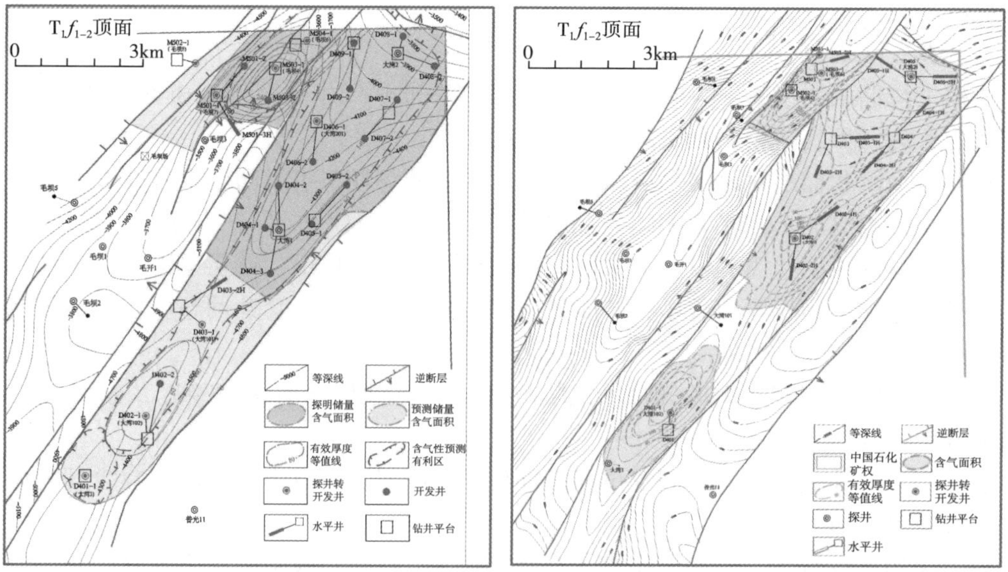

大湾区块开发井位部署图　　大湾区块开发井位优化部署图

图8－6　大湾区块开发井位部署优化调整对比图

方案设计动用储量规模 $768\times10^8m^3$，部署开发井 14 口，其中利用探井 5 口，新钻水平井 9 口；设计井场 7 座（新建井场 1 座）；平均单井配产 $70\times10^4m^3/d$，设计年产能力 $30\times10^8m^3$，采气速度 3.9%，预测稳产期 9 年，稳产期内的采出程度约为 35.1%，预测 30 年后的累计产气量为 $457.2\times10^8m^3$，采出程度为 59.5%。

(3)完井方案与完井管柱优化。

与普光气田相比，大湾气田构造更为复杂，储层非均质性更强。为提高气田整体开发效益，针对大湾气田的地质特征，借鉴了普光气田经验，论证表明，大湾气田水平井分别采用裸眼完井和套管完井。同时，为实现合理布酸，尽可能提高气井完善程度，保障气井高产稳产，采用了分段完井管柱，利用分段封隔器卡封封隔投产井段后，逐层进行酸化改造投产。

3)方案实施效果评价

大湾气田实际新完钻开发井 8 口，钻井成功率 100%。其中，新钻开发井全部按水平井设计，同时以裸眼完井为主，并采用分段酸压工艺改造储层；13 口井的投产作业施工，投产成功率 100%，产能达到或超过方案设计，达产率 100%；2012 年 5 月 14 日，大湾气田全面投产，建成产能 $33\times10^8m^3$，随着气藏认识深化，又陆续实施 10 口调整井，年产能超 $35\times10^8m^3$ 稳产 11 年。截至 2024 年 6 月，大湾区块累计产气超 $420\times10^8m^3$，对比表明，大湾气田取得了比普光气田更好的开发效果，实现了高效开发。

(1)完成全部开发工作量，钻井工作量 100%。

大湾区块借鉴普光气田主体成功开发经验，按照整体部署、分批实施的原则完成 9 口开发井地质设计，全部按水平井设计，完钻 9 口。

在开发井实施过程中，根据地质跟踪研究新认识，结合现场实施情况，边评价边调整，对方案部署进行持续优化。在新完钻井地质新认识基础上，通过加强跟踪预测研究，指导优化调整 2 口开发井位。一是将 M501－1H 井调整到储量丰度较大的毛坝 6 井区，二是将井控储量较小的 D401－2H 井暂缓实施。

(2)气井均钻遇较厚优质储层，达到设计 116.4%。

大湾区块实钻水平井钻遇储层厚度，单井钻遇厚度为 121～1311m，平均单井钻遇厚度为 597.2m；设计水平井单井钻遇储层厚度为 300～800m，平均单井钻遇厚度为 513m，水平段实钻指标优于设计，达到设计的 116.4%。

(3)建产能完成方案设计的 117%，单井产能达到方案设计。

初期投产的 14 口气井试气无阻流量为 $(170.8\sim587.5)\times10^4m^3/d$，平均试气无阻流量为 $455\times10^4m^3/d$。实际测试显示，单井无阻流量为 $(229.6\sim695.5)\times10^4m^3/d$，单井平均无阻流量为 $567.7\times10^4m^3/d$，高于方案设计产能。14 口气井投产试气无阻流量为 $7367\times10^4m^3/d$，按 1/9～1/6 比例配产，新建年产能达 $35\times10^8m^3/a$，完成方案设计的 117%。

(4)初期采气速度略高于方案设计。

随着气井陆续投产，气藏进入稳产阶段以后，2013—2014 年产气量为 $(32\sim35)\times10^8m^3/a$，高于计划的 $30\times10^8m^3/a$，采气速度为 4.16%～4.28%，略高于计划采气速度；2015—2017 年限产，采气速度为 3.09%～36.7%，低于计划采气速度 3.91%；2015—2022 年陆续投产调整井 9 口，产气量稳中有增，采气速度为 4.39%～5.2%。

(5)稳产期高于方案设计 2 年。

大湾区块跟踪优化方案设计区块按照年产气 $30\times10^8m^3$ 生产 9 年，实际运行远超年度计划，以 $35\times10^8m^3$ 规模运行，稳产期较方案延长 2 年；对比稳产末期累计产气量，实际生产累计产气 $386.97\times10^8m^3$，计划稳产末期累计产气 $270.27\times10^8m^3$，累计产气量超 $116.7\times10^8m^3$；按照递减趋势分析，30 年预测期末采收率 64.7%，与设计 60% ~65% 的采收率范围匹配。

8.2 通南巴气田

通南巴气田投入开发的上三叠统须家河组气藏属于超深、陆相致密砂岩气藏，具有储层基质孔隙度、渗透率差的特点，优质储层识别难度大，气水关系复杂，规模效益开发难度大。构造裂缝发育程度是影响气井产能的主要因素。2018 年 10 月流转后，勘探工作优先开展评价，开发工作于 2019 年底启动，先后经历资料收集、勘探开发一体化评价、开发方案编制和产能建设等阶段，目前通南巴气田建产工作正有序推进。

8.2.1 马 1、马 2 块开发一、二期方案

通南巴气田马 1、马 2 块开发一期方案在已有资料基础上开展地质研究，评价须家河组地质储量 $195.1\times10^8m^3$，其中一类层储量 $99.02\times10^8m^3$。按照“整体部署、滚动建产、分步实施”的思路，以盘活老井资源、择优实施为原则，设计一期方案 10 口井，包括马 1、马 2、马 2 -1H、马 201、马 101、马深 1 等 7 口老井措施后采气、马深 1 作为产出水回注井，以实现尽快建产。同时，为评价断缝体、缝洞体储层产能，优先实施新井 2 口(马 105、马 1 -11 井)。预计一期建产能 $1.19\times10^8m^3$，动用储量规模 $40.1\times10^8m^3$。

马 1、马 2 块开发二期方案在一期方案实施和新完钻探井分析的基础上，深化构造、分类储层、裂缝预测和开发技术政策研究，明确了“优质储层 + 裂缝”是产能主控因素，目的层段以须二段为主，兼顾须四段。方案优选储层发育区部署二期开发井网，优先动用优质储量，最大限度地动用地质储量；依据不同类型储层分布设计不同井型；井轨迹考虑砂体展布及裂缝方位，以提高储层、裂缝钻遇率，加快实施进度，实现效益开发。二期方案优先动用一类储层，设计新井 4 口，预计动用储量规模 $43.3\times10^8m^3$，建产能 $1.29\times10^8m^3$。

8.2.2 马 3 块产能建设方案

马 3 块产能建设方案部署思路主要立足已探明储量，兼顾评价动用周边储量，坚持“整体评价、整体部署、分步实施、滚动建产”的理念，力争实现少井高产和效益开发。

方案部署优先动用探明区内② ~ ⑤号条带一类、二类储量，同时评价动用①号条带。预计动用地质储量 $110.5\times10^8m^3$，建产能 $3.04\times10^8m^3$。

设计井台 5 座(新建 1 座，利用老井台 4 座)；部署井数 13 口，其中新钻水平井 9 口(含打导眼评价井 1 口)，利用老井 4 口；设计采气速度 2.75%，稳产期 2 ~3 年。

8.2.3　通南巴气田须家河组气藏开发方案

自 2024 年以来，在气井试气试采动态分析的基础上，结合前期方案实施情况，开展了气藏整体地质评价和开发技术政策研究，编制了通南巴气田须河组气藏整体开发方案。

1)方案部署思路

立足分类储量评价结果，按照“整体部署、评建一体、少井高产、分步实施、跟踪调整”的思路，充分动用一类区、评价建产二类区、试验接续三类区，边实施边优化，实现效益开发。

2)方案设计原则

以须二上 2 砂组(① + ②砂体)、须四段 3 砂组(①砂体)和须四段 1 砂组(⑤砂体)为主要目的层进行部署；充分利用现有井台和管网设施，优先动用已落实的一类、二类储量区，勘探开发一体化评价并动用周边储量，确保长期稳产；结合储层与构造特点，以水平井开发为主，在储层叠置区考虑采用大斜度井开发，最大限度地动用地质储量。

3)建产区优选

经评价，通南巴区块须二段上亚段、须四段 1 砂组和 3 砂组一类、二类天然气地质储量合计 $531.85 \times 10^8 m^3$，其中主力建产区(马 1、马 2 和马 3 块)天然气地质储量 $403.70 \times 10^8 m^3$，自然保护区和母家梁断裂带北部天然气地质储量 $128.15 \times 10^8 m^3$，由于自然保护区政策和勘探未落实等原因，本次开发方案暂时不动用。目前，开发井在主力建产区内已动用一类、二类天然气地质储量 $74.54 \times 10^8 m^3$，未动用天然气地质储量 $329.16 \times 10^8 m^3$。本次方案主要围绕马 1、马 2 和马 3 块等主力建产区的一类、二类未动用储量区进行部署。

一类区部署：评价一类区未动用天然气地质储量 $124.3 \times 10^8 m^3$，主要分布在马 1 块①号断裂带和马 3 块②、③、⑤断裂带。在一类区，本次优先考虑水平井部署，力争动用地质储量和 EUR 最大化；同时，在储层叠置的断褶融合区，统筹地下地面条件，部署大斜度定向井开发。

二类区部署：评价二类区未动用天然气地质储量 $214.6 \times 10^8 m^3$，主要分布在马 1 块②断裂带和马 3 块③、④、⑤断裂带。在二类区优先考虑水平井部署，同时在储层叠置区考虑大斜度定向井部署。

4)布井原则

在气藏地质评价结果以及气田开发技术政策指导下，本次开发方案井位部署综合考虑优质储层砂体展布、断褶裂缝组合特征等因素，并统筹地面地下情况部署。

井轨迹优先部署在断背斜、构造脊，距三级断层 600m 以内、四级断层 300m 以内；考虑河道砂体展布及最大主应力方向，水平段近南北向更为有利；多套储层叠置区，考虑下部层系储层水平井部署可兼顾上部须四段储层。

5)开发技术政策

在地质研究以及前期实施的基础上，结合气藏工程计算、矿场分析，主要研究气藏开发层系、井型井网、气井合理产量和采收率等开发技术政策。

(1)开发方式。

通南巴区块须家河组属于弹性气驱干气藏，可采用衰竭式开发方式。通南巴区块须家河天然气 CH_4 含量高(>98%)，为不含 H_2S 的干气藏，计算平均临界温度 191.34K，临界压力4.6MPa，属于过成熟干气藏。衰竭开采时不会有较重组分凝析出来残留于地下，因此不会影响天然气采收率。衰竭开采比其他任何开发方式更经济、简便易行。

(2)开发层系划分。

综合通南巴区块须家河组地质研究成果分析，须二段上亚段、须四段1砂组、须四段3砂组之间的须三段、须四段2砂组泥岩隔层厚度30~60m，分布稳定，整体采用分层系水平井开发；一类、二类层厚度小于30m的区域采用水平井开发，叠置厚度大于35m的马1块①条带、马3块④、⑤条带采用大斜度井开发，以满足井控和产能要求。

(3)布井模式。

通南巴区块一类、二类区主要发育断褶融合型、断褶分离型、单断型三种构造模式。选取4个典型条带，(断褶融合型：选一类区马3块②及马2块①号带；断褶分离型：选一类区马1块①号条带及二类区马2块②号条带；单断型：选二类区马1块②号条带)基于异常高压致密气藏的启动压力梯度、应力敏感性及人工压裂数值模拟，利用数值模拟结合气藏工程方法论证不同构造模式下的开发技术政策。

①断褶分离型。

结合马3块②条带形态(北宽南窄，北部断褶分离、南部断褶融合)，设计两种布井方式，优化不同水平段长、距断层距离及井距。研究表明，条带宽度小于1000m时，1口井即可控制，一类区部署在褶缝区，二类区穿褶打断；当条带宽度大于1400m时，需部署2口以上水平井，距断层约400m平行布井。

②断褶融合型。

结合条带形态，设计1口或2口井两种井网，优化不同水平段长、距断层距离及井距。钻遇褶缝区且距离断层400m左右时，控制储量和EUR最高，使褶缝区储量被充分动用，其中少量裂缝沟通可使断褶融合区被部分动用。钻遇两区分界处，由于井对两区沟通不足，导致两区压力波及范围小，动用程度低。钻遇断褶融合区时，由于裂缝沟通，部分动用褶缝区。

③单断型。

结合条带形态，设计1口或2口井两种井网，优化不同水平段长、距断层距离及井距。研究表明，部署在断缝区，距断层200~400m左右布井最优。部署在断缝发育区远离断层方向，距断层200~400布井，断缝带动用较好。离断层过近，导致气井靠断层一侧波及范围缩小；离断层过远，裂缝发育程度差，导致EUR减小。

(4)开发井距。

数值模拟显示，一类区气井波及半径为900~1200m，合理井距为1800~2000m；二类区因裂缝欠发育，波及半径为500~700m，合理井距为1000~1400m。生产动态数据显示，目前一类区有2个井组出现明显干扰现象，井距范围为340~1700m。压力恢复试井与生产数据分析结果表明，一类层合理井距为1720~1850m，二类层合理井距为730~1350m。

综合数值模拟与生产分析结果，建议一类区合理井距采用1800~2000m、二类区合理井距采用1200~1400m。

(5)合理水平段长度。

综合考虑经济效益和EUR，一类区断褶分离型、融合型的合理水平段长度为1000~

1200m；二类区断褶分离型、单断型的合理水平段长度为1400~1600m。

(6)合理产量及采气速度。

①合理产量。

配产原则应满足：维持2~3年以上稳产；配产不能太高，保证不造成管线冲蚀及出砂；产量不能太低，应高于临界携液流量以保证井底无积液；合理利用地层能量。

结合试采数据、IPR曲线分析、类比法和数值模拟等方法，一类区按无阻流量的1/9~1/5配产[$(8\sim10)\times10^4m^3/d$]，二类区按照无阻流量的1/6~1/5配产[$(4\sim5)\times10^4m^3/d$]。

②采气速度。

结合类比法和数值模拟方法，综合推荐采气速度为2%~3%。参考同类型气藏及须家河组地质特点，综合推荐采气速度为2%~3%。

数值模拟法得到一类断褶融合区、一类断褶分离区及二类单断区气藏在采气速度为2.5%~3%时条带采收率最高。

(7)气藏采收率。

①废弃压力。

解析+启动压力法：根据各区启动压力差异及井底流压综合计算废弃压力。

经验法：计算废弃压力的经验公式都是根据气藏的原始压力或埋深进行初步估算的，废弃压力$=(2.15\sim2.26)\times H/1000$。

图版法：主要取决于气藏埋藏深度、非均质性和渗透率。研究区为Ⅰc类气藏，则废弃压力$=(0.25\sim1.98)\times H/1000$。

在不考虑增压及产水影响条件下，一类区废弃压力为5.5~6.5MPa，二类区为8~9MPa，三类区为12MPa；增压后一类区废弃压力为3.5~5MPa，二类区为5~6.5MPa，三类区为8MPa。

②采收率。

采收率的确定主要应用经验法、类比法、物质平衡方法和单井数值模拟标定等方法，同时结合低渗致密气藏特殊地质条件、井型及采气工艺等因素综合确定。

综合应用经验法、类比法、物质平衡方法和单井数值模拟标定等方法，评价一类区采收率为30%~35%；二类区采收率为25%~30%。

6)整体规划部署

根据目前对气藏的认识，针对一类、二类储量，统筹考虑地下地面，围绕滚动建产、有序接替、长期稳产的思路，制定整体规划部署方案。设计井台11座(新建2座，利用老井台9座)，设计新钻井23口(水平井19口，定向井4口)。预计动用一、二类地质储量$177.28\times10^8m^3$(一类区$110.4\times10^8m^3$、二类区$66.88\times10^8m^3$)，新建产能$5.38\times10^8m^3$，EUR $34.93\times10^8m^3$。

马1块设计井台3座(新建1座)，部署水平井5口(一类区2口，二类区3口)，预计动用一类、二类区地质储量$44.74\times10^8m^3$。马2块设计井台1座，在一类区部署水平井1口，预计动用一类区地质储量$10.0\times10^8m^3$。马3块设计井台7座(新建1座)，部署水平井13口，大斜度井4口，其中一类区部署水平井7口，大斜度井2口，二类区部署水平井6口，大斜度井2口，预计动用一二类区地质储量$122.54\times10^8m^3$。

在整体规划部署的基础上，按照整体部署、分步实施的思路，方案分两期实施。

第一期优先动用一类区优质储量，实现少井高产。设计井台7座(新建2座)，新钻井13口(水平井11口，大斜度井2口)。预计动用地质储量115.92×10^8m^3，新建产能3.47×10^8m^3。

第二期以动用二类区储量为主，保障6×10^8m^3年产量稳产。设计井台8座(利用老井台)，新钻井10口(一类、二类区水平井8口，大斜度井2口)。预计动用地质储量61.36×10^8m^3，新建产能1.91×10^8m^3。

7)方案指标预测

结合气藏工程计算及数值模拟，基于单井物性参数，考虑压裂增产措施，初步评估气井合理配产为(5~10)×$10^4m^3/d$，EUR最高。

第一期实施新井13口，第二期实施新井10口，区块产量超6×10^8m^3生产5年，至2041年累计产气54.63×10^8m^3，采气速度2.99%，动用储量177.28×10^8m^3。

8.2.4 方案实施情况

1)马1、马2块开发一、二期方案

马1、马2块一、二期方案已全部实施，第三批井位部分实施。具体实施情况如下：

其中一期方案包含老井7口，新钻井2口；二期方案新钻井4口；第三批井位新钻井7口。

一期方案实施后，气田产量由14×$10^4m^3/d$提升至20×$10^4m^3/d$；第二期方案实施后，产量提升至40×$10^4m^3/d$，第三批井位于2023年实施后产量增至50×$10^4m^3/d$。

马1、马2块第三批井位共实施2口新井，其中马1-16H井由于大量产地层水，目前关井，马2-7井优化设计后正常生产。

2)马3块产能建设方案

按照“优质储层+裂缝”的部署思路，在马5断背斜及三级断层断褶缝发育区实施先导试验井(马303-2H)。该井位于四川省巴中市通江县瓦室镇鹿鸣村。构造位置为四川盆地川北坳陷通江向斜兴隆断褶带。井别为开发评价井，部署目的为验证水平井产能，试验完井方式适用性。通过新井实施，验证水平井产能，完善致密砂岩储层配套钻完井工艺及开发技术政策，加快建产步伐。

马303-2H井完钻层位位于须家河组须四段，钻遇储层厚度为795.3m，该井开展两次试气。第一次优选趾端，射孔段为6m，产量2.3×$10^4m^3/d$，表现为压力低、生产压差大；2023年3月开展第二次须四3砂组全井段加砂压裂试气，产量12×$10^4m^3/d$，评价无阻流量53.2×$10^4m^3/d$，按照无阻流量的1/5~1/4配产，日产气12×10^4m^3，数值模拟法预测稳产3年，EUR为2.79×10^8m^3。

第 9 章　气田开发动态分析与调整挖潜

气田投入开发后，为了不断提高气田开发水平，要持续进行动态监测取全取准开发动态资料；应用动静态资料开展动态分析，认清气藏开发规律及存在的主要问题和矛盾；论证实施开发调整挖潜方案，不断提高储量动用率和采收率；这是一个伴随气田全生命周期的继承性的系统工程。气田开发过程中，利用气田生产数据和动态监测资料，结合静态地质资料研究地下储层中流体运动规律及其发展变化，检验开发方案及有关措施实施的效果，预测气田开发效果，并为调整挖潜提供依据的全部工作称为气田开发动态分析。气藏开发动态分析是气田开发管理的关键基础工作，主要目的是研究不同开发阶段的主要矛盾，不断深化气藏特征及其内在规律的认识，为实施治理及增产措施、优化控制气藏开发过程、编制气藏开发方案和调整方案、制订生产计划提供依据，推动气田开发水平持续提高。

9.1　气田开发动态监测

气田开发动态监测是指运用测量、测试、试井、测井、密闭取心、分析化验等手段和方法，获取气田开发过程中静态和动态信息，目的是认识气藏渗流规律，分析井筒技术状况，为气田开发动态分析、调整挖潜和提高气田开发效果提供第一手数据。

气田投入开发后，要根据气田具体情况规范建立动态监测系统，它包括监测的组织分工、监测内容的确定、观测点的建立、资料验收等一整套工作。气田开发动态监测系统包括许多子系统，一般有压力、流体性质与流量、水淹情况、采收率、气顶气及气田水入侵情况、储层物性、井下技术状况等监测系统。普光气田投产过程中，逐步建成了地上(常规)监测系统、地下(井下)监测系统，为取全取准气田开发动态资料奠定了坚实基础。

9.1.1　动态监测项目

气藏动态监测项目应根据气藏开发动态研究、开发试验和安全生产等工作需要确定，建立适合气藏特点和开发方式的监测系统，根据气田不同开发阶段的特点，制订生产动态监测计划，每年编制一次动态监测方案，资料录取应保持井点和时间点的一致性；选取气田不同生产层位、不同部位具有代表性的井，开展地层压力、井底流压、产气剖面、井下设施腐蚀状况等监测；根据气田开发状况研究的需要，开展有针对性的试井监测。地层压力半年监测一次，产气剖面每年监测一次；边底水气藏边部井应加强水侵状况监测；酸性气藏应选择重点井加强腐蚀状况和硫沉积监测；凝析气藏应定期进行流体组分监测；页岩气藏应选择有代表性气井进行碳同位素、积液状况等监测。主要动态监测项目包括剖面测试、流静压测试、产能试井、压力恢复试井、饱和度测试、井下 PVT 取样等。

9.1.2 高含硫气井动态监测

普光气田作为我国最早投产开发的大型高含硫碳酸盐岩气田，2009 年气田投产时，缺少高含硫气藏开发监测技术系列和相关的标准及规范，没有成熟系统的技术、规范标准和施工经验可供借鉴，普光气田首先面对的难题就是如何及时安全有效地开展气藏开发监测工作，取全取准气藏开发动态资料，为分析气藏动态特征，制定并实施科学合理的稳产、增产、增储措施奠定扎实的资料基础。

普光超深高含硫气田开发监测工作面临巨大的安全方面的挑战和很多技术难题：一是 H_2S 为剧毒气体，危险性、危害性极大，不能有丝毫渗漏，井口静态和动态密封系统要求极高。井口安全隐患多，安全控制难度大。二是气井井口压力高（初期 40MPa 以上），产量高（最高 $120\times10^4m^3/d$），井口控压防渗、防喷难度大，再加上高含 H_2S，对气井开发监测技术要求非常高。三是地层流体具有强烈的腐蚀性，工况条件非常恶劣，对井口、井下动态监测仪器、工具、测试电缆（或钢丝）、密封胶圈等的材质要求非常高。同时开发生产过程中还伴有单质硫、凝析水析出，影响开发监测结果的因素多，常规开发监测技术材质、精度等方面都无法满足需求。四是井型多、井段跨度大、井况复杂，存在气、液、固三相，产出状况复杂，井间干扰严重，从测试、资料录取到评价解释，不仅要考虑安全，还要考虑种种复杂的影响因素。由于缺乏系统的高含硫气田动态监测技术系列，关键动态监测内容，如系统试井、压力恢复、产剖测井、含水饱和度测试、PVT 取样与分析等无法正常实施，难以及时准确录取相关资料，影响气藏开发挖潜工作。五是缺乏满足高含硫气田动态监测安全施工要求的技术规范和标准。六是没有满足高含硫气田动态监测安全施工要求的施工队伍，缺少相应的解释评价技术人员。

为了长期安全科学高效开发普光高含硫气田，依托“十二五”国家科技重大专项“高含硫气藏安全高效开发技术（二期）”项目（编号：2011ZX05017），开展了超深高含硫气田开发监测技术攻关研究，形成了超深高含硫气田开发监测技术系列，满足了普光高含硫气田开发动态监测需求，取全取准了普光高含硫气田开发监测资料，对普光气田开发方案的调整与优化、硫沉积及水合物的防治、边底水的预测和治理、气井增产和稳产措施方案的制定提供了科学有效的技术支撑，完善了我国高酸性气田开发技术，为类似气田安全环保开展开发动态监测工作提供技术支撑，为高含硫气田开发中后期各项措施的制定和实施提供资料基础。并制订现场动态监测规范与标准，为普光气田动态监测顺利开展、取全取准气藏动态资料提供技术支撑，为实现普光气田安全、稳定、高效开发奠定基础。

普光气田自投产以来，每年编制气田动态监测方案，安排产气剖面、压力恢复试井、产能试井、高压物性、饱和度测试等重点监测，取得了气井产出状况、产能特征、渗流特征、储层参数、地层压力、高压物性特征等宝贵资料，为明确气藏动态规律提供了有力支撑。主要开展 9 类监测（表 9－1），累计测试 300 余井次，覆盖了普光主体气藏高、中、边部及大湾区块的大湾、毛坝气藏，确定了压力、水侵状况、产出状况、产能、PVT 分析等宝贵数据。

表9-1 普光气田动态监测项目汇总表

项目类别	监测项目	测试目的	应用
重点监测项目	产气剖面	产出层的纵向分布，产出层的产气、产水比例	完善产气剖面；对于见水井明确水侵层的分布及产水比例，为下步措施制定提供依据
	饱和度测试	对比裸眼饱和度，根据饱和度变化明确产水层分布	
	产能试井	取得3~4制度的产量、流压数据	计算气井无阻流量，通过多次对比，明确压力与产能变化趋势
	压力恢复试井	明确地层压力、裂缝缝长、波及半径、产能比、表皮、地层系数等参数	
	静压测试	关井后地层静压、梯度、液面状况	
	PVT	常规的组分(偏差因子、体积系数、黏度等)；单质硫含量	分析硫含量变化，明确变化规律，为下步防硫治硫奠定基础
常规监测项目	气样分析	气体的CH_4、N_2、CO_2、H_2S组分含量	明确组分随生产变化
	水样分析	氯离子、碳酸氢根离子、硫酸根离子、总矿化度、水型	明确矿化度变化及水型

1)试井测试

(1)稳定试井。

为取全取准气藏不同开发阶段的产能评价数据，优选不同区块、不同区域的气井开展系统的产能试井，普光气田主体主要根据构造高、中、低部位或气水界面距离安排产能试井气井；大湾区块主要开发单元安排产能试井气井，按照大湾401、大湾402、大湾405井区、毛坝区块部署试气井。为气藏不同开发阶段产能评价提供试气资料，指导气井合理产能评价和合理配产。

(2)不稳定试井。

普光气田不稳定试井主要以压力恢复试井为主，年平均开展压力恢复试井6井次，通过对历年不稳定试井资料的解释和气井生产动态历史的拟合分析，获取地层模型、储层参数、地层压力、近井污染系数等，与系统试井取得的产量、流压数据结合，为气井产能预测提供依据及基础参数，计算无阻流量，明确生产压差变化；从气井压力恢复试井解释结果来看，普光气田主体气井大部分表现为双孔特征，气藏的储集空间以基质孔隙和溶蚀孔洞为主，其次为裂缝，孔洞是主要的储集空间和储集类型，裂缝是沟通孔隙的渗滤通道，大部分气井储层渗流模型主要为裂缝—孔隙双重介质模型。

2)生产测井

(1)静压测试。

普光气田年平均开展静压8次，其中普光主体遍布高、中、边部位；大湾区块在大湾401、大湾402、大湾405井区及毛坝区块均有分布，实现了压力监测全覆盖，为气藏地层压力动态变化评价提供了可靠数据。

(2)产出剖面测试。

普光气田年平均开展产出剖面测试6井次，普光主体覆盖构造高、中、低部位，大湾区块在大湾气藏、毛坝气藏、分水岭气藏针对性开展产出剖面测试，进一步明确了产出层分布状况。对气田产剖测试结果进行分析，结果说明，气井平均产气贡献率，飞三段占6.42%，飞一二段占74.23%，长兴组占4.67%，仪器遇阻段以下贡献14.68%。产出层主要为一类、二类气层，分别占一类、二类气层总厚度的56.9%、53.3%，占三类气层总厚度的35.3%。对气井产出层的孔隙类型进行统计分析，产出层孔隙类型多为粒间孔，占整个产出层厚度的85.3%，混合孔、粒内孔分别占9.3%、5.4%。普光主体投产初期产气剖面测试结果显示，产气剖面完善程度(气井产出气层厚度占投产气层厚度)为27.6%，后经过论证实施过油管深穿透射孔等完善产剖措施，产剖完善程度提升到30.2%(表9-2、图9-1、图9-2)。

表9-2 普光气田产剖测试产出类型统计表

孔隙类型	射孔厚度/m	产层厚度/m	比例/%
粒内孔	143.5	63.5	0.44
粒间孔	1757.5	1007.7	0.57
混合孔	204.5	109.9	0.54

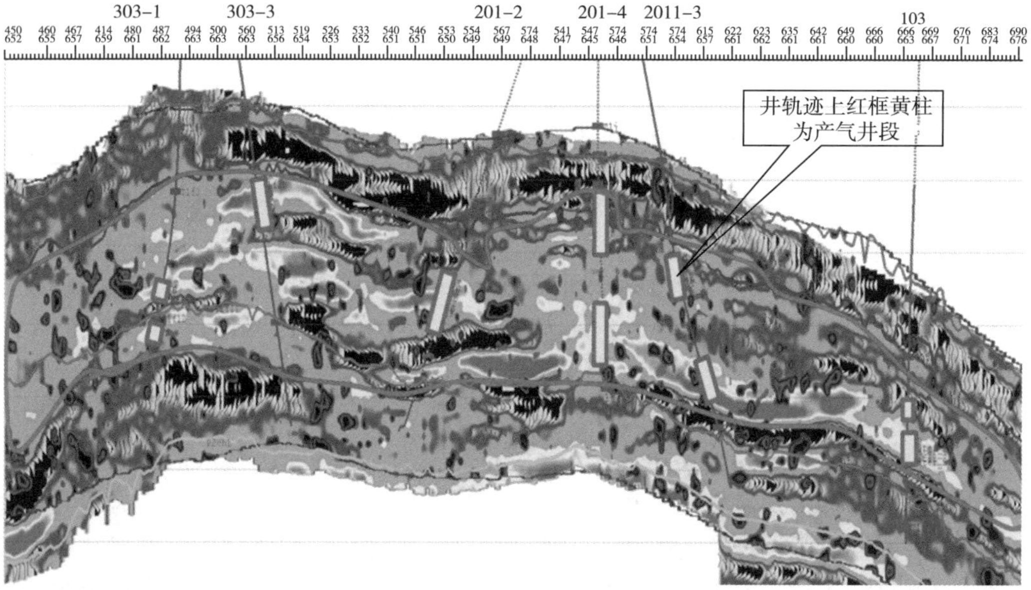

图9-1 普光气田产气剖面完善程度剖面图(2021-12)

(3)含水饱和度测试。

普光气田开发受水侵影响，开发过程中要动态开展饱和度变化趋势监测，应用含气饱和度测试成果，结合明确水侵层状况，完善水侵预测模型，结合静态资料研究边底水推进情况。

饱和度测井技术从20世纪70年代就投入商业应用的单探头碳氧比能谱测井技术，由于其技术本身存在缺陷，如单探头探测不能对井眼等环境进行有效的校正；在俘获能谱分析中只进行了热中子俘获伽马射线的能量分析而未对地层热中子俘获伽马射线的衰减特性进行分析，不能提供地层的宏观俘获截面Σ这一重要的储层参数；直径大，测井时必须提出油管等缺点。脉冲中子衰减能谱测试技术是一种过套管储层评价测井技术，是对热中子

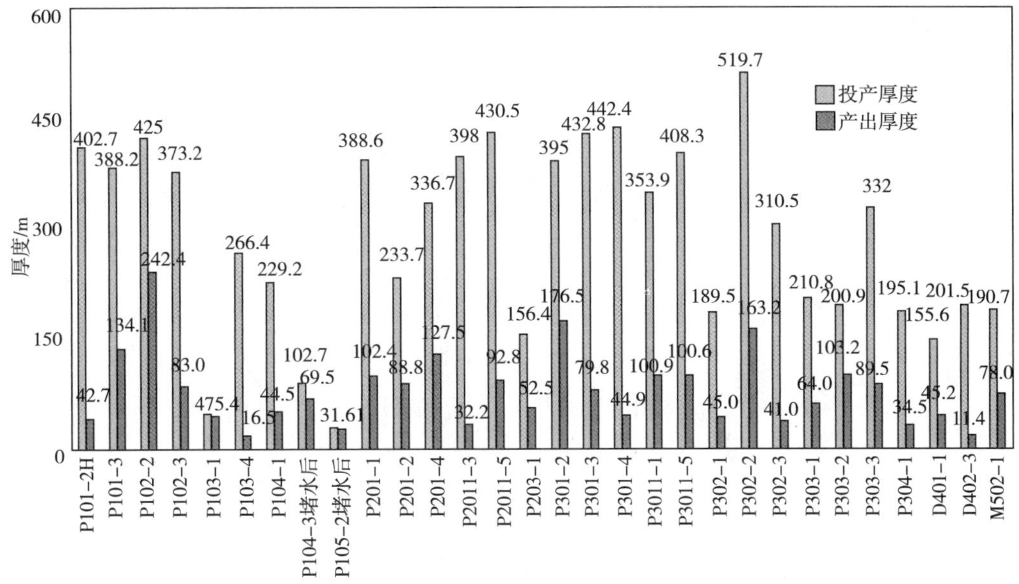

图9-2　普光气田产出剖面完善程度柱状对比图(2021-12)

寿命测井和碳氧比测井技术的继承及发展，较好地克服了井眼流体和岩性的影响，是目前储层评价方面最先进的测井技术之一。具有一次下井可同时测量快中子与地层作用产生的非弹性散射和俘获伽马谱，分别求取储层的孔隙度、含水饱和度、泥质含量等指标，不仅适用于高矿化度地区，同时也可以用于低矿化度地区的优点。

普光气田开展饱和度测试年平均1~2井次。大湾区块受水侵影响较小，且受井型限制，少有安排。饱和度测试主要安排在普光主体开展，均为受水侵影响气井或水侵井邻井，用于评价边水推进情况。

对现场采集的测井数据采用含油气的碳酸盐岩石体积模型进行处理，得到地层矿物组成，包括泥质、灰岩和云岩含量，进行环境校正，环境校正后的俘获截面Σ可直接用于含水饱和度评价。如普光105-2井RST测试数据经过环境校正后与完井测井曲线一致性好，提高了测试资料解释精度(图9-3)。

针对普光气田礁滩相碳酸盐岩储层特征，确定了反映地层岩性和流体变化的俘获截面Σ：白云岩为4.7c.u.，灰岩为7.1c.u.；水的Σ值与地层水矿化度有很大关系，地层水越淡，Σ值越低，普光气田地层水矿化度$5\sim10\times10^4$mg/kg，中子俘获截面38~58。气的Σ值较低，一般<10 c.u.。地层水与气的中子俘获截面Σ相差较大，可以较好地识别水侵层(图9-4)。

3)井下PVT取样及实验分析

现场先后实施P103-1、P104-1、P202-1、P302-1(两次)、D402-1、M502-1井6口井7井次高含硫气井井下流体取样及高压物性实验分析，开展连续单质硫分析，共开展3口井6井次。通过开展井下PVT取样分析工作，指导修正了储量计算参数，为进一步准确评价普光气田可采储量，并及时完善开发调整方案提供科学依据；同时提供了气藏数值模拟、试井及节点分析基础参数，提高了气井产能评价的准确性，为不断优化开发技术政策奠定了基础。

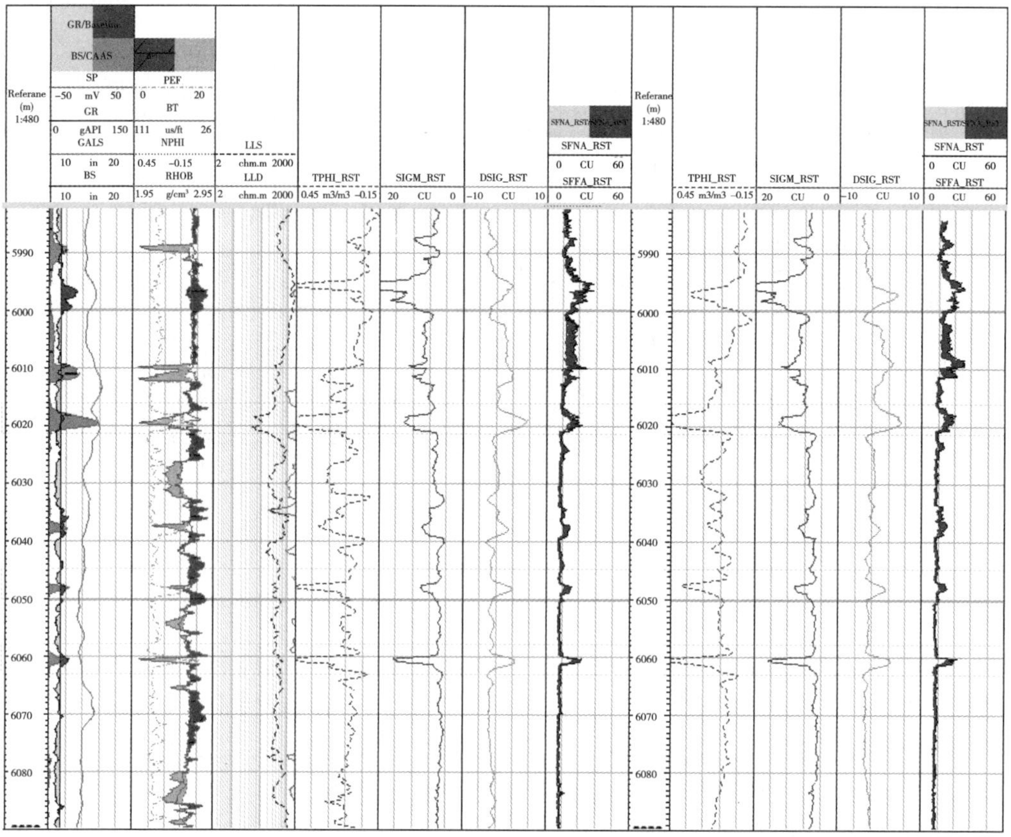

图 9－3 普光 105－2 井 RST 测试饱和度与完井测试饱和度对比图

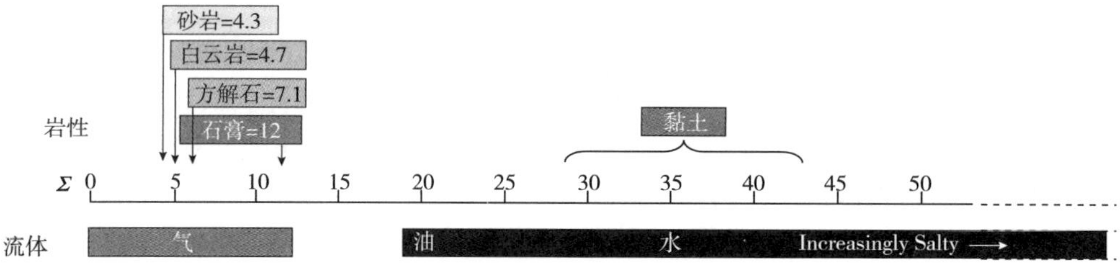

图 9－4 不同岩性及流体的俘获截面 Σ 值

(1) 高压物性分析。

①高压物性分析方法。

共实施 P103－1 等 6 口井 7 井次高含硫气井井下流体取样及高压物性实验分析。

根据相关的标准主要进行了露点压力测定、单次闪蒸实验、恒质膨胀实验和热膨胀实验四个方面的实验分析。

a. 露点压力测定。

实验方法：实验主要目的是准确确定高含硫气样的露点。先把仪器的温度升高到地层温度，实验时，尽量维持取样瓶中的压力进行转样，以确保相态的真实性。转样完毕后，样品保持在地层条件下稳定 4h 后，开始进行露点测定。在不知道实验样品在地层条件下是否存在露点的情况下，采用保持温度、不断降压的方法，如果在降压的过程中，发现相态室玻璃筒壁上有液体析出，证明流体在地层条件下存在露点。反之，露点不存在。为了精确确定露点压力，采用逐次缩小压力的办法，先把压力提高半级(地层压力与发现有液体析出压力之差)，摇样20min，静止10min左右，观察是否还有液体，若有则再升压1/4级；若消失，则再降压1/4级，直到液滴出现与消失之间的压力差<0.1MPa，取这两个压力值的平均值作为露点压力。其他温度下的露点测定照此方法进行，露点测定至少选择三个点；对于在地层条件下无露点的样品，必须准确测定气体的偏差因子或低温度下的露点，作为相态模拟的依据。

实验结果：在实验过程中没有观测到露点，判定该气藏为干气气藏，整个测试分析过程参照《油气藏流体物性分析方法》(SY/T 5542—2009)进行，形成具有高含硫气藏特征的分析测试实验报告。

b. 单次闪蒸实验。

单次闪蒸实验主要用来获取天然气组分组成、单次闪蒸气油比、体积系数和地层压力下天然气偏差系数等参数。

单次闪蒸实验流程图如图9－5所示。

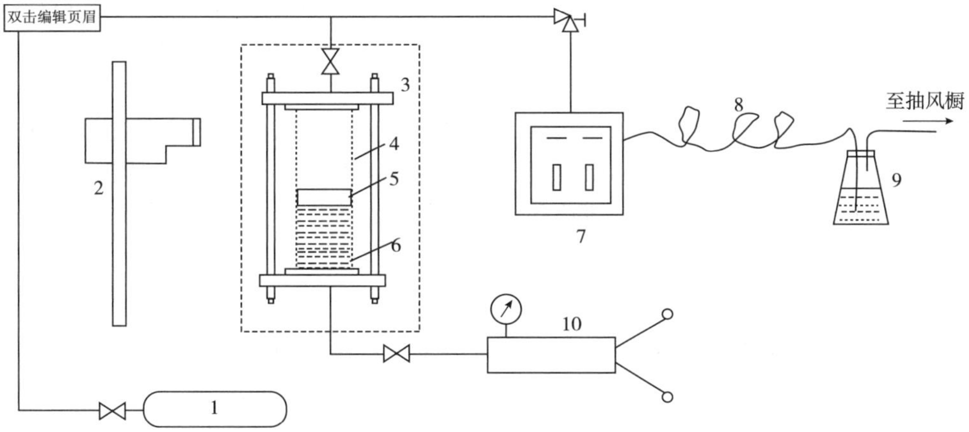

图9－5　单次闪蒸实验流程图

1—样品瓶；2—CCD图像；3—空气浴；4—相态室；5—活塞；6—驱替液；7—气量计；8—放空软管；9—洗液瓶；10—驱替泵

测试方法是将现场取得的高压气样在保持压力的情况下，直接转入PVT相态室，在实验温度和压力下稳定8～10h后，把一定体积的气体闪蒸到大气条件，测出放出的气体在大气条件下的温度和体积，再利用状态方程得出气样在实验条件下的偏差因子。实验时，实验室必须通风良好，防毒面具必须配备齐全，以保证实验过程的安全。并且，进入气量计中的气体不能直接排入空气当中，必须在排气出口处连接一长橡皮管直通洗液瓶，洗液瓶置于通风橱中，内装NaOH溶液，让NaOH与H_2S充分反应后排于空气中。气量计在排完气后必须用N_2置换吹扫，吹扫气排放在通风橱内。

实验步骤：

A. 样品室清洗和试压检查。

B. 分析样品稳定在实验条件下4h以上。

C. 按流程图接好流程。

D. 记录分析气样在实验条件下初始体积并读取当时气量计所显示的气压和室温，设初始气量计体积为0。

E. 打开样品室顶阀，保持压力，缓缓放出约30mL高压气样，并控制好气量计活塞上行速度。

F. 记下气量计读数和样品室中剩余气样的体积。

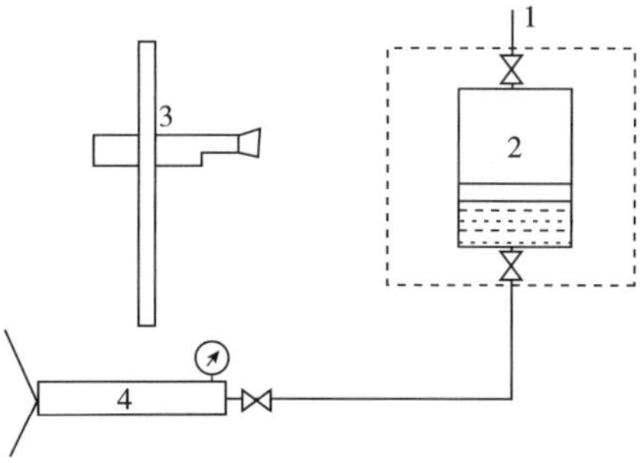

图9－6 恒质膨胀实验流程图

1—出样口阀；2—样品分析室；3—测高计；4—高压计量泵

c. 恒质膨胀实验。

恒质膨胀实验主要获得天然气压缩系数、分级压力下的偏差系数和密度等参数。

恒质膨胀实验流程图如图9－6所示。

测试方法是将现场取得的高压气样在保持压力的情况下，直接转入PVT相态室，在地层温度和压力下稳定4h后，按标准要求连接好气泵和相态分析室，并用测高计测量其体积。在地层温度下采用逐级降压的方式，每级降压1MPa，直至降到分析容器运行下限。每级降压稳定后，用测高计记下其体积。按照上述方法，分别测试了132.9℃、112℃、92℃、72℃、52℃的体积变化情况。

d. 热膨胀实验。

热膨胀实验主要是测定在压力不变时，天然气随温度变化的情况。将经过恒质膨胀实验后的气样，在地层条件下搅拌稳定后，用测高计测量气体体积。在保持地层压力下逐级降温20℃（从132.9℃至52℃），搅拌稳定后测量其体积。其实验流程图与恒质膨胀实验相同。

(2)高含硫气藏流体相态变化。

随H_2S含量增加，气体临界点偏向相图右上方向，最高温度接近0℃，但开采过程中无液体烃析出；H_2S含量>10%，水合物形成温度比不含H_2S的气体高10℃以上；偏差系数、体积系数及压缩系数较常规干气藏低，H_2S含量越高，数值越低。

①偏差系数。

普光气藏压力在20MPa时偏差系数最小，气藏压力>30MPa时，偏差系数与压力有较好线性关系；气体非烃组分（H_2S、CO_2）大量存在，气藏偏差系数较常规天然气体低；P103－1井非烃含量最低，H_2S含量11.97%、CO_2含量7.97%，偏差系数曲线总体高于其他井（图9－7）。

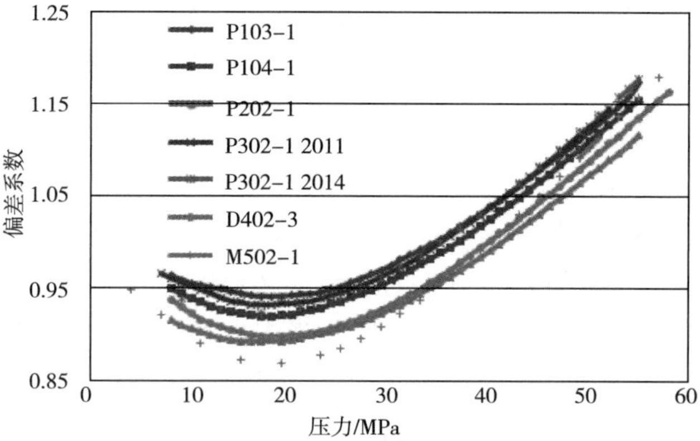

图9－7 普光7口井地层条件下偏差系数对比图

②体积系数、压缩系数。

普光气藏各井体积系数、压缩系数曲线基本相近，受组分影响较小；各井地层温度及气体组分（H_2S、CO_2）微量变化对体积系数、压缩系数影响较小；酸性气体组分的大量存在，气藏体积系数较常规天然气体要小（图9－8、图9－9）。

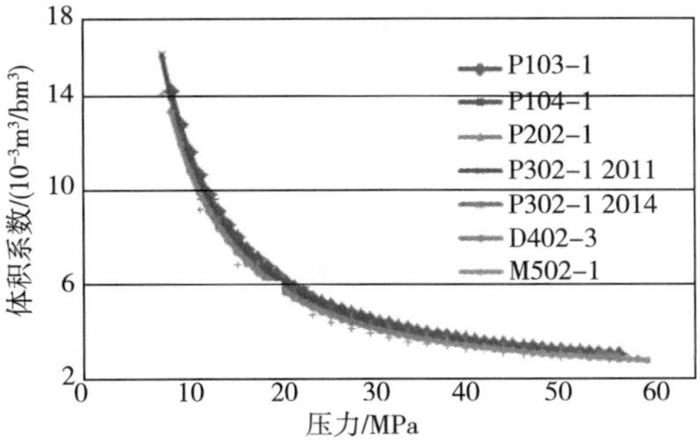

图9-8　7口井地层条件下体积系数对比图

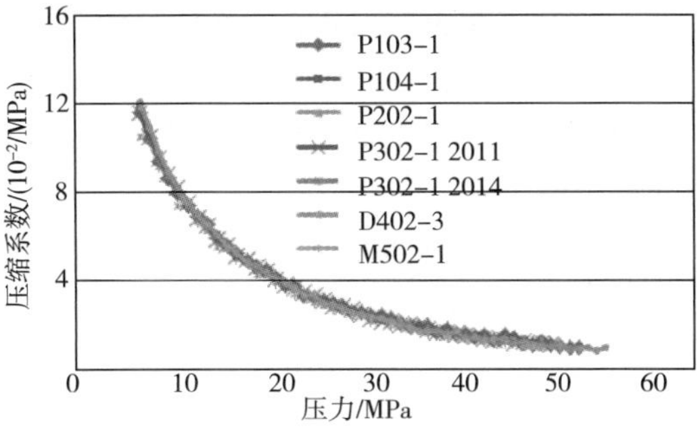

图9-9　7口井地层条件下压缩系数对比图

③黏度、密度。

酸性气体含量高，气体黏度、密度大，D402-3、M502-1井H_2S、CO_2含量最高，地层条件下黏度、密度曲线高于其他三口井；地层压力大，气体黏度、密度大，气体黏度随普光气藏压力变化近似呈线性变化；同层位密度由构造低部位向高部位地层气体密度呈增大趋势(图9-10、图9-11)。

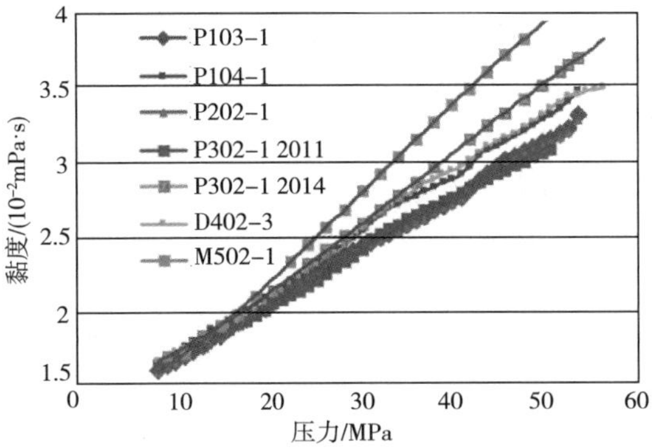

图9-10　7口井地层条件下黏度对比图

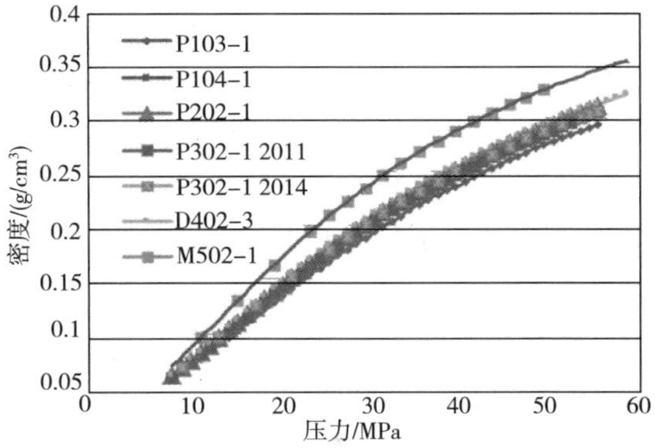

图9-11　7口井地层条件下密度对比图

④相图。

普光气藏地层温度到露点线右侧的气相区面积很大，地层温度和油气分离温度均在露点线外侧，表现为干气藏特征；相图两相区面积窄，地层流体组分单一，处于单相气态区域，开采过程中不存在两相区域，也不会有液态析出；非烃含量较高(H_2S和CO_2)，相图向左方偏移，最大温度、最大凝析压力比常规天然气藏低(图9-12、图9-13)。

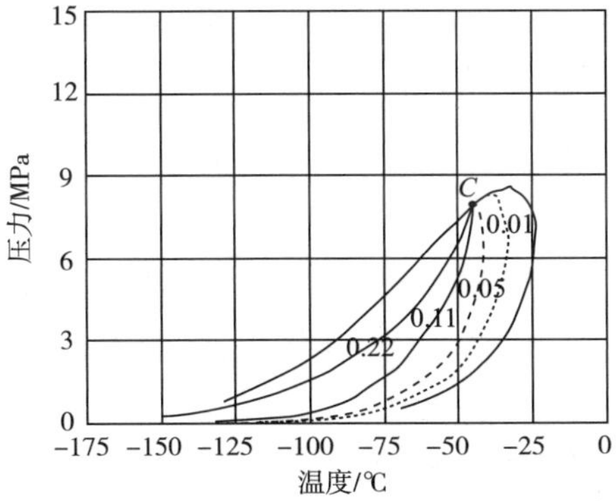

图9-12　P103-1井相图曲线图

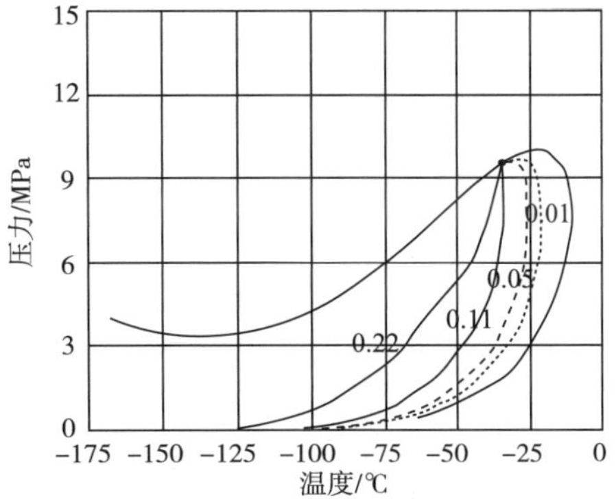

图9-13　D402-3井相图曲线图

⑤元素硫在天然气中的溶解度研究。

为获取有关硫在酸性气体中溶解度的实验数据，确定能广泛应用于预测酸性气体条件下硫溶解度的计算模型提供数据支持；同时分析影响硫溶解度的敏感性因素，进行了硫溶解度室内实验。

a. 实验方案及方法。

首先介绍实验原理，元素硫与 H_2S 结合生成多 H_2S，存在化学反应关系：

$$H_2S + S_x \xrightleftharpoons{P \cdot T} H_2S_{x+1}$$

由于该反应是吸热反应(从左到右)，在更高温度和压力条件下，平衡将向多 H_2S 方向移动，使单体硫能更多地存在于天然气中。当天然气中含 H_2S 量越高时，可以获得更有效的对单体硫的溶解方式，使气相中的含硫量增加。反之，若降低温度或压力则反应逆向进行，元素硫将从饱和的天然气中析出。因此，利用以上反应原理，在忽略其他影响因素的条件下，可以设计出测定硫在酸性天然气中的溶解度实验的基本路线。即先利用正反应方向进行的条件，将在标准状况(1atm 和 20℃)下已配置好的适当体积的酸性天然气导入含硫高压容器内，其中元素硫的质量在此之前已准确测定。在密闭好高压容器之后，将实验气体加热加压到实验需要的温度和压力，并不断搅拌容器内的气体和硫，使其充分反应溶解，直至达到平衡。此时，酸性天然气已达到含硫饱和状态。再将高压容器内的实验气体导出，计量其体积，并将其导入至另一个高压容器中，并逐渐降低温度或压力使过饱和的硫从气体中析出。该过程中析出的硫量即为在前后两个测定条件下酸性气体溶解硫量的差值。继续重复上一步的工作就可以获得同组分条件下硫在不同温度或压力下的溶解度实验数据。

实验设备装置主要为五部分：气体混合系统、压缩系统、耐高温高压的实验反应容器、冷却及硫收集装置以及尾气收集处理装置(图 9 - 14)。在实验中根据酸性气体不同的相态特征，其计量装置不同。

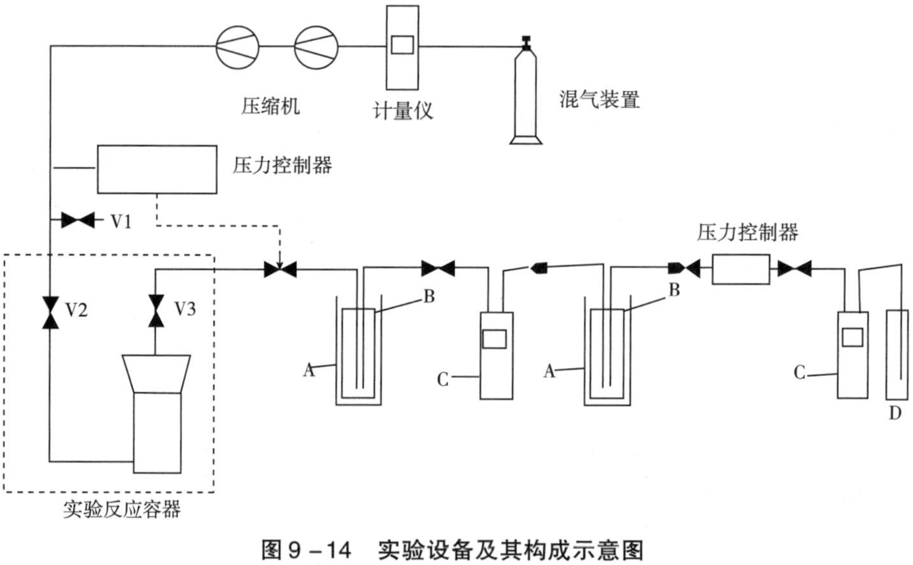

图 9 - 14　实验设备及其构成示意图

A—冷凝槽；B—硫收集钢筒；C—气体计量仪；D—尾气处理器

b. 实验结果。

实验测定了 7 组由 CH_4、H_2S、CO_2、N_2 和 $C_2 \sim C_6$ 烷烃等组分组成的气体混合物在温度和压力分别介于 80 ~ 160℃ 和 10 ~ 60MPa 时硫的溶解度数据。各组实验气体组分见表 9－3，各组气体的实验结果分别如图 9－15 ~ 图 9－19 所示。

表 9－3　实验气体组分数据

混合物系列	气体组分含量/%						
	H_2S	CO_2	N_2	CH_4	C_2H_6	C_4H_{10}	C_6H_{14}
1	20	10	4	66	0	0	0
2	7	23	4	66	0	0	0
3	6	9	4	81	0	0	0
4	1	14	4	81	0	0	0
5	20	10	4	56	10	0	0
6	20	10	4	56	0	10	0
7	20	10	4	56	0	0	10

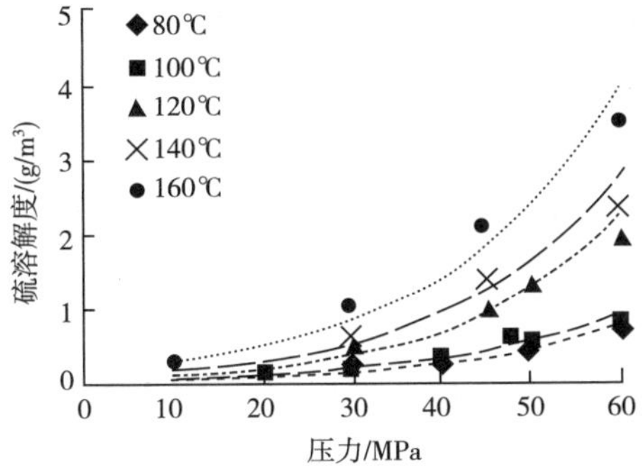

图 9－15　不同温度下硫溶解度曲线
(H_2S : CO_2 : N_2 : CH_4 = 20 : 10 : 4 : 66)

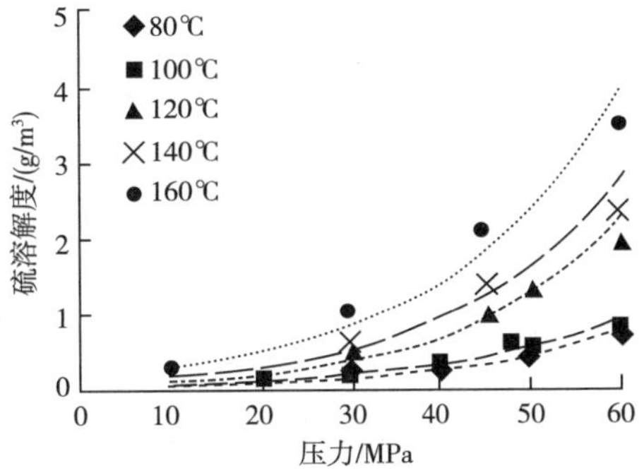

图 9－16　不同温度下硫溶解度曲线
(H_2S : CO_2 : N_2 : CH_4 = 7 : 23 : 4 : 66)

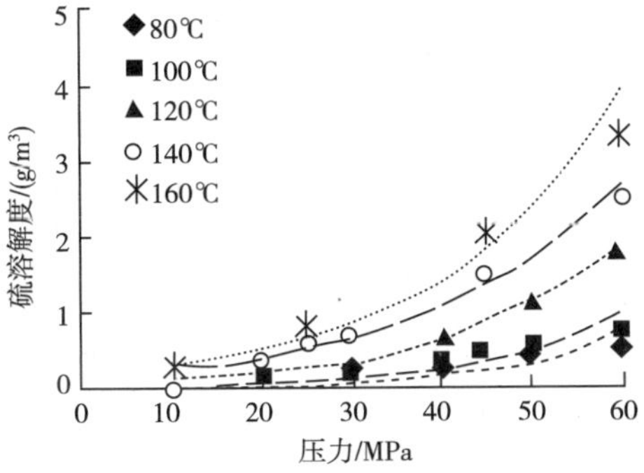

图 9－17　不同温度下硫溶解度曲线
(H_2S : CO_2 : N_2 : CH_4 = 6 : 9 : 4 : 81)

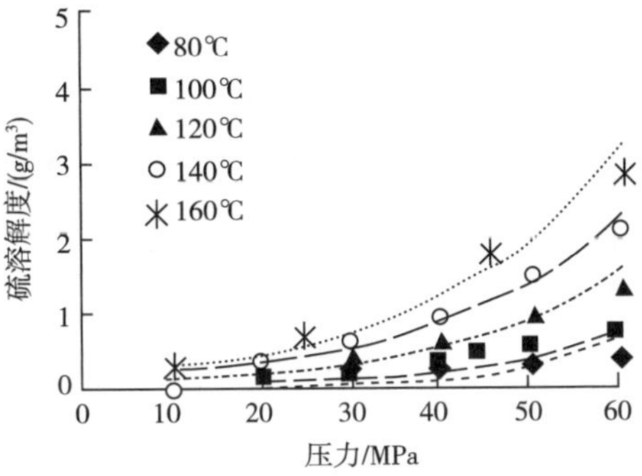

图 9－18　不同温度下硫溶解度曲线
(H_2S : CO_2 : N_2 : CH_4 = 1 : 14 : 4 : 81)

在同一温度下，随着压力的升高硫的溶解度增大；而在压力相同时，温度越高，硫在天然气中的溶解度越大。由对比分析可以看出，气体组分中 H_2S 含量越高，硫的溶解度越大；气体组分中的弱酸性气体(H_2S 和 CO_2)的含量一定时，烃类物质分子式中的碳原子数越多，则硫在该组气体中的溶解度越大，尤其是在存在重质组分的气体情况下，这种趋势更加明显(图 9－20)。

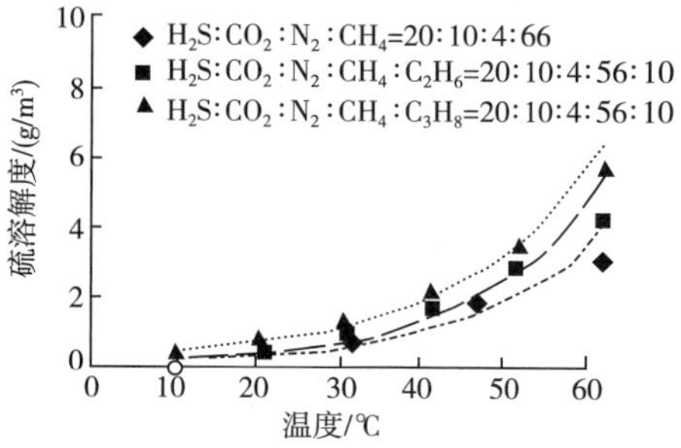

图 9－19　烃类组分对硫溶解度影响曲线图

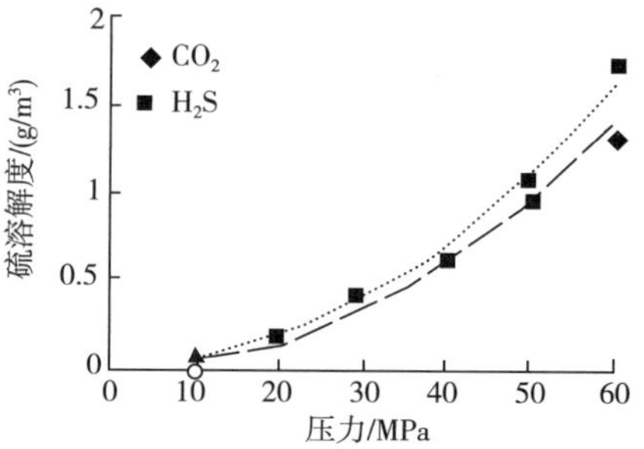

图 9－20　H_2S 与 CO_2 对硫溶解度对比曲线

对比分析可以得出：尽管 H_2S 与 CO_2 同属弱酸性气体，且后者含有碳原子，但是由于其自身的物理特性，对硫的溶解作用要比 H_2S 小。

元素硫在地层中的沉积必须具备以下几个关键因素：元素硫在天然气中以饱和状态存在；压力或温度的下降必须使酸性气体中硫的溶解度降低；存在硫沉积的孔隙空间体积；气流对析出的硫的冲刷作用不至于使其运移。

随着压力、温度降低，地层中多硫化物不断分解成 H_2S 和单质硫，天然气中单质硫析出；压力、温度、H_2S 含量和碳原子数是影响单质硫溶解度的主要因素。

(3)单质硫含量测定。

高含硫天然气中单质硫的初始含量、饱和状态、临界析出条件以及在不同温度压力下的溶解度，是研究硫沉积问题的重要基础参数，共实施 P104－1 等 6 井次井下 PVT 取样，开展单质硫含量分析，获取了关键参数，建立了适用于本气田的单质硫溶解度预测模型。

高含硫天然气中单质硫的含量是定量分析硫析出与沉积的关键参数。原始状态下未饱和溶解单质硫的气藏，单质硫初始含量存在较大差异，并且与压力、温度、埋深、H_2S 含量等因素没有明显的相关性，基于井下气样检测是获取该参数的唯一途径。

①测试方法优选与改进。

目前，测定酸气中硫含量的方法主要有称重法、色谱法两类。

称重法是将取得的气样直接降压至大气压后收集析出的单质硫并称重，或者先利用 CS_2 或甲苯等溶剂吸收酸气中的硫，再蒸发掉溶剂后称重。称重法测定硫含量需要大量的气样，并且硫含量越低所需气样越多，通常需要标况下气样 4m^3 左右，按照地层压力 35MPa 计算，需要取井下气样 27 支(有效容积 600mL)。鉴于普光气田埋藏深、压力高，井下取样成本高昂，多次取样不仅费用高而且作业风险增大，因此不宜采用称重法测定普光气田单质硫含量。

色谱法是一种在化学、生物等领域被广泛应用的分离和分析方法。气相色谱能将复杂的混合物中的各个组分分离出来(图 9－21)，并且基于各组分的响应信号(色谱峰面积或者峰高)与组分的量成正比的关系实现定量分析(图 9－22)。

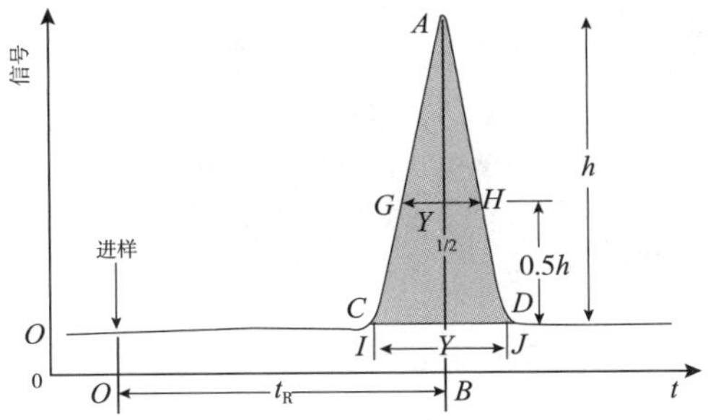

图 9 - 21　气相色谱流出曲线示意

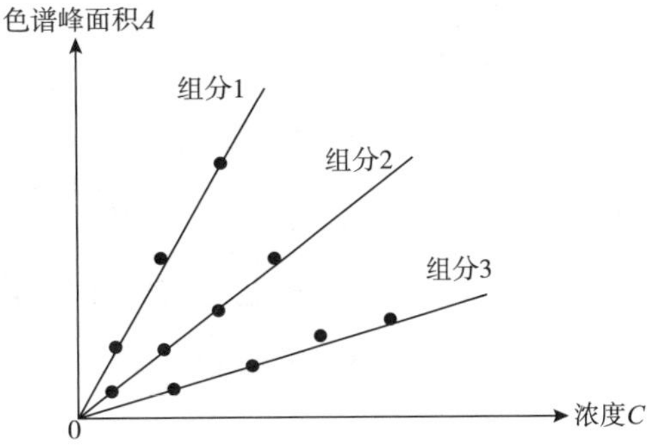

图 9 - 22　峰面积—浓度标准曲线

色谱法具有"三高一快"的优点：高效能(能分离性质上仅有微小差别的组分)、高灵敏度($10^{-13} \sim 10^{-11}$g，适于痕量分析)、分析速度快(几分钟至几十分钟完成分离，一次可以测多种样品)。近年已经被用来测试酸气中单质硫含量，测试步骤如下：一是基于已知浓度的单质硫标准溶液，利用气相色谱 - 质谱联用仪(简称气 - 质联用仪)，测定不同浓度标液的单质硫色谱峰面积，建立浓度与峰面积的标准关系曲线；二是采用 CS_2 溶解待测气样中的单质硫，然后测出 CS_2 硫溶液的色谱峰面积，对应标准曲线查出待测组分的浓度，计算硫溶液中单质硫的质量；三是根据标准参比条件下的气样体积计算气样中单质硫的含量。

现有色谱法主要有两个缺点：一是 CS_2 易挥发、易燃、高毒、安全性差；二是色谱仪对于未知物分析的定性专属性差。

为此，对现有色谱法进行了两个方向的改进：首先，引入 DMDS - DMA 新得到了具有低挥发性、低腐蚀性、低毒、高溶硫能力的新型溶硫剂，弥补了 CS_2 安全性差的缺点，同时提高了溶硫效率(图 9 - 23)。其次，采用气 - 质联用仪(图 9 - 24)代替色谱仪，同时具备了定量及定性分析能力。

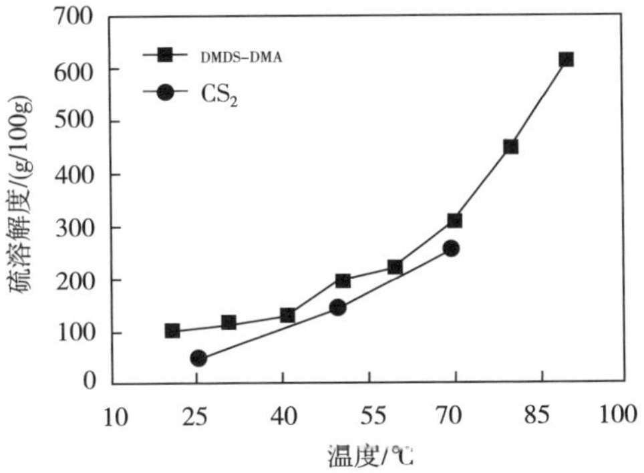

图 9 - 23　DMDS - DMA 与 CS_2 溶硫能力对比曲线

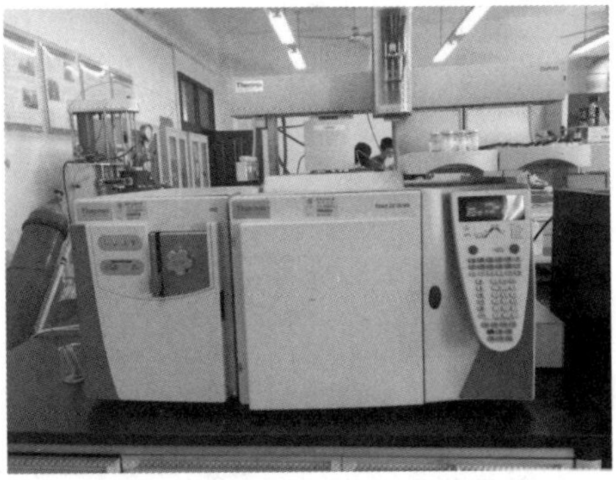

图 9 - 24　气相色谱 - 质谱联用仪

改进后的色谱法更加高效、精确和安全。一方面，气 - 质联用仪灵敏度高，消耗的井下气样少(仅需要 1 支)，大幅减少了取样作业费用支出，并且规避了因多次取样增加的安全风险。另一方面，新型溶硫剂毒性低，有效保证了实验人员的人身安全。

②井下气样单质硫含量测试。

a. 实验样品。

实验测试所用气样来自 P104 - 1 井(图 9 - 25)，共 4 支，从产层取得，取样压力 35. 07MPa、温度 130℃，室内样品检验合格，见表 9 - 4。

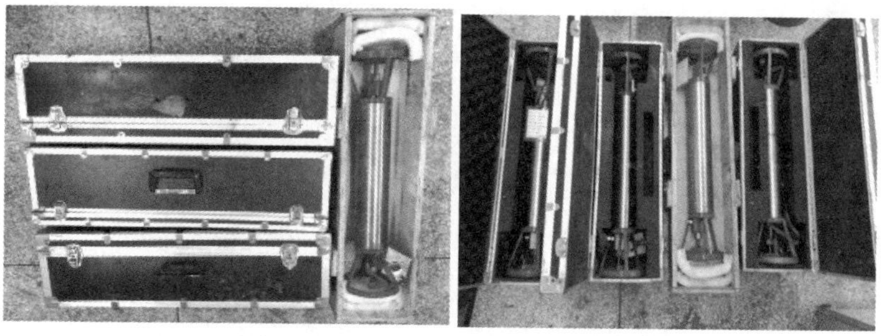

图 9-25　P104-1 井下气样

表 9-4　P104-1 井下 PVT 取样信息表

取样瓶编号	取样点温度/℃	取样点压力/MPa	检查时温度/℃	打开压力/MPa	含水量/g	样品状态
1305001	130	34.87	14.8	15.49	0	合格
10707	130	35.27	14.8	15.63	0	合格
10787	130	33.19	15.0	14.93	0	合格
JX4	130	34.97	15.0	15.54	0	合格

溶硫剂为 DMDS-DMA，是在 DMDS(二甲基二硫醚)中加入催化剂 DMA 配制而成，相比于常规的 CS_2 和甲苯等溶剂，溶硫能力更高效。

辅助样品包括配制标准硫溶液的硫粉，为纯度 99.99% 的工业硫粉。

b. 实验装置及测试过程。

实验测试装置流程如图 9-26 所示。

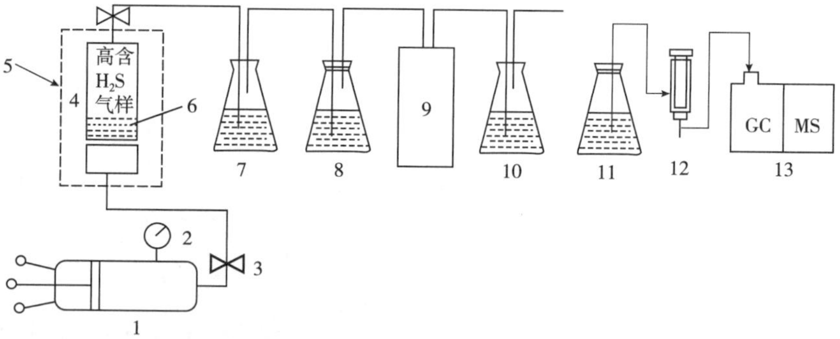

图 9-26　高含 H_2S 气样中硫含量测试流程图

1—全自动液压泵；2—压力表；3—阀门；4—中间容器；5—恒温烘箱；
6—硫粉(测溶解度时才加入)；7-8—DMDS-DMA 溶硫剂；9—湿式气量计；
10—H_2S 吸收液(NaOH)；11—7 和 8 混合后的溶液；12—微量注射器；13—气-质联用仪

测试过程：

第一步：称取适量的纯度为 99.99% 的硫粉，加入 DMDS-DMA 溶剂中，分别配制质量浓度为 0.05%、0.1% 和 0.2% 的标准溶液，利用气-质联用仪测定不同浓度标准溶液中硫组分的色谱峰面积(表 9-5、图 9-27)。

表 9-5　不同浓度的硫溶液标样色谱峰面积

标样浓度/%	0.05	0.1	0.2
色谱峰面积	0.223×10^8	0.617×10^8	1.58×10^8

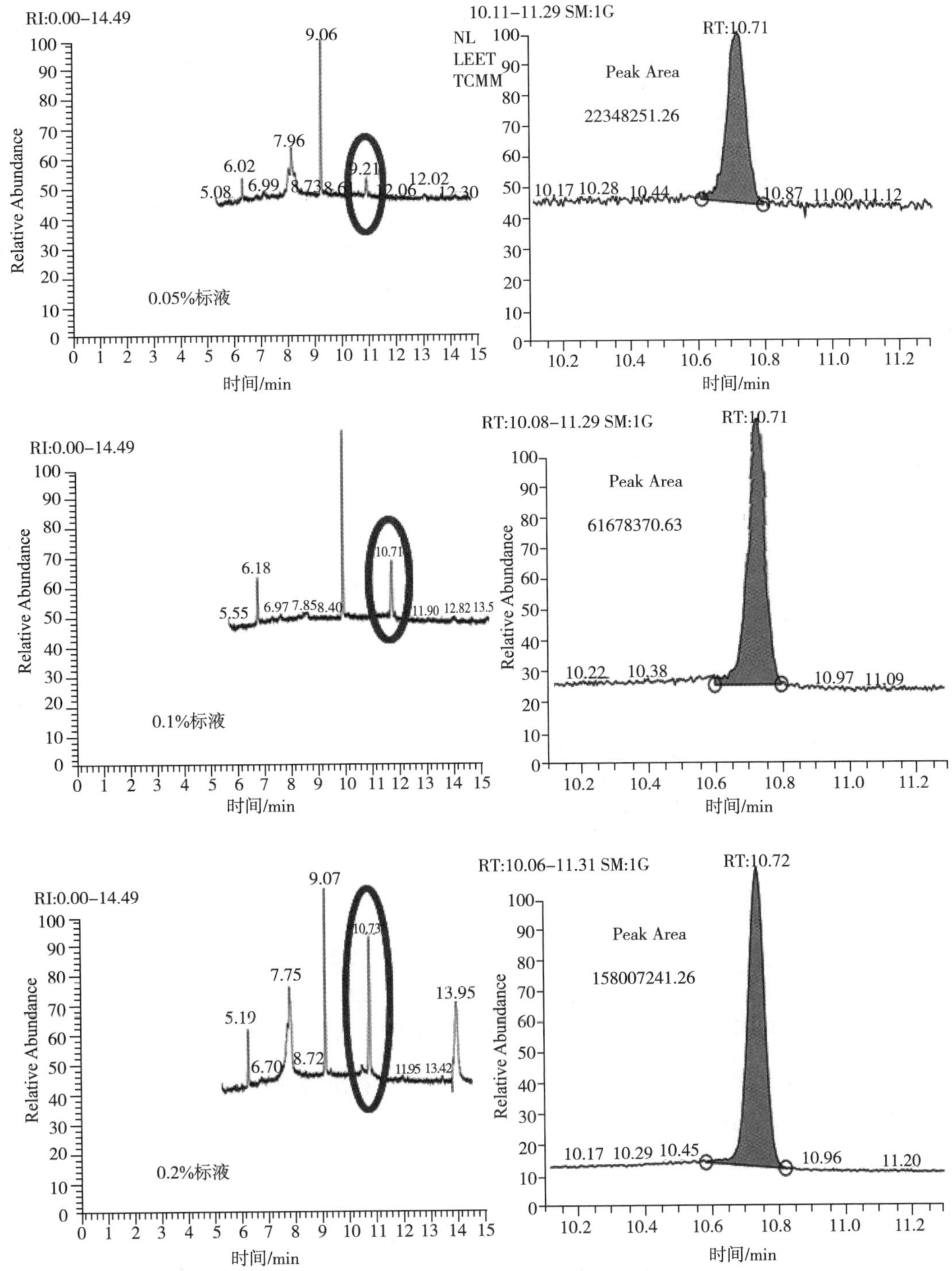

图 9-27　含硫标液色谱峰面积检测结果

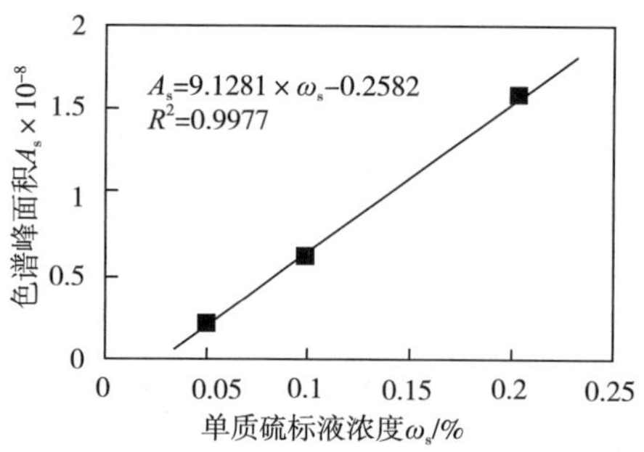

图 9－28　标液浓度－色谱峰面积标准曲线

第二步：绘制标准硫溶液浓度与对应色谱峰面积关系曲线(图 9－28)，回归建立硫溶液度－色谱峰面积关系式：

$$\omega_s = (A_s \times 10^{-8} + 0.2582)/9.1281$$

第三步：选取编号 1305001、10707 的两支井下气样，利用液压活塞泵直接向气样储气瓶中加入过量的 DMDS－DMA 溶硫剂，搅拌平衡 24h，充分溶解吸收气样中的单质硫；然后放出气体通过下游的两支溶硫剂吸收瓶进一步吸收后计量气体体积；再将气样瓶和吸收瓶中的溶液混合并充分搅拌后取 1μL 液量注入气－质联用仪测出溶液中硫组分的色谱峰面积。检测结果如图 9－29 所示。

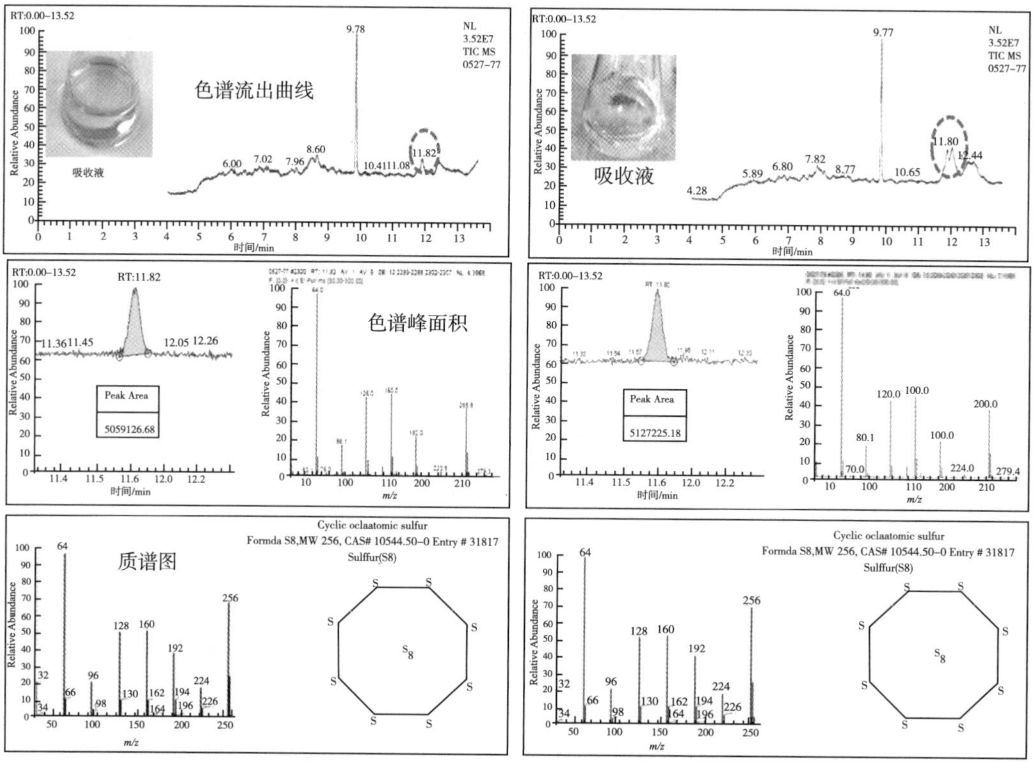

图 9－29　P104－1 两支井下气样硫吸收液气－质联用仪检测结果

第四步：检测出被测溶液的色谱峰面积后，通过计算出被测溶液中硫的质量浓度，进一步结合消耗的溶硫剂质量、放出的气体体积、检测条件下的天然气物理参数等实验数据，计算标况下气样中单质硫的质量含量：

$$C_s = \frac{m_{solv} \cdot \omega_s/(100 - \omega_s)}{V_g} \frac{ZT}{Z_{sc}T_{sc}} \frac{P_{sc}}{p}$$

式中　C_s——气样中的硫含量，g/Nm^3；

m_{solv}——消耗的溶硫剂质量，g；

V_g——室温室压下放出的气体体积，m^3；
A_s——吸收液中硫组分的色谱峰面积；
ω_s——吸收液中硫组分的质量百分数,%(质量分数)；
T——室温，K；
p——室压，MPa；
Z——室温室压下气样的偏差系数；
T_{sc}——标况温度，273.15K；
P_{sc}——标况压力，101.325kPa；
Z_{sc}——标况下气样的偏差系数。

通过开展井下气样的单质硫含量检测数据，结果显示，P104－1井两支井下气样的单质硫含量非常接近，平均为0.39g/Nm^3，见表9－6。

表9－6　普光气田酸性天然气中硫的实际含量测定结果

样品编号	1305001	10707	备注
样品类型	井下样	井下样	
样瓶容积/mL	610.56	610.73	
室温/℃	22.5	23.3	
室压/MPa	0.101	0.101	
样品瓶压力/MPa	17.931	15.655	
消耗溶硫剂质量/g	316.2759	282.4304	
吸收液中单质硫浓度/%(质量分数)	0.0402	0.0390	
吸收液中单质硫质量/g	0.1271	0.1101	
样品压力下气体偏差系数	0.6645	0.6672	
标况下气体样品体积/mL	163362	141706	
气样单质硫含量/(g/Nm^3)	0.7783	0.7773	加注2μL
气样单质硫含量/(g/Nm^3)	0.38915	0.38865	折算到1μL

(4)单质硫饱和状态及临界析出条件分析。

测定了普光气田单质硫含量后，进一步开展实验分析，确定地层流体的单质硫饱和状态及临界析出条件。

①储层流体单质硫饱和状态分析。

采用改进的色谱法测试取样条件(130℃、35MPa)下井下气样的饱和单质硫含量，与实际含量对比确定单质硫的饱和状态。

实验测试结果(表9－7)显示，在130℃、35MPa条件下，气样的饱和单质硫含量为1.2299g/Nm^3。对比可知，普光气田井下气样中硫的实际含量低于其饱和含量，说明原始条件下普光气田高含H_2S天然气处于未饱和含硫状态，在地层压力未衰竭到饱和压力之前，储层中不会析出和发生硫沉积。

表 9 -7　普光气田酸性天然气中硫的实际含量与饱和含量对比表

测试压力/MPa	放出气量(标况)/L	消耗溶硫剂/g	吸收液中硫的			气样中的硫含量/(g/Nm^3)	备注
			色谱峰面积	浓度/%	质量/g		
35.27	163.36	316.28	6152497	0.0402	0.1271	0.38915	实际含量
34.87	141.71	282.43	5093176	0.0390	0.1101	0.38865	
35	13.78	44.08	4584558	0.0333	0.0147	1.2299	饱和含量

②储层中硫临界析出压力确定。

普光气田地层流体未饱和单质硫，当地层压力下降到某个临界值时便会析出。确定普光气田储层中硫的临界析出压力，除了需要酸气中硫的实际含量数据，还需要不同压力下酸气中硫的饱和含量数据。为此在130℃(地层温度)、20~55MPa(间隔5MPa)条件下测定了酸气中硫的饱和含量。测试所用气样取自 P104-1 井，共 14 支，在井口闸阀处取得，取样压力 17.5MPa。测试步骤：

a. 向中间容器中加入过量硫粉，抽真空，转入井口气样并加热至130℃，再通过液压泵加压至35MPa，搅拌并稳定12h，使气样饱和硫；

b. 从容器上方缓慢放气并保持容器恒压，使饱和硫的酸气先后通过两支装有DMDS-DMA 溶硫剂的吸收瓶，并利用湿式流量计计量放出的气体体积；

c. 当放出气量达到30L左右时，关闭放气阀门，并将两支吸收瓶中的溶液混合一起、充分搅拌；

d. 用微量注射器取1μL 混合溶液注入气-质联用仪中，检测溶液中硫的色谱峰面积；

e. 结合标准曲线及记录的溶剂和气体体积计算硫在酸气中的饱和含量；

f. 将容器压力降到下一压力点，重复上述操作。

实验测试结果见表 9-8、图 9-30。

表 9-8　普光气田酸性天然气中硫的饱和含量测定结果

测试压力/MPa	放出气量(标况)/L	消耗溶硫剂/g	吸收液中硫的			气样中的饱和硫含量/(g/Nm^3)
			色谱峰面积	浓度/%	质量/g	
35	13.78	44.08	4601581	0.0333	0.0147	1.2299
30	28.46	48.97	8256920	0.0373	0.0183	0.7934
25	30.59	46.25	5254447	0.0340	0.0157	0.5923
20	45.88	42.15	4572632	0.0411	0.0173	0.3772

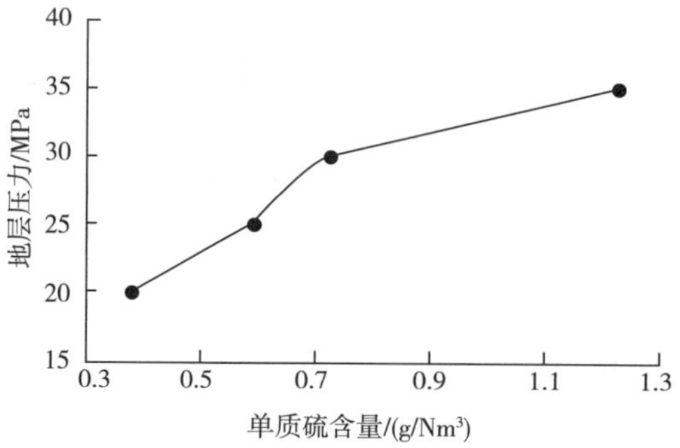

图 9-30　气样中单质硫实际含量及饱和含量变化曲线

测试结果显示，普光气田酸气中实际的硫含量为0.39g/Nm³，130℃、20MPa下气样中硫的饱和含量为0.3772g/Nm³，接近实际含硫量，表明单质硫的临界析出压力在20MPa附近，采用线性插值法求得临界析出压力为21MPa。

(5)单质硫溶解度。

硫沉积的根本原因在于，当温度和压力降低时，单质硫在酸性天然气中的热力学饱和点降低，从而导致溶于天然气的硫的量减少。因此，研究不同温度、压力条件下单质硫在酸性天然气中的溶解度，具有重要意义。

测试不同温度(70℃、100℃、118℃和130℃)不同压力下(20~55MPa)酸气中硫的饱和含量(溶解度)，分析不同温度压力下硫溶解度的变化特征。

先用石油醚、酒精等药品将配样器洗干净；在配样器加入一定量的单质硫，用真空泵对其抽真空，然后将P104-1井的井口样转入配样器中；将配样器加热到实验温度，待温度稳定后，通过自动泵将配样器的压力加至55MPa，稳定6~12h；从配样器上端放气，使气体均匀地通过装有溶硫剂的吸收瓶，待气放出一定量时，就停止放气；记录此时吸收瓶中溶硫剂的质量、放气体积。将吸收瓶中溶硫剂转入色-质联用仪中，即可测定该压力下的单质硫含量；待测试完毕后，就将压力降低到下一个压力点，然后重复上述步骤。实验测试结果如图9-31所示。

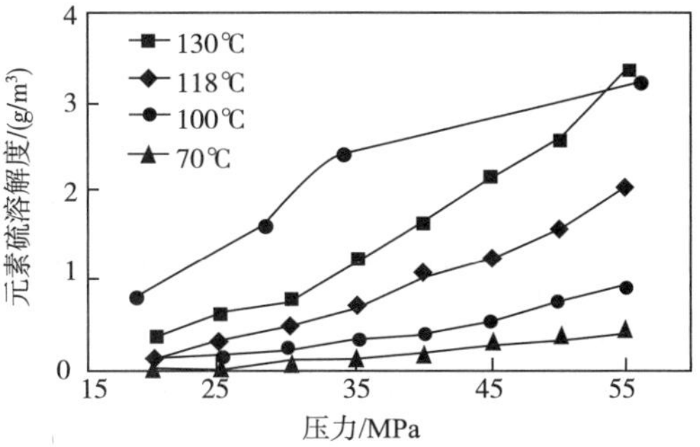

图9-31 硫在高含H_2S天然气中的溶解度实验数据图

从图9-31中可以看出：在温度70~130℃、压力20~55MPa条件下，硫在高含H_2S天然气中的溶解度在0.0369~3.1208g/Nm³。温度一定时，硫的溶解度随着压力增加而增大。分析认为，当温度一定，压力增大时，高含H_2S天然气的密度增大。根据化工热力学和超临界流体理论可知，物质的溶解能力与其密度成正比，即气体密度增大，溶质的溶解度一定增加。压力一定时，硫的溶解度随着温度增加而增大，原因在于温度对硫在高含H_2S天然气中溶解度的影响有两个方面：一方面，温度增加致使硫的相对挥发度增大，有利于溶解度的增加；另一方面，温度增加使高含H_2S气体密度减小，从而导致溶解度降低。因此，温度对溶解度的影响取决于两者的综合作用。在本研究实验条件内，硫的相对挥发度对溶解度的影响起决定性作用，从而使溶解度随温度的升高而增大。

9.1.3 不含硫气井动态监测

川东北不含硫气井包括普光致密/页岩气及通南巴区块须家河组致密气，主要动态监测项目包括产能试井、压力恢复试井、静流压、产出剖面、PVT取样分析等。

1)普光致密/页岩气

普光致密/页岩气勘探开发处于评价阶段，包括陆相千佛崖组致密/页岩气、二叠系海相页岩气等，为进一步落实气藏产能、压力、流体性质等情况，其中千佛崖组为凝析气藏，重点开展了PVT取样分析，在已有探井试气试采的监测资料的基础上，按照气藏动态监测规定试采标准要求，依托于即将投产的新钻探井及开发先导试验井组，开展全覆盖、多频次、多种类的动态监测，取全取准资料，指导下步各层系非常规气藏开发技术政策制定及整体开发方案优化调整。共实施监测 79 井次，其中产能试井 9 井次、压力恢复试井 11 井次、产剖测试 7 井次、静压测试 5 井次、流压 36 井次(表 9 -9)。

表 9 -9　普光致密/页岩气动态监测实施统计表

年份	普光致密/页岩气/井次						
	流压测试	静压测试	压力恢复试井	产能试井	PVT 取样	产剖测试	合计
2021	2		1	1	1	1	6
2022	22	3	3	2	4	1	35
2023	12	2	7	6	6	5	38
合计	36	5	11	9	11	7	79

2)通南巴致密气

围绕通南巴勘探及产能建设，分块、分层系，围绕马 1、马 2 块老井稳定生产、新井资料录取及马 3 块深化认识等方面，重点开展压力、产剖及产能测试，进一步落实气藏产能、压力、产出情况，指导方案优化调整。针对马 1、马 2 块老井，重点开展压力监测，指导气井合理调配产能，维持老井稳定生产；针对新投产井，重点开展产能及产出剖面监测，明确开发技术政策及工艺适应性；针对马 3 块开展系统压力及产能等监测，为开发方案编制优化提供了支撑。共实施监测 156 井次，其中产能试井 7 井次、压力恢复试井 7 井次、产剖测试 5 井次、静压测试 28 井次、流压 76 井次、干扰试井 1 井次、RFT 测试 1 井次(表 9 -10)。

表 9 -10　通南巴区块动态监测实施统计表

年份	产能试井	压力恢复试井	静压测试	流压测试	RFT 测试	产剖测试	干扰试井	合计
2020 年以前	11	12	8					31
2021	2	2	3	6	1		1	15
2022	1	1	10	24		3		39
2023	4	4	15	46		2		71
合计	18	19	36	76	1	5	1	156

9.2　开发动态分析及调整挖潜

气田开发包括开发评价、稳产和产量递减三个阶段，不同开发阶段的动态分析侧重点不同。开发评价阶段，提出动态资料录取要求，了解流体性质及分布规律，识别储层类型和驱动类型，分析气藏连通性和水动力系统，评价气井产能及影响因素，估算气藏动态储量，评价工艺技术适应性，为确定气藏的主体开发技术、编制气藏开发方案提供依据。稳产阶段，研究流体组分变化情况，分析开发过程中气井产量及压力变化规律，掌握气藏地层压力分布及变化规律，复算气藏储量，评价储量动用程度、剩余储量分布及开发井网的适应性，跟踪分析水侵特征和影响因素，评价工艺技术适应性，为优化开发措施、延长稳产期提供依据。产量递减阶段，分析气井和气藏的产量、压力递减规律及主控因素，评价气藏开发效果，研究剩余储量分布及潜力，评价工艺技术适应性，提出挖潜建议，确定提高气藏采收率的方法及途径。

9.2.1　动态分析内容

1）动态分析内容

（1）生产数据动态分析。

通过对产量、压力跟踪及监测，分析开发单元开井率、生产时率、递减率等变化及原因，预测开发指标。主要包括产气量、产液量分析，压力分析，流体性质分析。

①产气量、产液量分析。

分阶段开展产能评价，对气井进行实时监测及动态跟踪分析。开发评价阶段主要评价气井产能；稳产及递减阶段主要分析气井日产气量变化规律，评价日产气量变化原因，预测气井产量递减率及变化趋势。

在开发评价阶段，分析气井产能测试资料，运用一点、二项式等方法计算气井无阻流量，评价气井产能，主要采用常规回压试井、等时试井、修正等时试井，随后通过二项式产能方程拟合测试数据获得无阻流量。一点法仅需测试一个工作制度的产量和井底压力，主要通过借鉴经典陈元千“一点法”公式或建立修正系数一点法评估无阻流量。在稳产及递减阶段，分析气井稳产期产气情况，对气井进行分类，为对比分析管理区内气井产气情况奠定基础。采用常规 Arps 递减分析、现代产量递减分析、物质平衡等方法分析气井递减特征、预测气井产量、计算单井 EUR，分析 EUR 变化情况及原因，针对 EUR 变差的气井及时调整工作制度。

产液量主要是分析气井日产液量、水气比、气油比（凝析气井）变化规律及原因，跟踪、监测和分析产液导致的采气曲线指标变化、产出水的矿化度变化，并进行产液预测，分析控液排液措施效果。在开发评价阶段，通过对气井试采数据、动态监测数据等的分析，明确气井产液类型、产出液性质，能够为降低产液影响、快速上产且维持后期合理稳产提供技术支撑。对于产水气井，重点关注初始水气比、产出水矿化度，结合初始地质认识，调整产量，控制水侵；对于凝析气井，重点关注初始气油比、水气比、地层流体相态检测和分析，控制生产压差，延缓反凝析影响；对于压裂井，重点关注压裂液返排情况。在稳产及递减阶段，基于气井生产动态数据，结合中后期动态监测数据，分析日产液量、液气比、矿化度变化趋势，利用临界携液判断、油套压差变化、试井分析及产量不稳定分析等方法，判断井筒积液及水侵特征，明确气井产液变化特征并分析原因，为合理控液稳产提供技术支撑。从日产液量［日产水、日产油（凝析气井）］、液气比、矿化度变化趋势（绘制日产液曲线）分析得到日产液变化趋势；从生产时率、工作制度、相态（凝析气田）、井筒、排液措施等方面分析日产液量、液气比、气油比（凝析气田）变化的原因。

②压力分析。

从压力（静压、油压、套压、流压）变化、压降速度、弹性产率、压力递减率等方面分析气井压力变化规律及原因，及时跟踪气井开发动态，为确定和调整气井合理开发指标提供技术支撑。

开发评价阶段，主要基于气井压力监测资料，分析井控区地层能量状况；稳产及递减阶段，主要对比气井压力、压降速度、弹性产率变化趋势并分析变化原因，分析压力递减率，预测气井压力。通过对气井静压、井口及井底压力、产剖等动态监测资料的分析，明确气井压力指标变化原因。基于气井生产动态资料和动态监测资料，运用折算法、物质平衡法、试井解释、流动物质平衡法等求解气井平均地层压力，并分析地层压力变化特征。对于不产水且有关井油压的气井，需要建立关井油压折算静压的计算模型，根据测压资料修正完善。对于不产水且无关井油压的气井，需要使用流动物质平衡法，结合多相管流计算评价气井地层压力。对于产水气井，需要使用水驱气藏改进流动物质平衡法，结合多相管流计算评价气井地层压力。

③流体性质分析。

流体性质分析是通过开展气藏气体组分、水样、高压物性、相渗测试，为气藏储量计算、开发方案编制、地面工程设计、数模以及生产动态分析提供基础数据。主要通过地面、地下的取样，开展实验分析，得到不同时间井口、井下流体组分数据和实验分析数据，以此为基础分析流体组分及性质、分布特征、开发过程中流体组成、渗流规律变化特征，以达到明确各时期气藏气水样性质及特征，为储量计算、开发方案编制及生产动态分析提供数据支撑的目的。

在开发评价阶段，对于凝析气藏主要是通过对已完钻井的流体组分、高压物性、相渗进行分析(主要测试以及试采期间取样)，明确气藏气体组分，地层水性质和流体流动特征，为储量计算、开发方案编制、地面集输建设等提供基础数据。对于其他类型气藏，则是根据气田(藏)已有探井、评价井等取样资料分析常规组分(CH_4、CO_2 等)、特殊组分(H_2S、有机硫等)、水样分析，明确高压物性及气水关系，为储量计算等提供支撑。酸性组成分析是为方案确定净化率及材质选择等提供依据，产水井水化学性质、微量元素等是为水处理设备及工艺选择等提供基础，相对渗透率、毛管力是为评价流体产量变化、数模提供基础参数。

在稳产及递减期，主要是分析比较气藏内各井原始状态流体组分和流体物性的异同，并分析开发过程中各井流体组分和流体物性变化情况，掌握气藏内流体物性分布规律。通过对气体开展 PVT 相态实验，实时监测凝析气田不同时期 PVT，明确气体相态特征，为气藏开发政策制定及解堵工艺选择提供依据。通过水样持续监测，建立凝析液、地层水、施工返排液水化学判别标准，形成以水化学性质为主的水侵识别方法和水侵阶段判别标准，从而判断产水气井所处水侵阶段。分析各相渗透率及毛管压力随时间的变化，重点分析束缚水饱和度、毛管压力、两相共渗区大小、各相渗透率的变化，总结随时间变化渗流的变化规律，为数值模拟奠定基础。

(2)连通性分析。

连通性分析主要是为落实井间连通性，采用静态、动态相结合的方式，深入剖析储层各向连通程度、压力及气水分布特征等关键内容，支撑地质模型建立、储量计算、开发单元及井位部署的确定。主要分为静态法和动态法，静态法包括储层展布特征分析法、压力系统分析法、流体分析法；动态法包括压降法、压力剖面法、干扰试井法、生产动态分析法。

在开发评价阶段，由于气藏投产初期动态资料较少，此阶段气藏连通性以静态法分析为主。重点通过地质、物探、测录井、生产测试等手段对静态连通特征及气水关系进行分析。一是通过古地貌、瞬时相位、频谱成像及三维可视化等技术刻画储层展布，进而判别连通性；二是分析气藏流体性质变化情况及气水分布特征；三是将原始地层压力折算到同一海拔深度处进行比较，确定连通关系。在稳产及递减阶段，基于气藏动态资料分析，可采用干扰试井和脉冲试井，定量确定井间连通关系。分析邻井投产前后压力、产量变化情况，判断井间连通关系。实施全气藏关井，测试并计算同一海拔深度各井的地层压力，分析气藏压力分布，以判断井间连通程度。

(3)储量评价。

储量评价包括动态储量、可采储量及上市储量评价。开发评价阶段主要通过类比法、预测模型法预测动态储量及可采储量；采用静态法(容积法、类比法)评估上市储量。稳产及递减阶段应用典型图版拟合(Blasingame、A－G、NPI方法)、流动物质平衡(FMB)、生产数据分析、数值模拟等方法分析动态储量及可采储量；采用压降法、递减法评估上市储量。

对于动态储量，在开发评价阶段主要通过类比法、预测模型法预测动态储量；在稳产及递减阶段，则是采用典型图版拟合(Blasingame、A－G、NPI方法)、流动物质平衡(FMB)、生产历史拟合等方法作为气井动态储量评价的主要方法(表9－11)。

表9－11　气藏动态储量计算方法优选

<table>
<tr><th>序号</th><th colspan="2">发展阶段</th><th>计算方法</th><th>适用条件</th><th>实际情况</th><th>结论</th></tr>
<tr><td>1</td><td rowspan="3">曲线拟合</td><td rowspan="3">现代方法</td><td>Blasingame</td><td rowspan="4">边界控制流动</td><td rowspan="5">非定压、非定产生产</td><td>适用</td></tr>
<tr><td>2</td><td>A－G</td><td>适用</td></tr>
<tr><td>3</td><td>NPI</td><td>适用</td></tr>
<tr><td>4</td><td colspan="2">现代方法</td><td>FMB</td><td>部分适用</td></tr>
<tr><td>5</td><td colspan="2">现代方法</td><td>生产历史拟合法</td><td>产量较稳定</td><td>部分适用</td></tr>
<tr><td>6</td><td colspan="2" rowspan="2">可采储量外推法</td><td>物质平衡法</td><td>≥3个静压测试点</td><td>少数井开展地层压力监测，资料点相对少</td><td>暂不适用</td></tr>
<tr><td>7</td><td>弹性两相法</td><td>定产生产＋边界控制</td><td>产量调节频繁</td><td>多数不适用</td></tr>
</table>

对于可采储量，在开发评价阶段，主要通过类比法、预测模型法、压降法预估可采储量。在稳产期，主要采用压降法、典型图版拟合法(Blasingame、A－G、NPI方法)、数模法评价，对于满足压降法计算条件的优先采用压降法，反之则采用数值模拟法评价。在递减期：前面稳产期方法仍适用，同时可增加产量递减法等经验总结方法。

对于上市储量，在开发评价阶段，主要采用静态法(容积法、类比法)，评估上市储量，按照“分井区、分年度”逐年上市的指导意见上市。在稳产期，则是针对生产效果好且具备增储的区域，提前谋划压力监测计划，采用压降法评估上市储量(采出程度＞10%，3个以上压力监测点)。在递减期，主要采用递减法评估，对动用储量、可采储量、上市储量及时跟踪分析，提出相应措施，预防递减过快，并分析措施实施效果。

(4)气藏水侵分析。

在地质特征分析基础上，可采用物质平衡法和数值模拟法，定量分析不同部位水体能量大小。基于气藏工程分析方法和数值模拟技术，动静结合，分析气藏水侵类型、水侵机理、水侵方向、水侵速度、水侵系数和累计水侵量。采用试井分析、数值模拟和类比分析方法，跟踪监测和分析采气曲线所显示的指标变化、产出水的矿化度变化、试井曲线形态特征变化及试井解释渗流参数变化情况，预测水侵前缘推进状况、气水出水早期征兆以及水侵对气井产生的影响。

(5)产量递减规律。

在生产制度固定的衰竭式开采条件下，气井及气藏的产量自然递减类型主要包括指数递减、调和递减、双曲递减。对实际数据作最优化拟合分析，研究气藏或气井的产量递减规律，预测递减期任意时刻的产量及最终累积采气量。

(6)剩余气潜力分析。

通过气藏工程方法及数值模拟手段，剖析开发状况、储量动用程度，分析不同时期未动用层潜力、剩余可采储量分布，调整产能布局，确定稳产年限、阶段采出程度，落实最终采收率。强化建模数模一体化工作，定期更新动静态模型，做好生产历史拟合，结合气藏工程方法等研究成果，综合分析储量动用程度，明确剩余气分布特征及开发潜力，提出挖潜措施，为开发优化调整提供支撑。

2)动态分析分级管理

开发动态分析，坚持以气井—开发单元—气藏为基础，集团公司油田勘探开发事业部下发了《关于加强气藏开发动态分析工作的指导意见》，明确管理区、采气厂、研究院及分公司三个不同层级开发动态分析工作的内容和频次，实现开发动态分析工作的常态化和规范化。

管理区主要侧重于单井和开发单元的生产动态分析。利用气井生产数据和测试资料，分产量构成对气井进行动态跟踪分析，确保管理区年度任务完成。管理区动态分析工作主要包括以下内容：一是单井动态分析，侧重于单井产气、产液、压力和工艺适应性分析；二是开发单元动态分析，侧重于产量及压力、采气工艺适应性、地面管网状况适应性分析；三是开发存在问题及下一步工作建议，基于管理区单井及开发单元生产动态分析，剖析气井开发状况、采气工艺、地面集输等方面存在的问题，提出优化与调整建议，确保管理区年度任务完成。

采气厂主要侧重于气田、气藏动态分析和重点井的跟踪分析。定期召开动态分析会，加强建模数模一体化工作，利用气藏生产数据和测试资料分析气液流动规律，分产量构成预测开发动态，查找问题及原因，提出开发调整及挖潜对策，确保采气厂年度任务完成。采气厂动态分析工作主要包括以下内容：气藏连通性及气水关系分析，流体性质及渗流特征分析，储量评价，驱动类型的确定，气井、气藏生产能力分析，气藏开发状况、储量动用程度及剩余气潜力分析，钻采工艺适应性评价，生产形势分析及下一步计划安排。

研究院及分公司主要侧重于不同类型气藏动态及变化趋势分析。开展不同类型气田(藏)的开发趋势分析、日产水平标定、产能核定、可采储量标定，分产量构成开展动态分析，评价气田(藏)开发潜力，编制动态监测方案，确保分公司年度任务完成。研究院及分公司动态分析工作主要包括以下内容：气田(藏)的开发趋势分析，日产水平标定、产能核定及可采储量标定，气田(藏)开发潜力评价，监测方案调整优化及资料录取要求。

9.2.2　普光气田动态分析及调整挖潜

普光气田主要有普光主体、大湾、分水岭、老君、清溪场等区块投入开发(清溪场已建储气库)；致密气千佛崖组已投入开发；须家河组处于试采阶段，页岩气尚处于试验井组阶段。

1)开发动态分析

(1)压力变化趋势。

①地层压力评价方法。

a. 不产水气井。

不产水气井关井后，井筒内流体为单一气相。考虑井轨迹角度变化，建立基于静气柱的管流计算模型，由关井油压折算单井静压，与实测静压值误差 0.09 ~ 0.32MPa，平均 0.24MPa(表 9 – 12)。

表 9 – 12　普光气田部分气井实测与计算静压对比表

类型	井号	静压/MPa		绝对差值/MPa(计算 – 实测)	相对误差/%	备注
		实测	关井油压折算			
不产水气井	P202 – 1	21.11	21.39	0.28	1.31	2022 年全气田关井期间监测
	P2011 – 5	20.91	21.22	0.31	1.46	
	P303 – 2	20.10	20.31	0.21	1.03	
	D401 – 1	25.75	26.01	0.26	1.00	
	D402 – 3	27.04	27.36	0.32	1.17	
	D403 – 1H	29.55	29.75	0.20	0.67	
	D405 – 2H	30.20	30.29	0.09	0.30	
	M505 – 1	27.50	27.73	0.23	0.83	
产水气井	P101 – 2H	21.87	22.29	0.42	1.88	
	P104 – 1	27.10	27.72	0.62	2.24	永置压力计
	P106 – 2H	31.21	31.74	0.53	1.67	2020.3 实测
	P3011 – 5	20.70	21.17	0.47	2.22	永置压力计
平均				0.33	1.32	

b. 产水气井。

产水气井关井后井筒中可能存在积液，采用静气柱模型由关井油压折算的地层压力通常偏小，故而以开井生产的油压、油温、产气量、产水量等动态数据为基础，采用“多相管流模型 + 水驱气藏流动物质平衡”方法评价地层压力，与实测值误差 0.42 ~ 0.62MPa，平均 0.51MPa(表 9 – 12)。

②地层压力评价。

a. 普光主体。

评价单井地层压力为 16.18 ~ 24.44MPa，受水侵及采出程度等因素影响，高部位气井较边部低 6MPa 左右。边部位气井：受边水能量补充和采出程度影响，边部位 103 ~ 105 ~

107 井区压力较高，在 22.0～24.5MPa；中高部位气井：采出程度相对较高，地层压力在 18MPa 左右（图 9－32）。

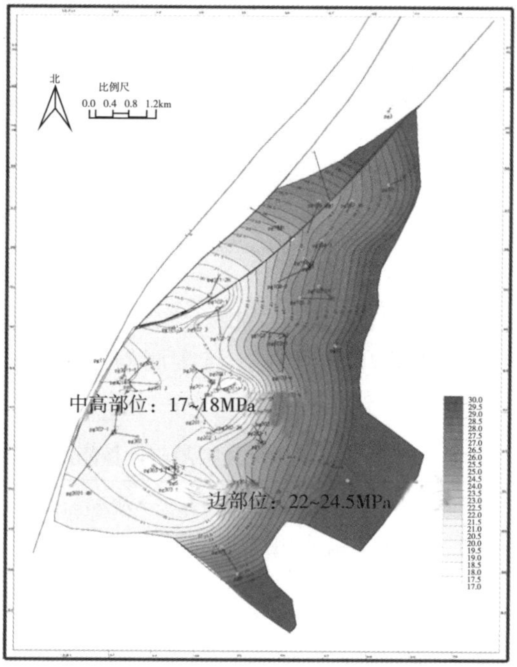

图 9－32　普光主体地层压力分布图

目前，普光主体平均地层压力 20.03MPa，总压降 36.02MPa，降幅 64.0%，地层压降趋势基本稳定，弹性产率 $20.97\times10^8m^3/MPa$。普光 2 块平均地层压力 19.9MPa，季度压降 0.42MPa，年度压降 1.69MPa。普光 3 块平均地层压力 21.62MPa，季度压降 0.48MPa，年度压降 1.9MPa（图 9－33）。

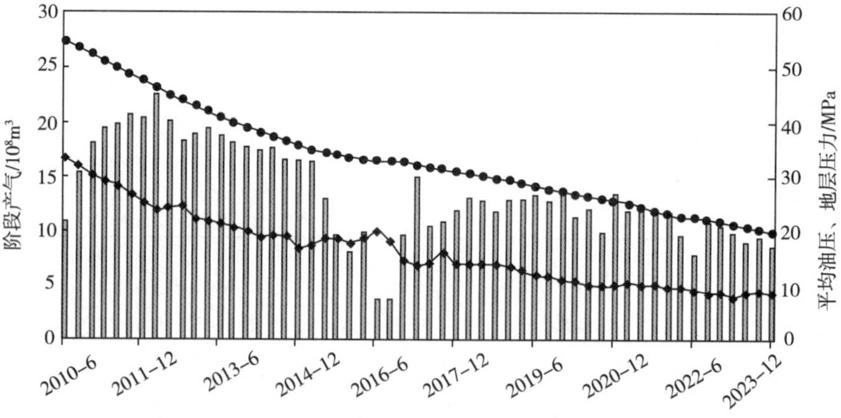

图 9－33　普光主体地层压力、油压与阶段产气量趋势图

b. 大湾区块。

目前，单井地层压力 22.4～28.05MPa，区块平均地层压力 25.48MPa，较初期下降 50.54%。其中大湾气藏平均地层压力 26.68MPa，年度压降 2.17MPa。毛坝气藏平均地层压力 24.3MPa，年度压降 2.3MPa（图 9－34）。

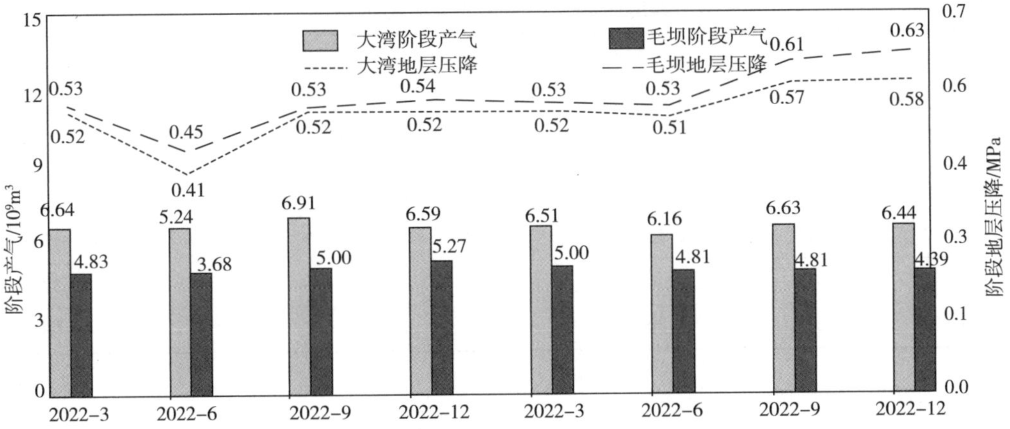

图9-34 大湾区块地层压力变化图

(2)水侵趋势分析。

①水体倍数评价。

基于动态生产数据，采用数值模拟、有限大封闭水体物质平衡等多种方法综合评价水体倍数。

数值模拟方法是通过调整水体倍数，拟合气藏的产水量和压力变化动态，拟合效果最好的水体倍数即为气藏的水体倍数。

有限大封闭水体物质平衡法，通过水驱气藏物质平衡方程、地层水及岩石压有效压缩的关系确定水体体积。

a. 普光主体。

数值模拟法、有限大封闭水体物质平衡法及罐状水层模型法评价普光2块飞一二段水体倍数5.74~6.28，普光3块飞一二段水体倍数1.92~2.42，三种方法计算结果较接近，比容积法略大(表9-13)。

表9-13 普光主体飞一二段水体倍数计算结果表

构造单元	天然气地下体积/10^4m^3	容积法水体倍数/倍	动态法确定水体倍数/倍			水体倍数综合取值/倍
			数模法	有限大封闭水体物质平衡法	罐状水层模型法	
普光2块	42337.35	4.42	6.13	5.74	6.28	6
普光3块	1854.6	1.85	2.42	1.92	2.16	2.2

分析认为，容积法计算水体时，由于飞一二段东部水体部位无井钻遇，仅根据叠后地震资料对构造、储层进行了预测，圈定的水体面积及水层厚度存在一定误差，可能使容积法计算结果偏小。而普光主体目前测压资料及生产动态数据较丰富，对气藏压力和水侵认识较清楚，动态法计算结果较准确。因此，综合三种动态法计算结果确定普光2块飞一二段为6倍水体，普光3块为2.2倍水体(表9-13)。

b. 大湾区块。

大湾区块采用容积法、物质平衡法、数模法综合评价已开发区长兴组—飞仙关组4个水体体积(432~774)×10^4m^3，水体倍数0.08~0.26(表9-14)。

表 9－14　大湾区块长兴组—飞仙关组水体体积评价表

井区	多方法确定水体体积/10^4m^3					水体倍数综合取值
	容积法	有限大封闭水体物质平衡法	MBAL 法	数模法	水体体积综合取值	
大湾 401 礁群	620	724	620	698	620	0. 26
大湾 402	774	1382	1205	1800	774	0. 13
大湾 403	425	484	413		425	0. 12
毛坝气藏	432	481	425		432	0. 08

②水体活跃性评价。

a. 普光主体。

综合水驱指数、相对压力曲线等方法评价普光 2 块、3 块水体活跃性。气藏水驱指数计算结果显示普光 2 块飞一二段气藏水驱指数先增大后减小，目前为 0. 17，气藏相对压力曲线夹角为 51. 6°；普光 3 块水驱指数先增大，目前已有减小的趋势，水侵指数 0. 05，气藏相对压力曲线夹角为 47. 3°（图 9－35、图 9－36）。

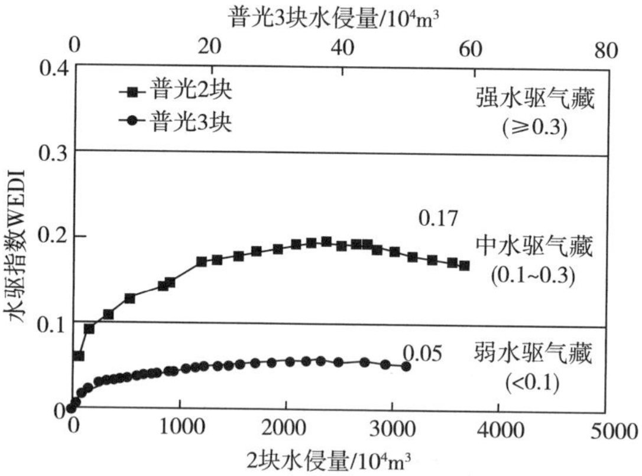

图 9－35　普光主体飞一二水驱指数曲线图

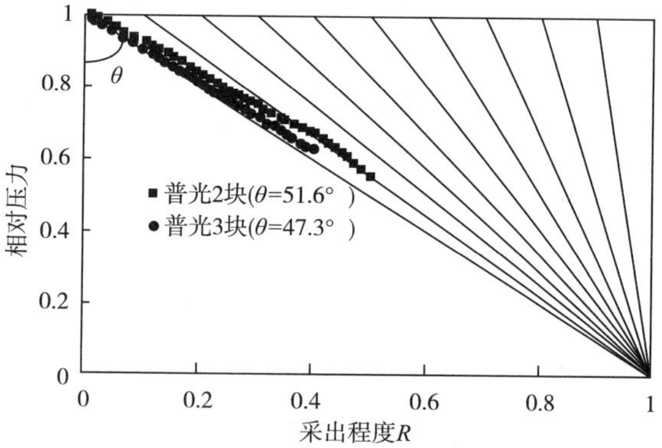

图 9－36　普光主体飞一二相对压力曲线图

根据《天然气藏分类》（GB/T 26979—2011）中关于气藏驱动因素分类的评价标准，普光主体为弹性水驱气藏，其中普光 2 块为中水驱边水气藏，普光 3 块为弱水驱边水气藏。

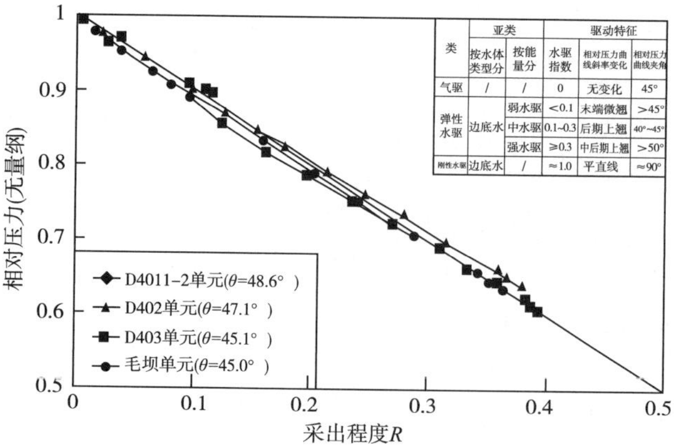

图 9－37　大湾区块各水体相对压力—采出程度关系曲线

b. 大湾区块。

大湾区块 4 个水体，其中大湾 402 东、大湾 401 水体表现为弱水驱特征，毛坝、大湾 403 水体无水驱特征，D401、D402 相对压力曲线夹角 > 45°，水驱指数 < 0. 1，为弱水驱气藏；其余单元无水驱特征，为气驱气藏（图 9－37）。

③气藏水侵特征。

a. 普光主体。

普光主体气井表现出裂缝—孔

隙型、孔隙型两种储层水侵类型，产水井见水后液气比变化特征(表9－15)。P103－1、P105－1H、P104－3等气井表现为裂缝—孔隙型水侵类型特征(图9－38)，液气比呈现指数式上升趋势，最大液气比普遍 >9m³/10⁴m³，气井带水生产时间普遍 <2年。

表9－15 不同类型水侵气井统计表

水侵类型	裂缝—孔隙型	孔隙型
井号	P103－1、P105－1H、P104－1、P203－2T、P305－3T	P101－2H、P103－2、P107－1H、P106－2H、P305－2、P3011－5、P203－1、P103－4、P204－2H、P104－3
特征	带水生产时间普遍2～3年，最大液气比普遍 <69m³/10⁴m³	带水生产时间普遍 >3年(203－2T、305－3T两口间开井除外)最大日产水普遍 <50m³，最大液气比普遍 <39m³/10⁴m³

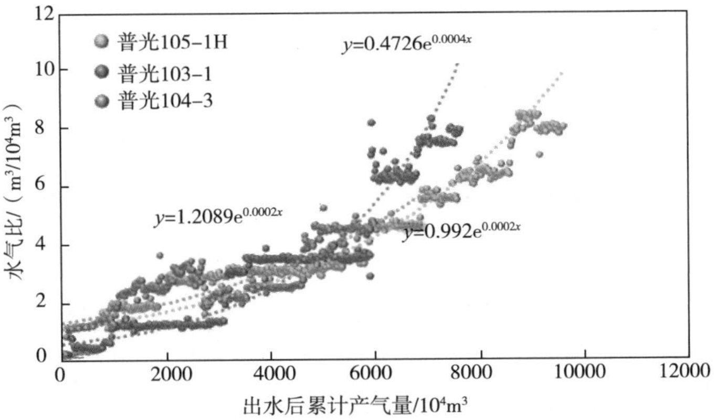

图9－38 裂缝—孔隙型气井水气比变化特征

P203－1、P103－4、P105－2等气井表现为孔隙型水侵特征(图9－39)，气井见水后液气比呈对数或者线性上升趋势，上升速度慢，带水生产时间普遍 >3年，最大日产水普遍 <50m³，最大水气比普遍 <3m³/10⁴m³，P101－2H、P107－1H、P106－2H等3口井至今仍带水生产。

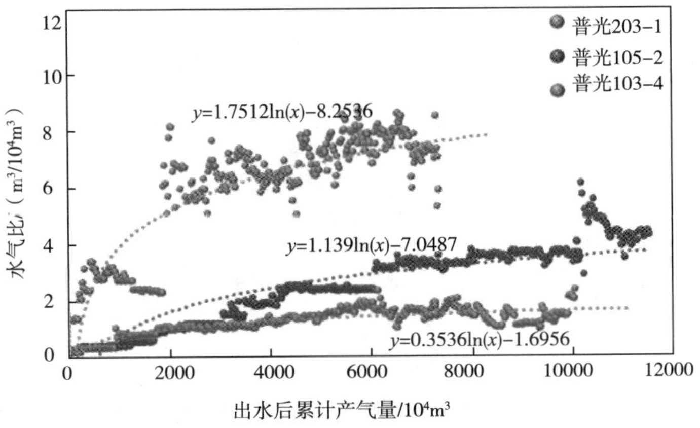

图9－39 孔隙型气井液气比变化特征

气藏边水整体推进，局部沿Ⅰ类储层、裂缝发育的Ⅱ类储层优势通道突进，从饱和度测井监测结果来看，北部P103—P104—P105井区主要是TSQ1—Ⅲ出水，南部P203井区主要为 TSQ1—Ⅳ层序出水(表 9－16、图 9－40)。进一步分析 8 口产水气井饱和度测井解释水淹层段储层特征，通过水淹层段孔隙度—电阻率交会图及孔隙度—渗透率交会图(图 9－41)可以看出，水淹层段储层主要为Ⅰ类储层及裂缝发育的Ⅱ类储层。

表 9－16 饱和度测试结果表

井号	测试时间	出水层位	出水层类型	出水层厚度/m	裂缝条件/条	孔隙度/%	渗透率/$10^{-3}\mu m^2$	出水层产气比例/%
P104－1	2015－1	TSQ1－Ⅳ、Ⅴ	Ⅰ、Ⅱ类层	14	4	10.6	23.31	39.1
P105－2	2014－8	TSQ1－Ⅲ、Ⅱ	Ⅰ、Ⅱ类层	32.4	5	8.9	9.4	41.2
P103－1	2013－6	TSQ1－Ⅲ	Ⅰ、Ⅱ类层	15	9	9.9	19.7	46.0
P103－4	2012－1	TSQ1－Ⅲ	Ⅰ类层	14	1	16.2	47.8	60.0
P203－1	2016－12	TSQ1－Ⅳ	Ⅰ类层	14.2		13.3	79.266	63.6

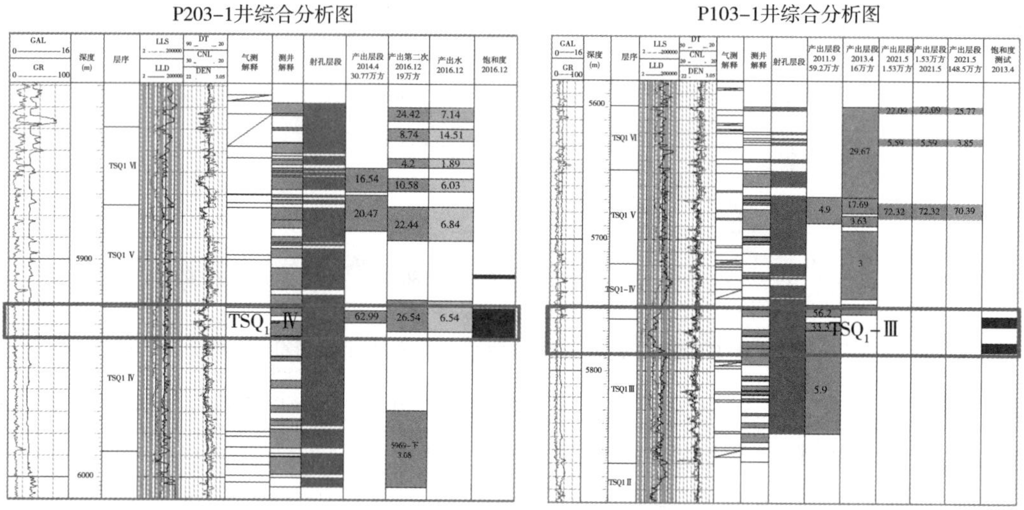

图 9－40 P203－1、P103－1 产气产水剖面图

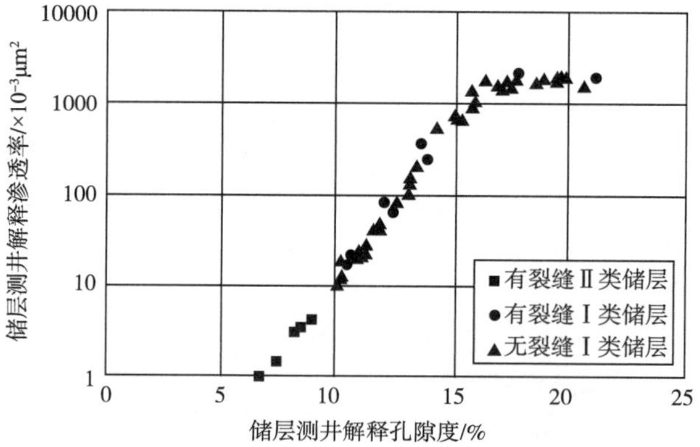

图 9－41 8 口饱和度监测井解释水淹储层段孔隙度与渗透率交会关系图

边水整体推进，局部有差异，平面上沿 P103、P203、P104 井区推进较快(图 9－42)。通过对比 P103－1 井区孔隙度剖面图和含气饱和度剖面图，可以看出，水侵速度快的位置储层物性好，水沿高渗层推进速度快。

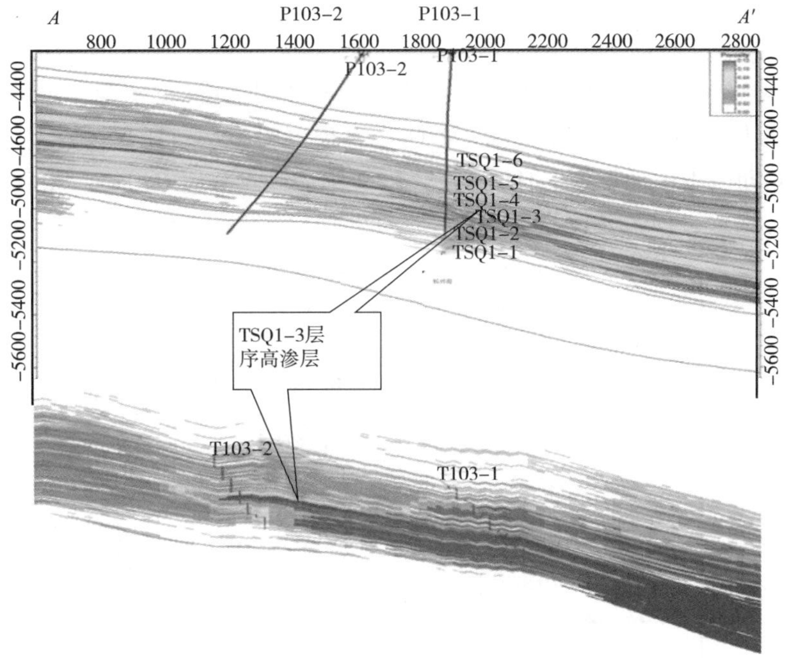

图9-42 P103井区孔隙度剖面和含气饱和度剖面对比图

TSQ1-Ⅲ、TSQ1-Ⅳ层序推进最快，水侵前缘线平均推进距离在1000m以上(图9-43)，TSQ1-Ⅴ层序次之(P104井区推进较快)，TSQ1-Ⅵ层序推进较慢，目前为740m。

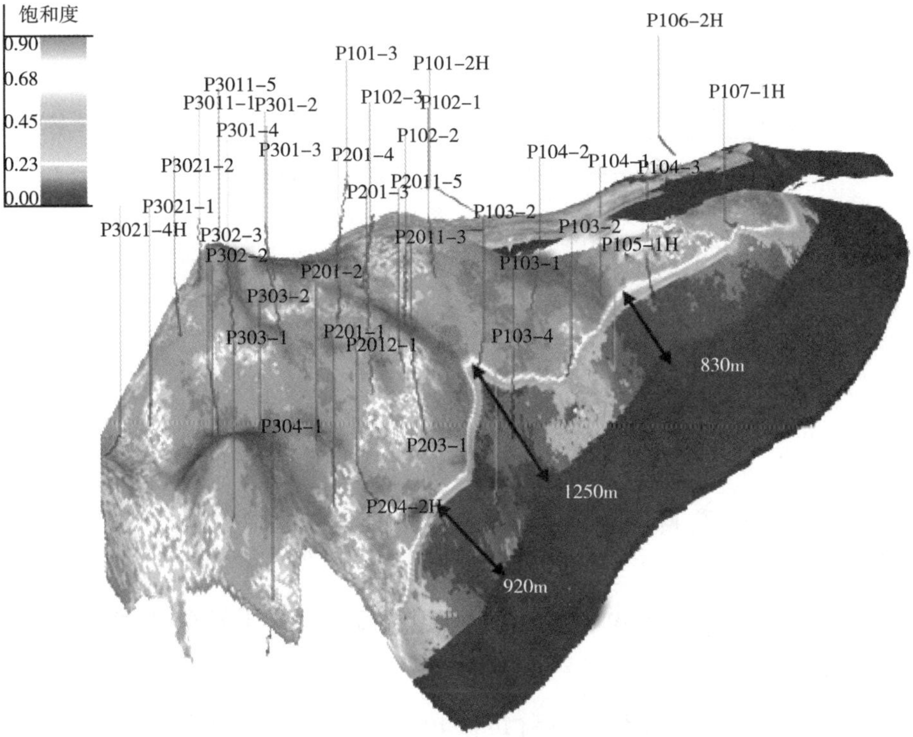

图9-43 TSQ1-Ⅲ层序含气饱和平面图(2024年)

b. 大湾区块。

D402 东水体沿井区物性较好的 TSQ1 – Ⅴ层序突进，D402 – 2H 处于构造相对低部位，最早见水，已裂缝性水淹停喷；D402 – 1H 表现为孔隙型水侵(见水晚，水量小，上升速度慢)。D402 东水体对周边气井后续开采影响小，预测 D402 – 1H 可带水生产，D402 – 3、D407 – 2H 预测期内不产地层水。D404 井区位于构造高部位，D404 – 2H 较 D402 – 1H 高 25m，且距离边水远，模拟预测期内不产水(图 9 – 44、图 9 – 45)。

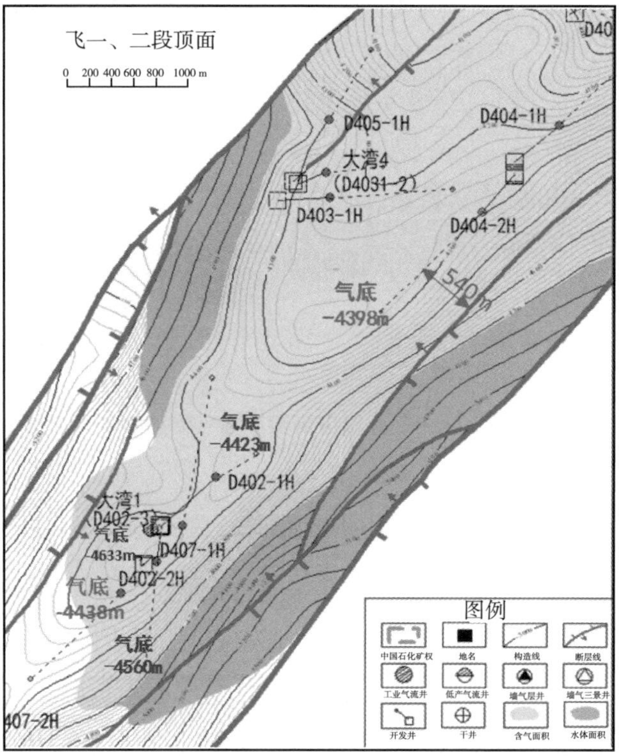

图 9 – 44　大湾气藏飞一二段顶部构造图

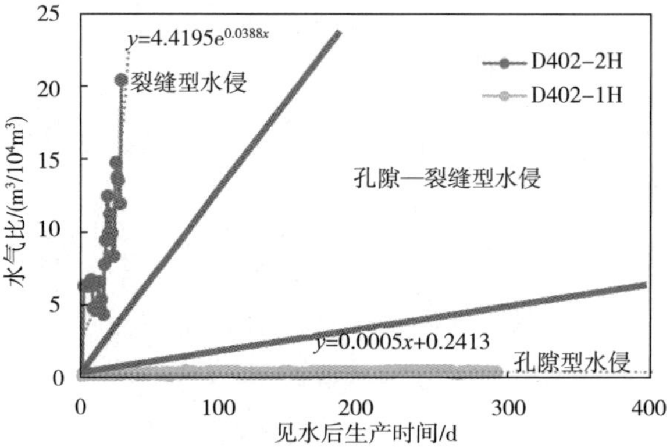

图 9 – 45　大湾 402 – 1H、2H 水气比与见水后生产时间关系曲线

(3) 硫沉积规律。

自 2019 年开始出现井筒硫堵，目前共有 40 口气井地面流程硫沉积堵塞，其中 35 口气井有井筒硫堵特征，2024 年地层将开始出现液硫沉积。

①井筒硫沉积规律。

随着时间的延续，井筒堵塞点位置从井口附近逐渐下移。采用考虑扩散吸附的气—水—硫三相井筒硫沉积模型，建立“一井一模型”预测随着压力下降，硫堵位置(沉积厚度最大)呈现加速下移的趋势(图9－46、表9－17)。预测目前地层压力、产量下硫堵位置距离井口366～1095m，平均739m(图9－47)。

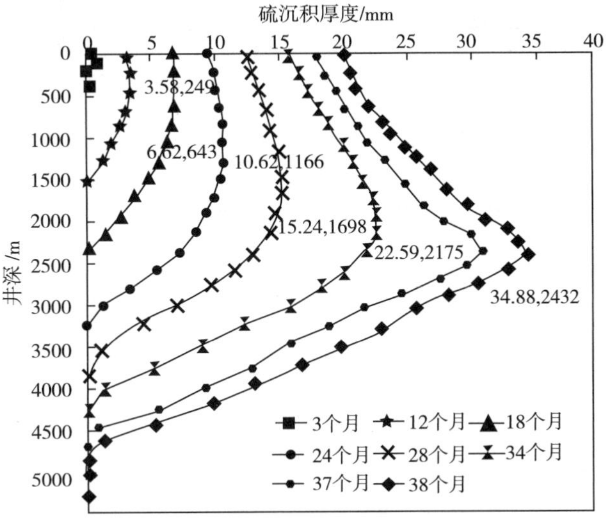

图9－46 普光301－3井筒硫沉积厚度预测

表9－17 普光301－3井不同时间井筒硫堵塞点、沉积厚度

地面硫堵后生产时间	沉积点下移速度/(米/月)	硫沉积速度/(毫米/月)	硫堵点/m	硫堵点沉积厚度/mm	产量影响程度/%
3个月	15	0.22	45	0.67	0
12个月	23	0.36	249	3.58	1.3
18个月	66	0.45	643	6.62	8.0
24个月	87	0.67	1166	10.62	21.3
28个月	133	1.16	1698	15.24	43.8
34个月	79	1.23	2175	22.59	63.3
37个月	60	2.83	2356	31.07	84.5
38个月	77	3.81	2432	34.88	96.2

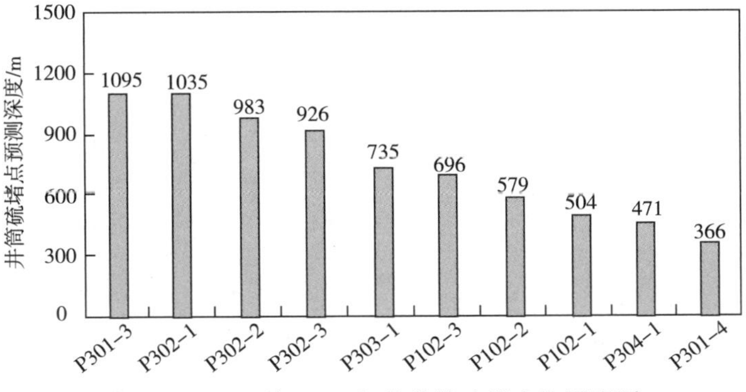

图9－47 目前10口气井井筒硫堵塞位置预测

普光主体地层温度(128℃)高于硫熔点(111.4～120.4℃)，从井底到井口流动过程中，液硫转变为固硫的最大深度在4650m左右，以上浅井筒内吸附沉积固硫，以下深井筒内液硫无法稳定吸附，根据国外气井实测资料后期井底可能会积液(表9－18)。

表 9－18　国外高含硫气田井筒硫沉积实例

气井位置		H_2S 含量/%	井底温度/℃	井底压力/MPa	备注
德国 Buchhorst		4.8	133.8	41.3	井底有液硫
加拿大	Devonian	10.4	102.2	42.04	在井筒 4267m 处沉积
	Leduc	53.5	110.0	32.85	在井筒 3353m 处沉积

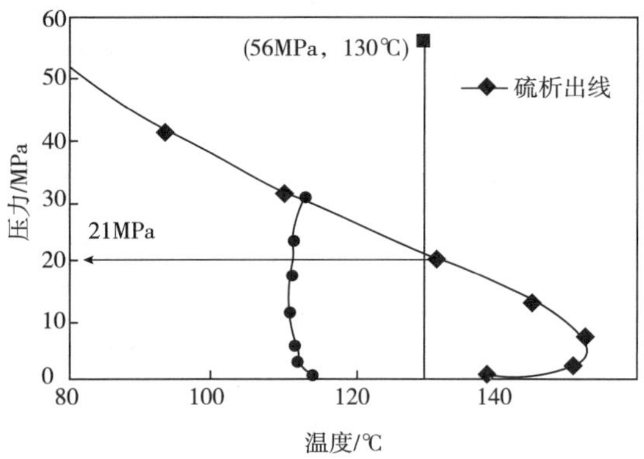

图 9－48　P104－1 井天然气—单质硫相图确定析出压力

②地层硫沉积规律。

根据 P104－1 井高含 H_2S 天然气—单质硫相图，2023 年平均地层压力降至单质硫临界析出压力 21MPa，地层中将开始出现液硫沉积(图 9－48)。

大湾区块 M503－1 井下 PVT 气样测得单质硫原始含量 0.22g/Nm³，预测储层中开始出现硫沉积的地层压力为 22.8～27.3MPa，预测 D402 井区储层中可能已析出液硫。D402～404 井区储层沉积液硫，D405 井区和毛坝气藏沉积固硫(表 9－19、图 9－49)。

表 9－19　大湾区块储层硫沉积压力及相态

单元	地层压力/MPa	地层温度/℃	硫溶解度/(g/Nm³)	临界析出压力/MPa	储层中单质硫析出时间	析出硫相态
D405 东	27.03～27.67	107.3～108.7	0.253～0.263	26.6～27.3	2024 年 1 月	固硫
D405	26.8～28.1	109.0～110.0	0.254～0.291	26.1～26.5	2024 年 3—7 月	
D404	26.5	112～114.3	0.291～0.304	24.5～24.8	2024 年 9—11 月	液硫
D402 北	24.1～24.8	114.6～118.9	0.233～0.288	22.8～25.4	已出现	液硫
毛坝	23.9～24.5	99.4～101	0.230～0.247	23.0～23.6	2024 年 3—5 月	固硫

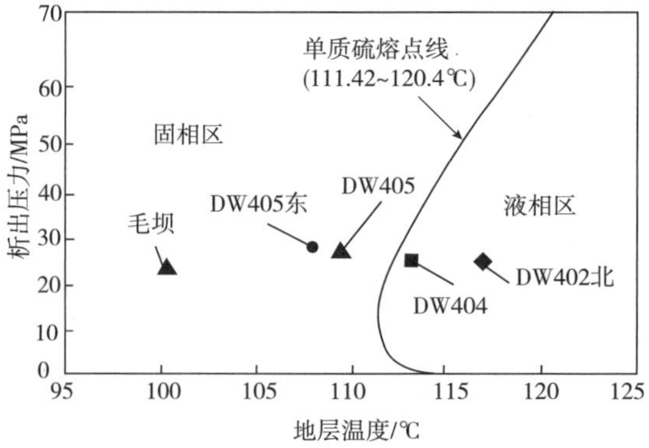

图 9－49　不同压力下单质硫熔点曲线

采用数值模拟组分模型，通过井轨迹所在网格加密，模拟预测储层硫沉积饱和度分布特征，明确了储层硫沉积在平面和纵向上的沉积规律以及对渗透率的影响。储层硫沉积主要发生在近井6m以内的较小区域，平面上，孔隙型储层液硫主要沉积在近井1m内($S_s>10\%$)；裂缝型储层主要沉积在6m以内($S_s>10\%$)；井间储层硫沉积饱和度仅0.13%左右(图9-50)。

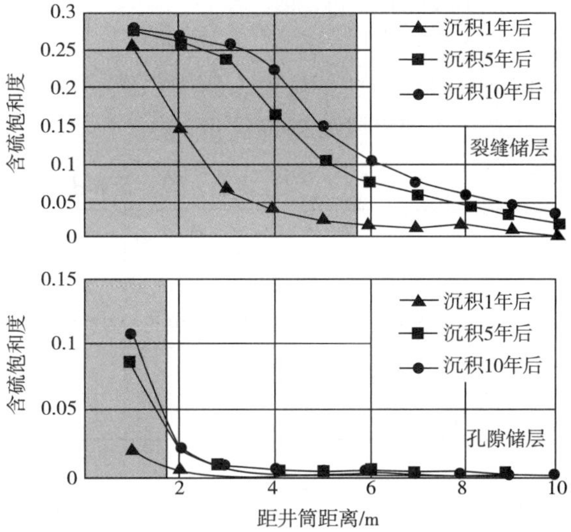

图9-50 不同类型储层中硫沉积饱和度与井径向距离关系曲线

P104-1岩心实测液硫临界流动饱和度在45%以上；数模预测显示近井最大硫饱和度25.8%，低于液硫临界流动饱和度；液硫沉积可导致近井区域渗透率下降70%~80%(表皮增大6.5~12倍)，产能可下降30%以上(图9-51、图9-52)。

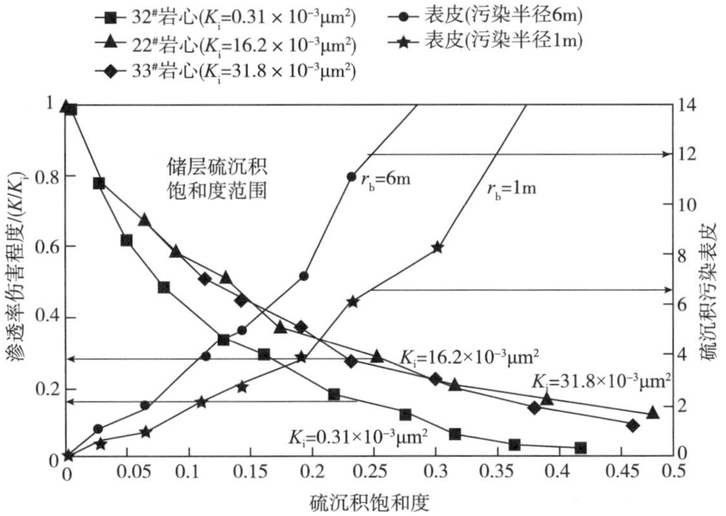

图9-51 不同硫饱和度下的渗透率、表皮变化曲线

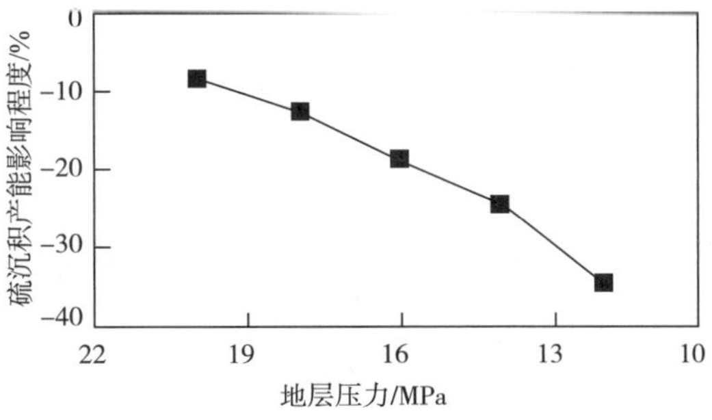

图9-52 液硫沉积对产能影响曲线

(4)动态储量评价。

①普光主体。

依据气藏连通性新认识、压力系统、水侵影响情况优选水驱物质平衡方程，分普光2块、普光3块评价气藏动态储量1352.7×10^8m^3(表9－20、图9－53)。

表9－20 普光主体动态储量评价统计表

区块		层位	计算方法	动态储量/10^8m^3	地质储量/10^8m^3	动用程度/%
普光主体	普光2块	飞仙关组、长兴组	考虑水驱物质平衡法	1320.70	1532.51	86.18
	普光3块	飞一二段		32.00	69.38	46.12
合计				1352.70	1601.89	84.44

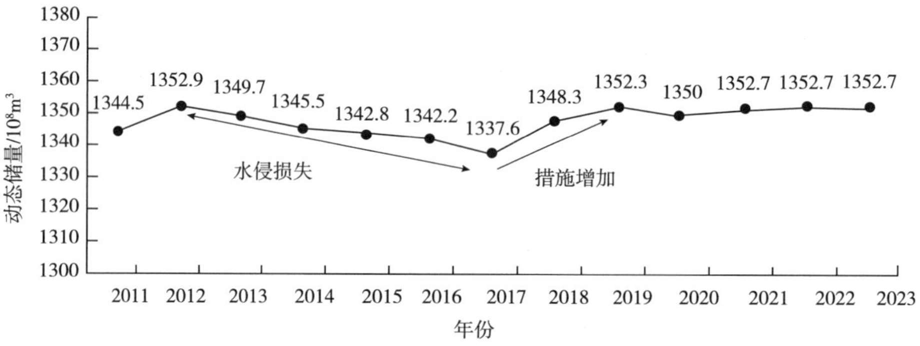

图9－53 普光主体动态储量变化曲线图

②大湾区块。

采用流动物质平衡评价大湾区块动态储量984.6×10^8m^3，其中大湾气藏664×10^8m^3，毛坝气藏320.6×10^8m^3(图9－54、图9－55、表9－21)。

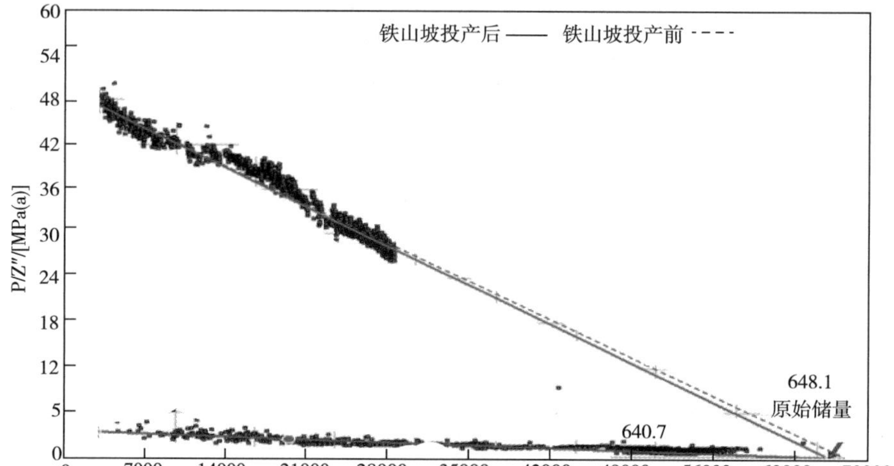

图9－54 大湾气藏动态储量

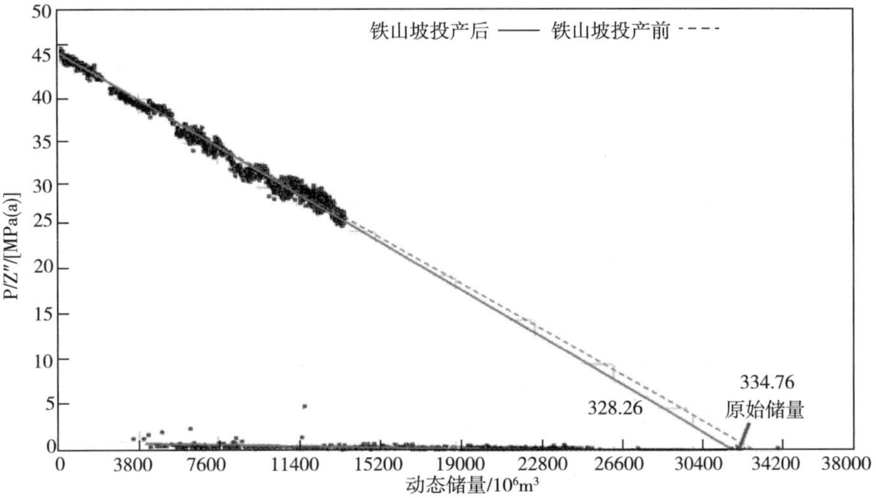

图9－55　毛坝气藏动态储量

表9－21　大湾区块动态储量评价统计表　　10^8m^3

区块	气藏	物质平衡法	流动物质平衡法	Blasingame 典型图版	综合取值
大湾	大湾401	48.5	44.0	48.5	48.5
	大湾402～405	615.5	615.5	615.5	615.5
	毛坝	320.6	320.7	320.0	320.6
合计		984.6	980.2	984.0	984.6

(5)气田递减趋势。

①普光主体。

2021年以来气藏产量波动式下降，表现多段递减特征，阶段递减率差异大。2021年1月至2021年12月，气井陆续开始递减，油压降幅较大，产量递减相对较小，拟合油压降幅11.8%，产量递减率为8.5%；2022年1月至2022年5月稳压降产递减阶段，油压降幅减小，产量递减加大，油压降幅降至3.2%，产量递减率加大到19.3%；2022年6月至2022年10月井口回压进一步降低，再次进入产量压力双降阶段，降幅减小，油压降幅加大到19.1%，产量递减率降低至5.0%；2022年11月至2023年11月处于产量压力随外输压力波动变化阶段，整体拟合油压降幅－5.2%，产量递减19.9%。如图9－56所示。

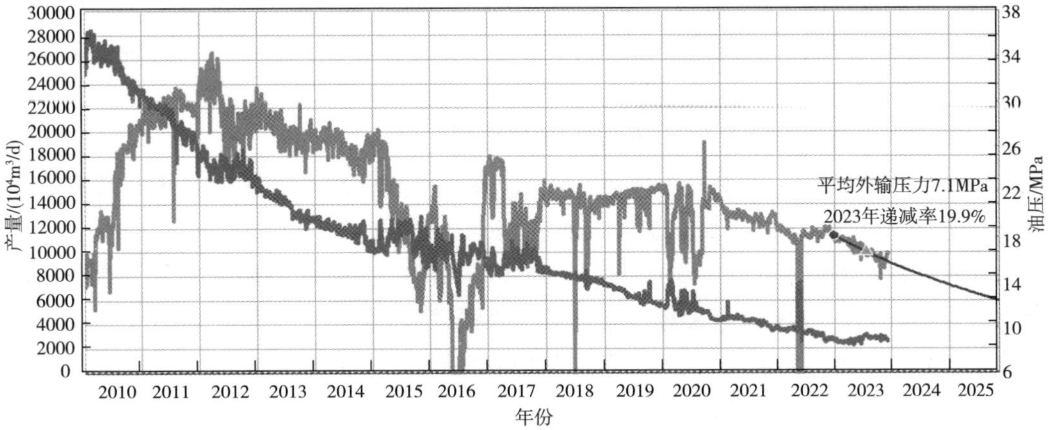

图9－56　普光主体气藏递减趋势预测图

②大湾区块。

气田已高产稳产11a，2018年以来部署调整井9口，区块产量稳中有升，2022年产量达到峰值$1300\times10^4m^3/d$，之后产量由$1300\times10^4m^3/d$降至$1220\times10^4m^3/d$，目前处于产量递减初期(图9－57)。

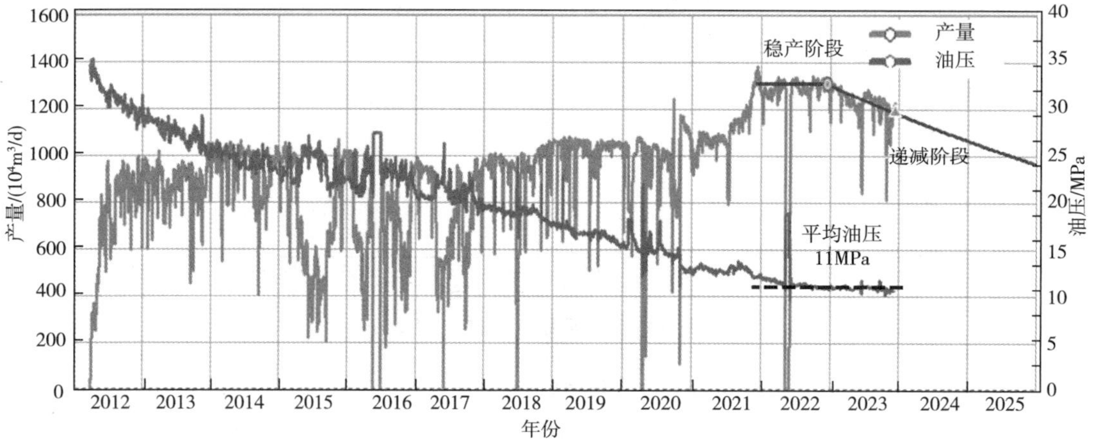

图9－57　大湾区块递减分析图

2)开发调整挖潜

普光气田自2009年10月投入开发以来，基于气藏生产动态、连通性评价及产剖认识，2014年编制了分层系开发调整方案，边实施边认识，分别在普光主体实施了飞三段和长兴组的层间调整、飞一二段滚动扩边，实施新井5口。2022年，在普光主体分类储层精细研究和气藏潜力评价的基础上，部署调整井、侧钻井提高储量动用率，不断提高气田采收率，保持气藏开发中后期阶段性持续稳产，部署新井14口。同时自2014年开始，普光气田开展深穿透射孔、机械堵水等增复产措施33井次。

(1)普光主体分层系调整。

应用新增动静态资料，开展了气藏精细描述，在普光主体储量动用状况、储层展布、井网控制情况等研究认识的基础上，分别部署飞三段、长兴组和飞一二段调整井位，以达到提高气田动用程度、延长稳产期的目的。

①飞三段调整挖潜。

研究认为飞三段储量动用程度差、储量丰度低、储层物性差，与飞一二段合采难以有效动用，因此提出建立独立井网开发。

a. 重新评价普光主体飞三段地质储量为$185.08\times10^8m^3$。

2006年，净毛比法上报普光主体飞三段探明储量$184.55\times10^8m^3$。其中，普光2块地质储量$110.89\times10^8m^3$；普光3块地质储量$73.66\times10^8m^3$。

重新评价普光主体飞三段地质储量为$185.08\times10^8m^3$。与探明储量基本一致，但两个断块储量差异较大。与探明储量相比：普光2块含气面积、有效厚度均增大，储量增加$48.55\times10^8m^3$；普光3块含气面积、有效厚度均有所减小，储量减少$48.02\times10^8m^3$。

b. 飞三段产出状况差，储量基本未动用。

全区37口开发井、14口探井中，共有43口气井钻遇飞三段，对储层发育有一定厚度，横向有一定展布的12口气井投产，投产厚度6.1～35.2m，通过产剖证实，仅普光101－3、普光201－1两口气井产出，产气比例17%～33%。根据产剖劈分飞三段产出量，根据静压梯度确定产出井飞三段压力，采用压降法评价飞三段动态储量$12.4\times10^8m^3$，动用程度6.7%，远低于其他层系。

c. 分析飞三段动用差的原因是储层物性差，与飞一二段合采难动用。

根据普光主体岩心数据分析，储层孔隙度<5%、渗透率$<1\times10^{-3}\mu m^2$时，排驱压力、中值压力均大幅提高。普光2、普光5、普光6三口探井单独对飞三段自然测试生产压差在26MPa以上，最高达到44.4MPa。普光2井酸压后也需15.19MPa。而目前37口开发井生产压差多在3MPa以下，与飞一二段合采难动用。

基于上述认识，部署了飞三段调整井P108－1T井，投产初期产气$20\times10^4m^3/d$，油压11.5MPa，新建产能$0.66\times10^8m^3$，截至目前该井累计产气$1.42\times10^8m^3$。

②长兴组调整挖潜。

开展生物礁体沉积模式分析、内幕储层精细刻画、气水分布规律研究、地质储量评价及未动用储量分布研究等工作，提出长兴组开发调整思路，以提高储量动用程度。

a. 分礁群评价长兴组地质储量及水体能量。

根据单井钻遇气层厚度、物性，结合气藏预测结果，分礁间滩、礁群确定气层厚度、含气面积、孔隙度、含气饱和度等储量计算参数，重新评价长兴组各礁体储量。分储集体单元、分期次采用容积法评价长兴组天然气地质储量为$194.66\times10^8m^3$（图9－58）。

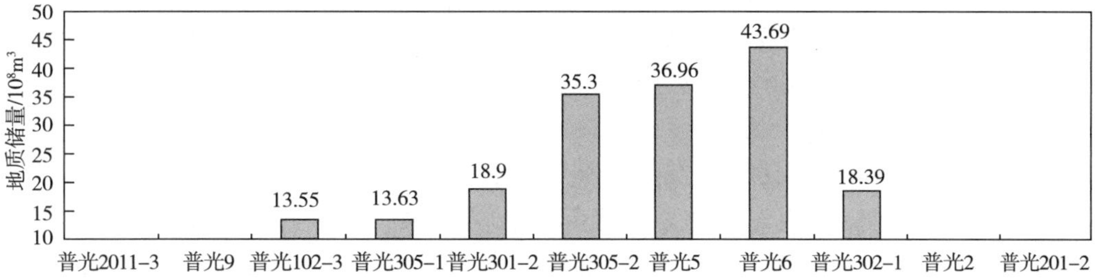

图9－58　普光主体长兴组分礁体地质储量直方图

长兴组气藏储量计算单元中，礁体储量$172.47\times10^8m^3$，普光3011－1、普光303－3、普光305－2礁体储量较大，均在$35\times10^8m^3$以上；Ⅱ期礁体储量规模相对较大，占长兴组储量礁体储量57%。礁间滩储量相对较少，仅$22.19\times10^8m^3$，在普光302－1区域较发育。

b. 结合产剖测试资料，评价长兴组未动用储量$134.12\times10^8m^3$。

长兴组投产气井15口，15井次的产剖测试结果显示，仅有7口井产出。分礁群看，仅普光305－2、普光2011－3、普光303－3礁群以及普光302－1礁间滩动用较好。

长兴组与飞一二段渗透率极差大是影响长兴组动用的主要因素。从沉积微相看，在礁盖、礁核微相均有产出。从物性看，产出井长兴组与飞一二段的渗透率极差平均在1.2倍；不产出气井长兴组物性差，与飞一二段相比，渗透率极差在5倍以上。

综合评价长兴组未动用储量合计$134.12\times10^8m^3$，主要集中在普光3011－1、普光301－2、普光303－3、普光305－1、普光102－3礁体以及普光302－1滩体，储量

均在 $12\times10^8m^3$ 以上，占总未动用储量的92%。

基于长兴组地质认识，部署了调整井普光306－1T井和P305－3T井，分别于2020年5月和2021年4月投产，初期产气 $40\times10^4m^3/d$，建产能 $1.32\times10^8m^3$，截至目前累计产气 $3.15\times10^8m^3$。

③飞一二段滚动扩边。

普光气田主体飞一二段南部储层相变带构造简单、海拔位置高，气水关系单一，未动用储量相对富集。随着气田的开发，压力恢复、产剖测试、试井资料等气井动态生产资料日益丰富，针对地震资料也进行了优化处理，也为深化南部储层相变带研究目标区优选及地质深化研究提供了依据。进一步通过对普光主体南部目标区开展构造精细解释、沉积微相深化研究、储层及物性反演预测、地质储量评价等，认为该区储层发育、储量动用程度差，具有一定建产能力。

评价飞一二段储量动用边界外未动用地质储量为 $79\times10^8m^3$。其中，探明未动用储量 $58\times10^8m^3$，探明储量边界外地质储量 $21\times10^8m^3$。

为了有效动用普光主体南部目标区内未动用储量，综合构造、储层展布、气水关系等研究成果，优化井型和井轨迹，部署了普光3021－4H井。2019年10月投产，初期产气 $45\times10^4m^3/d$，油压13.4MPa，目前产气 $18\times10^4m^3/d$，油压8.4MPa，累计产气 $4.71\times10^8m^3$。

(2)普光主体整体调整挖潜。

2022年以来，在开展分类储层分类评价的基础上，明确气藏纯气区和水侵区的潜力分布，通过部署调整井、侧钻井提高气藏储量动用程度，同时实施控水治硫、增压开采部署等对策，不断提高气田采收率，保持气藏开发中后期持续稳产。

①分类储层精细刻画。

针对普光气田碳酸盐岩礁滩相储层分类，目前一直沿用的是来自于中石化勘探分公司(原南方勘探公司)建立的川东北碳酸盐岩储层分类标准，即按照孔隙度2%、5%、10%三个数值区分为非储层和Ⅲ类、Ⅱ类、Ⅰ类层。本次方案综合利用丰富的分析化验与生产动态资料，在原川东北地区碳酸储层分类标准基础上，考虑储层孔隙空间类型的同时，重点将低孔低渗Ⅲ类储层进一步细化，且把高孔低渗的粒内溶孔为主储层识别出来，达到区分出低孔低渗储层和粒内溶孔储层中的难动用类型的目的。

综合利用孔隙度、渗透率、排驱压力、中值压力、中值喉道半径、储层品质等参数建立的普光气田礁滩相储层精细分类标准，新划分的六种类型储层中Ⅲb类储层和粒内Ⅱ型储层为现阶段难动用储层，Ⅲa类储层和粒内Ⅰ型储层为现阶段动用程度较低的储层，Ⅲa、Ⅲb、粒内Ⅰ型和粒内Ⅱ型是下步调整中的重点挖潜方向。

利用新处理普光工区连片地震资料，基于孔隙度—纵波阻抗的负相关性，结合复杂孔隙结构分类储层岩石物理分析，实现孔隙度、孔构参数预测；结合不同孔隙类型储层孔—渗关系式，实现考虑孔隙结构类型的渗透率地震精细预测，孔隙度预测符合率在86%以上，渗透率误差在一个数量级以内。结合地质建模，实现不同类型储层分布特征的定量评价。

a. 飞三段储层展布特征。

根据预测结果，普光主体飞三段以粒间孔Ⅲ类储层为主，Ⅰ类、Ⅱ类储层欠发育。其中，Ⅲa类层分布不连续、范围较小，剖面上看该类储层以“蛋黄状”包在Ⅲb类层内部；Ⅲb类层发育相对较连续，整体连通。平面上，Ⅲ类储层主要发育在普光2、普光6、普光12、普光10以及106－2H井区，厚度一般在20～35m；Ⅲa类层在平面上同样表现为分布不连续，且储层厚度变化较大，在普光10、普光12、普光6井区北部发育较厚；Ⅲb类层连片展布，厚储层展布区域与Ⅲ类储层基本一致。

b. 飞一二段储层展布特征。

粒间孔储层展布特征：鲕粒滩连片发育，Ⅰ类、Ⅱ类储层整体发育程度高，厚度普遍集中在58～224m，占比大(一般>50%)；Ⅲ类储层发育在主普光6井—普光301－3井、普光2井—普光103－1及北部，厚度最大100m。

纵向上：从层序上看，TSQ1－Ⅰ、TSQ1－Ⅱ层序Ⅲ类储层整体上偏薄(厚度<15m)、连续性较差，TSQ1－Ⅲ～TSQ1～Ⅵ层序部分井区Ⅲ类储层分布连续、厚度稳定(厚度>20m)。平面上：Ⅲa、Ⅲb类储层分布平面厚值区分布范围大体一致，集中发育在P302—P301井区和P201井区，各层序分布特征差异较大。

粒内孔储层展布特征：从预测看，普光主体飞一二段粒内孔具有整体分布零散、局部集中发育的特点，粒内孔储层相对集中发育于普光302—普光201—普光102井条带，纵向上，Ⅱ层序最为集中，厚度较大；其次为Ⅴ层序，厚度相对较薄，但发育较集中；其他层序粒内孔储层厚度均较薄，且分布分散。

c. 长兴组储层展布特征。

定量、精准刻画7个生物礁(群)、2个礁间滩储层面积、厚度、物性等特征。整体上，长兴组生物礁和礁后滩储层以三类层为主，其中礁间滩三类层所占比重>70%，生物礁储层集中在礁核和礁盖部位，礁盖的物性优于礁核。礁间滩储层厚度不超过50m，孔隙度<5%；台缘礁群储层厚度较大，平均厚度为116m，孔隙度为5.18%；台内礁群储层平均厚度为84m，孔隙度为4.52%。

②纯气区动用储量评价。

对普光气田28口产剖井产层段与上述测井分类方法划分的常规测井解释成果对比分析表明：产层主要分布在相对连续的Ⅰ类、Ⅱ类储层中，Ⅲa类气层和粒内Ⅰ类气层局部有产出且产出比例相对较少，Ⅲb类气层和粒内Ⅱ类气层没有单独产出的层段。通过考虑启动压力梯度及分类储层相渗的差异化精细数值模拟研究，明确评价Ⅰ类、Ⅱ类储层动用较为充分，而低渗的Ⅲa类储层动用差，Ⅲb类储层及粒内孔Ⅱ类储层未动用。

精细数模结合分类储层展布刻画，评价纯气区未动用储量$195\times10^8m^3$，动用不充分储量$344.3\times10^8m^3$。Ⅲ类储层的储量集中在7个区域，TSQ1－Ⅲ～Ⅵ层序均有分布。

粒内孔储层仅在TSQ1Ⅱ层序普光302～201井区集中发育，地质储量$38.35\times10^8m^3$，产剖测试表明普光302－1井周围550m已动用。

③水侵区剩余气分布。

精细数模跟踪显示，各层序气水前缘推进距离存在差异，以气水前缘最大推进距离投影确定水侵区面积$23km^2$，原始天然气地质储量为$410.3\times10^8m^3$，其中Ⅰ＋Ⅱ类储量$291\times10^8m^3$，Ⅲ类层＋粒内孔地质储量$119.3\times10^8m^3$。目前已采出$135\times10^8m^3$，剩余$275.3\times10^8m^3$。

为了更精细评价水侵区剩余气储量，为精细挖潜奠定基础，将水侵区划分为气水过渡带、水淹区两个部分。评价气水过渡带剩余气储量 $139.28\times10^{8}m^{3}$，水淹区剩余气储量 $136\times10^{8}m^{3}$，其中Ⅰ+Ⅱ类层储量 $58.7\times10^{8}m^{3}$，Ⅲ类层储量 $77.6\times10^{8}m^{3}$。

④增压开采潜力评价。

数模、物模结合，综合考虑废弃产量、产水气井井筒管流，储层应力敏感、水侵、硫沉积等因素，建立增压开采废弃压力评价方法，明确不同增压幅度气藏废弃压力。考虑应力敏感、水侵、硫沉积，不增压按井口油压 9.0MPa，评价废弃压力 15.50MPa；增压按井口油压 4MPa，评价废弃压力 11.46MPa，可降低 4.04MPa；增压按井口油压 1MPa，评价废弃压力 8.28MPa，可降低 7.22MPa。

井口油压降至 1～7MPa，计算气藏采收率 58.96%～71.25%，提高 1.96%～14.25%，增加可采储量 $(35.45\sim258.01)\times10^{8}m^{3}$。按第一阶段增压后井口回压降至 4MPa 采收率提高至 65.02%，增压可采储量 $145.25\times10^{8}m^{3}$。

⑤调整挖潜整体部署。

整体部署工作量 30 井次。其中新井 14 口(气区 9 口、控水 5 口)、措施 16 口(气区 8 口、控水 8 口)(图 9－59)。

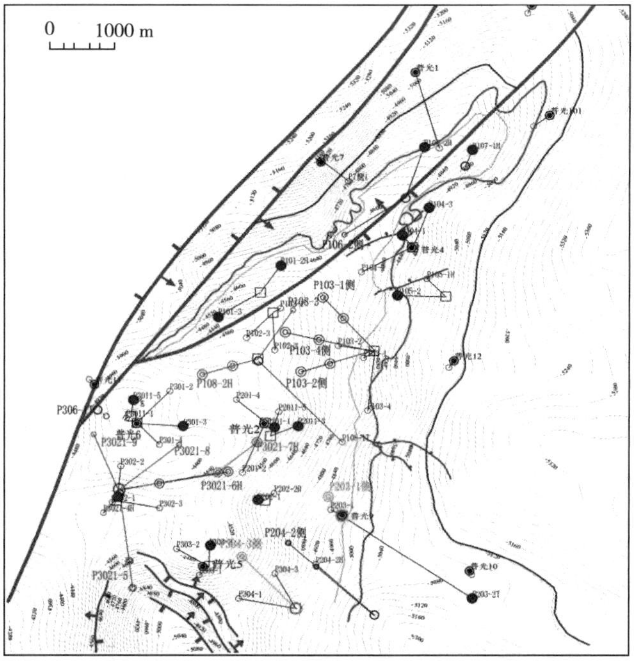

Ⅲ类储层调整井　粒内孔储层调整井　长兴组调整井
水侵区调整井　● 措施井

图 9－59　普光主体调整方案井位部署图

注：底图为飞一二段顶面构造图。

⑥增压开采方案部署。

综合考虑增压效果、工程投入、安全运行、灵活调度、抗风险能力、实施问题等因素，推荐分线增压方案，预测期增气量 $80.34\times10^{8}m^{3}$。同时，产水井在 P102 建立增压站，增压机组单独设置，不影响产能释放，且方案后期运行较灵活，故障停机对净化厂干扰较小，抗风险能力较强，主体增压 2024 年建成，投产运行。

(3)大湾区块整体调整挖潜。

大湾区块2012年整体投产，气藏整体保持高质量开发运行，2015年以来，陆续部署了14口局部调整井，气藏产量稳中有升，截至目前大湾区块已稳产12年，气藏整体开发效果较好，各项指标均达到方案设计。

目前大湾区块生产上表现为产量下降，井间动用差异大，同时邻区投产导致流场变化、压力下降趋势加快，大湾区块即将进入递减阶段。为进一步提高储量动用，延长气藏稳产期，保持海相产量硬稳定，提前谋划，与中国石化研究院联合攻关，确定了控制流场减少储量损失和调整挖潜增加储量动用的挖潜方向，编制完成了调整方案。

①精细评价储层连通状况。

普光地区位于开江—梁平陆棚东侧，发育陡坡礁 + 积滩沉积模式，整体地貌西低东高，由西向东依次发育陆棚—斜坡—台地边缘—开阔台地。普光气田发育两种礁滩体沉积模式，一种是礁滩叠置型，发育在普光主体—老君区块；另一种是礁后披覆型，发育在大湾—毛坝构造。飞仙关组有利亚相主要为台缘滩、台内滩，长兴组生物礁主要发育在台缘带。

毛坝—大湾地区长兴组发育3个生物礁(群)，3套礁后滩。生物礁主要发育在大湾102井区、毛坝1井区和毛坝3井区PSQ2－Ⅲ～Ⅴ层序，礁后滩在大湾1—大湾4井区PSQ2－Ⅴ层序连片发育。飞一二段发育9个滩体沉积中心，多个滩核独立发育，平面上滩缘之间存在叠置，横向非均质性明显。纵向上，滩体内部发育夹层，表现为不连续滩体迁移发育的特征。飞三段发育台内滩，呈土豆状分布，平面上主要集中在大湾1、大湾403井区东、毛坝9井区和毛坝6井区东，纵向上Ⅶ、Ⅷ层序均有分布。

储层展布上看：长兴组生物礁储层厚度最大的主要位于D401－1井区，厚度最大>150m；礁后滩储层厚度总体不大，一般<20m，厚度最大的位于D402－3井区，为30m左右；生物礁储层孔隙度最大的也位于D401－1井区，最大>5%；礁后滩孔隙度总体较小，一般<3%。飞一二段纵向上储层主要分布在Ⅳ～Ⅵ层序，其中Ⅴ、Ⅵ层序储层整体上相对连续稳定，厚度40～70m，大湾构造储层非均质性和物性差异变化强于毛坝构造；Ⅰ、Ⅱ、Ⅲ层序储层发育程度低，厚度<10m。平面上连片分布，厚度60～140m，高值区位于大湾1、大湾4～大湾2井区和毛坝4～6块。Ⅰ类、Ⅱ类储层连片发育，Ⅲ类储层以Ⅲa类为主，发育在D402～D404井区，Ⅲb类储层不发育。飞三段储层分布较为离散，主要发育在毛坝主体、大湾1和大湾4井区，厚度集中在10～60m，纵向主要发育在Ⅶ层序。Ⅰ类、Ⅱ类储层分布面积小，以Ⅲ类储层为主，平面上集中发育在毛坝主体、大湾1和大湾4井区，单层厚度<20m。

在沉积和储层研究基础上，开展断层封闭性评价，细化隔夹层空间展布特征。飞一二段滩体内夹层局部发育：滩缘内夹层单层厚度大(2.0～29.1m，平均厚度15.4m)，展布范围广，滩核内夹层厚度为0.6～1.9m，局部发育；大湾区块共识别夹层69个，其中，识别大湾气藏夹层46个，识别毛坝气藏夹层23个。

大湾整体储层厚度薄，连通性和动用状况均较好，局部非均质性较强。基于沉积微相、储层预测、流动单元分类结果，考虑断层遮挡，主要以隔层边界、断层边界和沉积微相边界为依据，共划分15个连通单元。

飞三段：划分为4个流动单元。其中，毛坝为独立单元；大湾气藏划分为3个单元，边界为储层边界。

飞一二段：依据断层遮挡、微相(物性)边界，共划分为7个流动单元。其中，毛坝气藏储层连片，大湾气藏4011－3井区飞一段储层局部发育，为独立单元；D403东、D404东受断层遮挡，为独立单元；大湾气藏飞二段D402～404单元及D404～405单元边界为滩体边界滩缘微相区，单元间存在非储层及三类层隔挡，为独立单元。

长兴组：划分为4个流动单元。D401礁群内部发育两个单礁体，钻遇两套不同气水界面，划分为2个单元；大湾北部大湾4、大湾406井区存在两个礁后滩储层发育区，划分为2个单元。

②精细评价储量动用状况。

大湾区块滩体地震迁移、叠置响应特征明显，储层厚度较薄、非均质性强。采用“沉积约束＋多级相控＋地质统计学”的建模方法建立大湾区块储层精细模型。迭代形成考虑硫沉积的建模数模一体化4.5版本，新建立地质模型纵向网格步长由4m精细到2m，整体网格细化1.12倍，网格总数达到3690万个，为精细动态模拟奠定了基础。

基于流动单元的建模—数模一体化研究明确了不同连通单元压力分布，大湾气藏整体呈北高南低趋势，不同单元平均地层压力26～32MPa；滩缘及滩核内部受隔夹层遮挡区域，局部压力较邻区高0.5～4MPa，动用不充分。评价未动用流动单元4个，充分动用2个，部分动用9个；飞一二段动用程度高，飞三段、长兴组动用程度相对较低。动用差储量共计$114.42\times10^8m^3$，其中4个单元动用差储量规模在$10\times10^8m^3$以上，占比62.9%。

③开发调整方案部署。

建模数模一体化研究，明确了控流场和提高动用程度的技术政策。提高动用方面，主要针对8个动用不充分的连通单元，纯气区动用不充分储量集中在3个区域，共计$65.9\times10^8m^3$；控压力场方面，矿权线附近具备控压力场潜力，部署水平井，平行于矿权线、靶窗TSQ1～5、6层序，时间越早效果越优。综合评价井型为水平井、水平段长度1200m、水平段方向为平行于矿权线时最优。

按照整体部署、分步实施的原则，针对动用差流动单元，在满足经济界限的规模储量发育区部署新井，最大限度地提高动用程度；内部压力场不均匀单元，部署调整井控制压力场分布，减少压降损失；开展增压开采提高采收率。

整体调整方案共部署调整井7口，预计建产能$8.17\times10^8m^3$，采收率提高1.43个百分点，实现大湾区块“十四五”期间$40\times10^8m^3$稳定生产。

(4)普光气田措施实施评价。

普光气田自投入开发至今，开展增产、复产措施33井次。前期深穿透射孔、机械堵水措施效果较好，暂堵酸压效果较差，措施累计增气$11.1\times10^8m^3$。

①深穿透射孔初期效果较好，随着地层压力下降效果变差。

气田投产以来，按照“飞三段、长兴组未动用层优先，兼顾飞一二段顶、底及一类未产出层”原则，针对普光主体中高部位不产出或一二类层产出较差层段开展深穿透射孔措施14井次，累计增气$3.06\times10^8m^3$。

2017—2019 年主要针对本井不产出、邻井不产出或产出差的层段射孔，产气厚度增加，增产效果好，有效期长。本井、邻井均不产出的普光 303－3 等 3 口井，初期日增气（10～15）$\times 10^4 m^3$，措施有效期＞1 年；本井不产、邻井产出差的普光 2011－5、普光 302－3等 5 口气井，增气量(5～12)$\times 10^4 m^3/d$，有效期 0.5～1 年。

2019 年以来，主要针对飞一二段顶底储层本井产出相对较差、邻井产出较好气井实施深穿透射孔措施，主要有普光 2011－3、普光 3011－1 等 6 口气井，初期日增气(1.6～4)$\times 10^8 m^3$，有效期 60d 左右，效果不理想。

②实施堵水复产措施 7 口，成功复产 4 口。

自气田投产以来，开展 7 口水淹停产井复产措施；3 口井(普光 103－1、普光 104－3、普光 105－2)堵水复产成功，单井恢复气量(10～25)$\times 10^4 m^3/d$，累计增气 $7.8\times 10^8 m^3$。1 口井(D4011－2)排水采气复产成功，日增气(6～7)$\times 10^4 m^3$，累计增气 $472\times 10^4 m^3$。

根据堵水复产井实施效果分析，认为堵水复产时水侵位置低、整体水淹程度差，堵水段以上有一二类优质储层且堵水前剩余气层有产出能力，堵水后剩余气层有一定储量规模，且较高的地层压力的气井，堵水复产的成功率高，堵水段以上发育稳定，隔夹层且裂缝不发育的产水井复产后带液生产期较长。

9.2.3　通南巴气田动态分析

通南巴气田目前处于气田开发评价阶段，主要任务论证实施须二段、须四段气藏开发方案，完成产能建设任务。通南巴气田上报探明储量 $515.23\times 10^8 m^3$，按照“优质储层＋裂缝”主控因素评价可动用地质储量 $392.6\times 10^8 m^3$，目前动用 $100.4\times 10^8 m^3$。马 1、马 2 块储层主要发育在须二上、下亚段及须四 1、3 砂组；马 3 块储层主要在须四 1、3 砂组(表 9－22)。

表 9－22　通南巴气田储量评价表

区块	主力层系/(亚段/砂组)	上报探明储量/$10^8 m^3$	评价一二类储量/$10^8 m^3$	已动用储量/$10^8 m^3$
马 1、马 2	须二下、须二上、须四 1、须四 3	341.05	191	89.4
马 3	须四 1、须四 3	174.18	201.6	11
共计		515.23	392.6	100.4

通南巴气田于 2009 年开始试采，马 1 块投产，井数 3 口井，年产气(0.2～0.7)$\times 10^8 m^3$。从 2023 年马 2 块、马 3 块陆续投产，通南巴气田进入正式开发上产阶段，投入开发井数逐年增加，气田产量呈快速上升趋势。通南巴气田目前处于开发评价阶段，动态分析的主要目的是掌握流体性质、识别储层类型和驱动类型、分析气藏连通性和气水关系、评价气井产能及影响因素、估算气藏动态储量、评价工程工艺技术适应性，从而为确定气藏的主体开发技术和上产提供依据。

1)产气量、产液量分析

综合考虑构造背景、断褶缝发育情况、储量丰度，建立气藏综合评价标准，平面上储层分为三类(表 9－23)。

表 9-23　通南巴区块须家河组气藏综合评价标准表

综合评价	构造特征		断褶缝发育		储量丰度			储层类型	代表井区
	构造样式	断裂	断褶缝体类型	裂缝密度/（条/m）	储层厚度/m	孔隙度/%	含气饱和度/%		
一类区	断背斜、双断层构造脊、断鼻	三～四断裂	断褶融合、断褶分离	>0.43	≥10	≥4	≥60	Ⅰ、Ⅱa为主	马5、马101、马1-13H井区
二类区	单断层构造脊	四级断裂	单断	0.2～0.43	≥10	≥3	≥55	Ⅱ为主	马108井区
	双断层构造脊	五级断裂	断褶融合						
三类区	构造平缓带	微断裂微幅褶皱（三a）		0.1～0.2	≥15	≥3	≥50	Ⅱ、Ⅲa为主	马301井区
		基质储层（三b）			≥10				马1井区

一类区4口正常井油压1.61～37MPa，平均17.8MPa，日产气$22.7\times10^4m^3$；1口产水井油压16.3MPa，日产气$0.3\times10^4m^3$，日产水$26m^3$。二类区5口生产井油压3.99～10.91MPa，平均7.3MPa，日产气$10.9\times10^4m^3$，日产水$10.4m^3$。三类区3口生产井油压3.7～12.8MPa，平均6.86MPa，日产气$1.9\times10^4m^3$，日产水$31.2m^3$（马1-16H产水关井，日产水$222m^3$）。探井利用9口油压1.6～15.9MPa，平均8.7MPa，日产气$8.8\times10^4m^3$，日产水$177.1m^3$（表9-24）。

表 9-24　通南巴区块分类气井生产现状表

类型	井号	开井数/口	生产情况				年产气/10^4m^3	累计产气/10^8m^3
			油压/MPa	套压/MPa	日产气/10^4m^3	日产液/m^3		
一类区	马101、马103、马303-2H、马2-7、马1-13H、	5	1.61～37	3.45～37	22.7	31.5	4622	7.2
二类区	九龙1、马201、马1-12、马2-5H、马2-1H、	5	3.99～10.91	5.14～10.38	10.9	10.4	2338	1.1
三类区	马1-16H、马1-11、马1	3	3.7～12.8	3.7～12.8	1.9	31.2	413	0.18
探井利用	马4、马3、马108、马7、马5、马301、马10、马13H、马109H	9	1.6～15.9	1.6～17.7	8.8	177.1	1242	0.49

2）压力分析

截至目前，马1、马2块共5个条带均动用，目前地层压力13.6～40.3MPa，马3块动用2个条带，目前地层压力63.5～74MPa（表9-25、图9-60）。

表9－25 已动用条带生产现状统计表

条带		动态储量/10^8m^3	平均油压/MPa	日产气/10^4m^3	年产气/10^4m^3	累计产气/10^4m^3	地层压力/MPa
马2块	①	7.4	15.56	15.3	2523.4	8173.9	38
	②	2.0	7.12	2.8	475.7	2088.7	32.5
马1块	①	10.5	3.59	6.7	1447.5	68562.8	13.6
	②	2.0	5.42	1.2	515.7	4998.3	38
	③	3.33	8.67	4.9	827.7	3369.1	40.3
马3块	②	3.64	25.5	11.0	2003.5	2839.1	74
	④	0.35	6.01	2.5	407.9	496.1	63.5

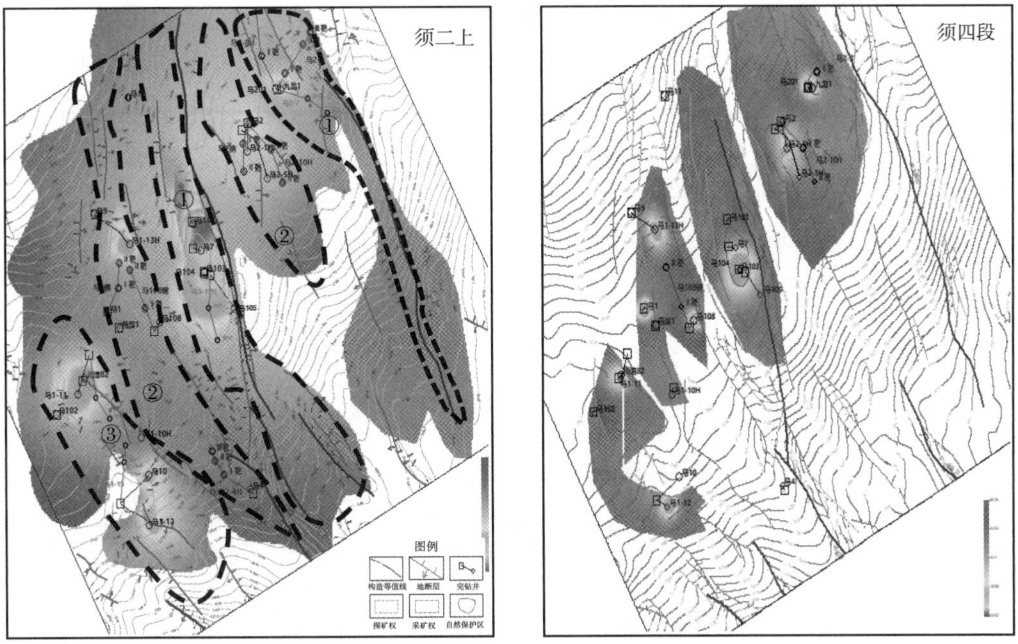

图9－60 须二上，须四段地层压力分布图

3）连通性分析

受区域构造背景控制，区块断裂系统发育。工区内发育二级断裂1组，发育三级断层12条，断距110～250m，延伸长度>5.0km；四级断层85条，断距50～200m，延伸长度2.0～6.0km；五～六级断裂151条，断距<50m，延伸长度0.5～3.0km（表9－26）。

表9－26 断层分级标准表

断层级别	条数	断距/m	延伸长度/km	断穿层位	断层特征
二级断裂	1（组）	>250	>15.0	向上断至上侏罗统，向下断至嘉四五段膏岩层	控区断层

续表

断层级别	条数	断距/m	延伸长度/km	断穿层位	断层特征
三级断裂	12	110～250	>5.0	向上断至侏罗系，向下断至雷口坡	控制断块边界
四级断裂	85	50～200	2.0～6.0	断穿须家河组	规模相对较大，沟通多套含油气系统
五、六级断裂	151	<50	0.5～3.0	须家河组内部	发育在须家河组内部

马101—马103井区位于马路背斜中部高点①号条带，呈北西南东向长轴背斜，构造高点位于马7井。发育须二下亚段、须二上亚段、须四段三套主力层，中间发育两套稳定泥岩，须三段(60～75m)、须五段(11～45m)，三套主力层纵向上不连通；平面上须二下、须二上连通性好。马101井区须二上亚段储层连片发育，储层表现为层状特征。

马105井须二上测RFT地层压力测试结果表明目前地层压力系数为0.6，马103井须二上压力系数为0.36，马101须二上压力系数为0.39，验证马101井区须二上亚段储层连片发育；马7井～马101干扰试井表明马7与马101在须二下生产层段连通(图9－61)。

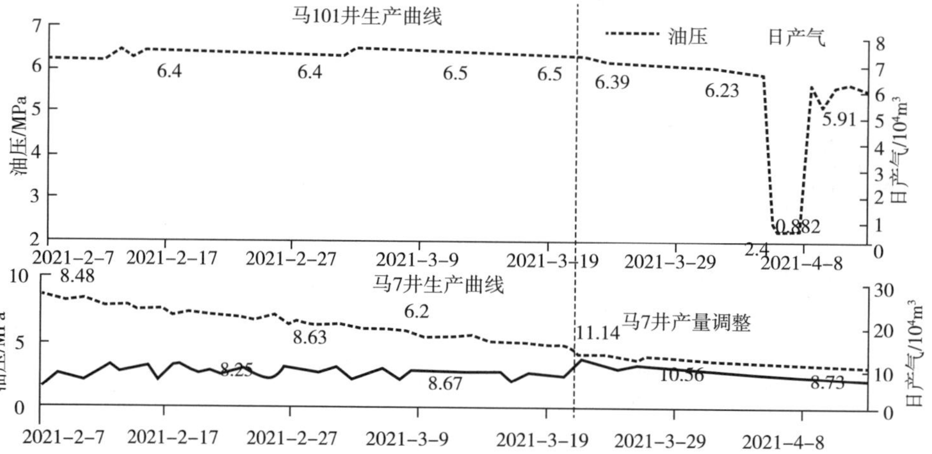

图9－61　马101井与马7井生产曲线变化图

气井生产动态证实，马1－16H与马1－10H、马1－11须二上连通，表现为地层出水特征，为同一套水体。马13H和马1－11须三段同一断裂带内，两井须三段井距180m，裂缝预测为同一褶缝体，马13H压裂期间马1－11井产量及水样矿化度变化明显，证实两井须三段连通。

马1－16H井压裂施工时，马1－10H井关井油压恢复速度上升；马1－16H井开井后，马1－10H井关井油压5.73MPa下降5.51MPa，分析认为马1－16H井与马1－10H井为同一水体。

4)渗流特征分析

通南巴气田须家河组共有11口井进行压力恢复测试，结合储层分区，不同类型储层表现出不同的渗流特征(表9－27)，其中：一类区表现为双孔+复合渗流特征，有效渗透率(0.45～3.98)×$10^{-3}\mu m^2$，是测井渗透率的3～36倍，探测半径达390～543m，反映裂缝发育程度高，与地质认识相符；二类区表现为复合特征，渗透率较低为(0.045 ~ 0.14) × 10^{-3}μm^2，是测井渗透率的1.7 ~ 4.5倍，探测半径113 ~ 365m，裂缝发育程度一般；三类区表现为径向复合特征，有效渗透率低[(0.014 ~ 0.06) × 10^{-3}μm^2]，与测井解释结果基本相当，探测半径仅44 ~ 92m，裂缝欠发育。

表9-27 通南巴气田须家河组压恢复解释结果表

类型	一类区			二类区		三类区		
断裂	三级断裂		四级断裂	四级断裂	三级断裂	构造平缓带		
井号	马103	马303-2H	马1-13H	马2-1H	马4	马1	马2	马102
层位	须二上	须四3	须四~须二上	须四1	须二上	须四1	须二上	须四3
测试方式	射孔	压裂	压裂	压裂	压裂	压裂	压裂	压裂
压恢时间/h	37	182.67	168	121	160	120	96	120
气藏模型	双孔	复合	复合	复合	压裂	复合	均质	复合
地层压力/MPa	43.2	86	45.2	51.1	65.27	34.48	44.765	39.13
有效渗透率/10^{-3}μm^2	3.98	1.07	0.452	0.045	0.14	0.06	0.059	0.014
测井解释渗透率/10^{-3}μm^2	0.11	0.12	0.15	0.01	0.08	0.03	0.02	0.04
表皮系数	3.15	-2.16	-6.37	0.071	-5.71	-4.33	-5.24	0.02
井筒储存/(m^3/MPa)	0.546	0.363		17.4	1.86	9.13	65.1	2.63
探测半径/m	543	485	390	113	365	92	82	44

5)储量评价

结合数模、典型图版拟合、流动物质平衡等多种方法，综合评价一类区平均动态储量3.75 × 10^8m^3，二类区平均动态储量1.63 × 10^8m^3，三类区平均动态储量0.6 × 10^8m^3(表9-28)。

表9-28 分区动态储量评价表

分区	井号	动态储量/10^8m^3	平均值/10^8m^3
一类区	马101	4.24	3.75
	马103	4.47	
	马303-2H	3.6	
	马2-7	2.7	
二类区	马2-1H	0.5	1.63
	马2-5H	1.2	
	马201	1.0	
	九龙1	3.8	
三类区	马301	0.3	0.6
	马10	0.3	
	马1-11	1.2	

6)生产能力评价

(1)产能评价。

利用产能测试(7 口)及通南巴一点法评价计算通南巴气田须家河组气井产能，结果显示：一类区气井初期无阻流量(25.5～79.2)$\times 10^4 m^3/d$，平均 $53\times 10^4 m^3/d$；二类区气井初期无阻流量(12～25)$\times 10^4 m^3/d$，平均 $15.27\times 10^4 m^3/d$；三类区气井初期无阻流量(3.98～12)$\times 10^4 m^3/d$，平均 $6.3\times 10^4 m^3/d$。

(2)合理配产。

结合试采、IPR 曲线、类比和数值模拟等方法，一类区按无阻流量 1/9～1/5 配产[(8～10)$\times 10^4 m^3/d$]，二类区按照 1/6～1/5 配产[(4～5)$\times 10^4 m^3/d$]。采气速度2.5%～3%条带采收率最高(表 9－29、图 9－62)。

表 9－29　气井合理产量确定

序号	方法	合理产量		综合
		一类区	二类区	
1	IPR 曲线法	无阻流量的 1/9～1/7	无阻流量的 1/6～1/5	一类区：无阻流量的 1/9～1/6 配产[(8～10)$\times 10^4 m^3/d$] 二类区：无阻流量的 1/6～1/5 [(4～5)$\times 10^4 m^3/d$]
2	试采法	无阻流量的 1/9～1/6	无阻流量的 1/6～1/5	
3	数值模拟法	(8～12)$\times 10^4 m^3/d$ 左右 无阻流量的 1/9～1/6	(4～7)$\times 10^4 m^3/d$ 无阻流量的 1/7～1/4	

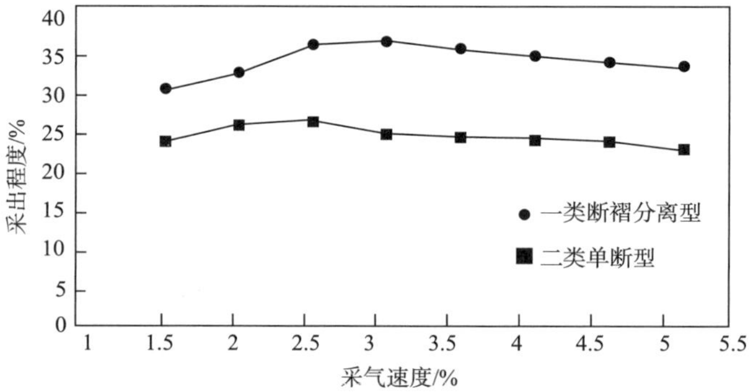

图 9－62　数值模拟方法计算的采气速度

(3)产量递减规律。

致密砂岩气藏气井产量具有阶段式特征，呈现“初期稳产、中期快速递减、后期缓慢递减”的三段式特征。

一类区马 103 井(图 9－63)，表现为调和递减，目前递减率 12%，非稳态阶段递减率 22%，拟稳态阶段递减率 12%，平均递减 16%；马 101 井，表现为调和递减，目前递减率 15%。

二类区九龙 1 井，表现为调和递减，目前递减率 18%。马 1～11 井受产出地层水影响，递减率达 84%。

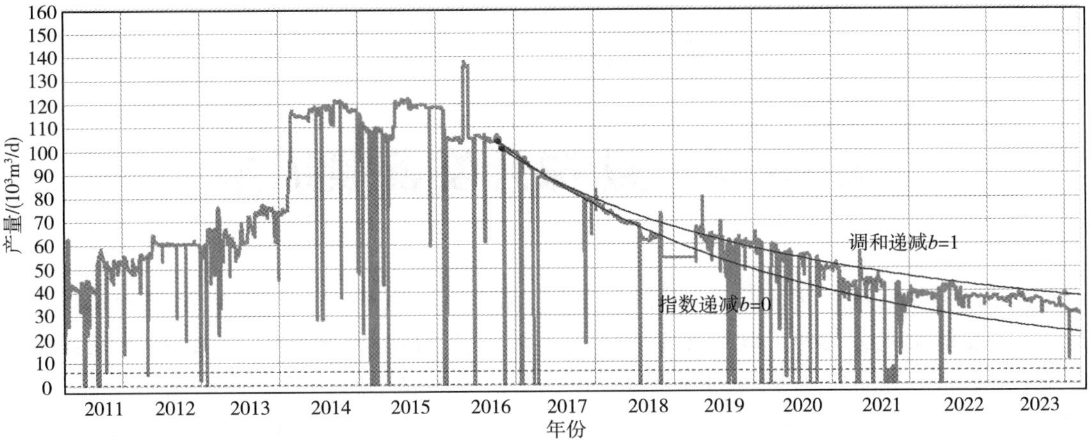

图9－63　马103井递减分析

第10章　勘探开发前景展望

我国四川盆地天然气资源最为富集，居全国之首。据最近一次国家油气资源动态评估，四川盆地常规天然气(含致密砂岩气)地质资源量达$20.7\times10^{12}m^3$，约占全国总量22.4%；页岩气地质资源量达$71.8\times10^{12}m^3$，约占全国总量51.7%。四川盆地天然气资源主要赋存于海相地层。海相地层发育五套成藏组合，分别是下寒武统—震旦系成藏组合、寒武系—奥陶系成藏组合、志留系—石炭系成藏组合、中下二叠统成藏组合、上二叠统—中下三叠统成藏组合。川东北地区天然气资源非常丰富，“宣汉—达县”区块更是四川盆地天然气资源最富集、最具勘探开发潜力的地区之一，具备长周期勘探开发天然气的资源基础。

为推动中原油田在川东北区块建成百年大气田，一方面，持续深化气藏地质研究，创新应用先进的钻完井工程技术，高水平推动老区开发调整挖潜工作，不断提高已探明天然气地质储量动用率和采收率。另一方面，基于多套成藏组合地质特点，高效推动勘探向纵深发展，形成立体勘探格局，力争早日实现多套新层系的勘探突破，不断夯实天然气储量基础，推动形成高水平立体开发格局。

10.1　气田规划部署

天然气开发规划部署要明确目标任务、重点工作和具体实施步骤，并确保计划部署的可行性和可操作性，是天然气开发和上中下游协调发展的指导性文件；要求按照国家天然气发展总体要求和中国石化天然气发展战略，统筹资源、市场需求、开发生产等多因素制定开发规划部署，强调以储量为基础、市场为导向、上中下游协调发展，科学合理论证指标关系。

10.1.1　开发规划与计划管理内容及技术要求

天然气开发规划与计划包括五年发展规划、三年滚动发展计划、年度开发计划。同时，每年开展生产能力及可采储量标定等工作，确保气田按计划运行及实现阶段规划目标。

1)五年发展规划

五年发展规划应与国家国民经济发展五年规划同步。应以储量为基础、市场为导向、上中下游协调发展，科学合理论证储量、产能、产量、集输能力和市场需求等指标关系。

原则上提前两年开展相关专题研究，深入分析各种影响因素和存在的主要问题，提出下阶段股份公司和油气田分公司发展目标、发展重点；气田开发规划编制完成后，报股份公司审批后下达执行。

开发规划应以现有探明储量和勘探规划为基础，科学预测并合理匹配储量、产能、产量、集输能力和市场需求等指标。

开发规划包括气藏工程、钻井工程、采气工程、地面工程、天然气市场与管网、投入产出分析等内容。

气藏工程规划包括开发概况、规划执行情况及主要成果、发展机遇和面临的挑战、发展潜力和趋势分析、规划方案、投入产出分析、风险分析与保障措施等。

钻井工程规划包括规划执行情况、技术现状与需求分析，与钻井工作量相应的队伍、装备与物资、专业化技术服务需求，钻井技术进步目标要求，新技术攻关和推广等。

采气工程规划包括规划执行情况、技术现状及适应性分析、采气设备需求、成熟技术规模化应用、新工艺新技术攻关及现场试验、主要技术经济指标等。

地面工程规划包括规划执行情况、地面工程现状及适应性分析、面临的形势与发展方向、总体布局和分年度工程量、新技术攻关与推广、主要技术经济指标等。

天然气市场与管网规划包括市场与管网现状、目标市场发展潜力、消费结构、竞争态势、主要用户需求、价格承受力、管道建设规模和宏观走向、主要技术经济指标等。

投入产出分析包括投资估算、成本费用、销售收入、资产损益、现金流与相关效益评价指标，不确定性分析和方案效益比选。

开发规划总报告包括发展现状、规划执行情况、主要成果、发展环境与发展潜力、规划思路和发展目标、发展重点及措施、投入产出分析、保障措施与政策建议等内容。

2)三年滚动发展计划

三年滚动发展计划以五年发展规划为指导，结合勘探开发形势变化，跟踪重点项目的实施进展，总结成果，分析问题，优化调整，确保发展重点的持续推进和五年规划发展目标的完成。油气田分公司每年基于上年计划执行情况编制三年滚动发展计划，并上报股份公司。股份公司在各油气分公司三年滚动发展计划建议的基础上，研究形成股份公司三年滚动发展计划，下达分公司执行。

3)年度开发计划

年度开发计划应以五年发展规划和三年滚动发展计划为指导，按照股份公司分年度生产经营目标进行编制。

油气田分公司每年第三季度编制完成下年度开发计划，并上报股份公司。股份公司在各分公司下年度开发计划建议的基础上，研究形成股份公司下年度开发计划，下达分公司执行。

年度开发计划编制主要内容包括上年度部署执行情况、开发潜力分析、开发趋势预测、部署方案和保障措施等。

年度开发计划项目包括气藏评价、新区产能建设、老区产能建设、技术改造与地面配套、开发先导试验等类型。

年度开发项目原则上按照中国石化天然气项目筛选方法统一筛选排序，股份公司按效益优先原则进行综合平衡，确定天然气年度计划实施项目。

气田实际开发生产情况与开发计划发生较大变化，需要做出重大调整时，必须按管理规定上报审批。

4)生产能力核定

天然气生产能力分为日产能力和年产能力。天然气日产能力是指核定单元内所有生产井合理工作制度下的日产气量；天然气年产能力是指以核定日产能力生产330天的产气量。

股份公司每年度组织一次天然气生产能力核定，核定过程实行主审人逐级负责制。油田勘探开发事业部负责天然气生产能力的审核，并发布天然气生产能力审核结果公报。

5)可采储量标定

天然气可采储量分为技术可采储量和经济可采储量。其中，技术可采储量为现行的技术条件和政府法规下，预期从已发现的油气藏中，最终可以采出的天然气总量，也称最终可采储量；经济可采储量是指在当前已实施的或肯定要实施的技术条件下，按当前的经济条件估算的、可经济开采的天然气总量。

股份公司每年度组织一次天然气可采储量标定，标定过程实行主审人逐级负责制。油田勘探开发事业部负责天然气可采储量的审核，并发布天然气可采储量审核结果公报。

10.1.2 天然气开发规划编制

石油天然气行业标准《天然气开发规划编制技术要求》(SY/T 6436—2012)主要适用于气田气(含凝析气)、油田伴生气、煤层气、页岩气的开发规划编制。依据该标准确定天然气开发规划编制的原则、内容、方法和技术要求等；认真贯彻国家有关法规，适应市场需求，注重国家利益和企业效益，促进天然气开采业持续发展；以资源为基础、市场为导向，根据资源接替条件、市场需求和气田开发效益，确定合理规划目标和投资工程量，保持合理的储采比；把握气田开发的宏观发展趋势和自身运行规律，依靠科技进步，指导气田科学开发；注重环境保护的同步规划和配套建设。

开发规划编制应以气田静、动态资料和相关专题研究成果为基础，确保各项开发指标制定和工作安排依据充分；应通过多方法比选预测开发指标，要注重新技术、新方法应用，确保规划方案可操作性，气田开发规划材料包括以下八方面内容。

1)天然气开发现状分析

天然气开发现状分析内容包括：气区勘探开发简况、产能、产量、负荷因子、采气速度、采出程度、剩余可采储量、储采比、自然递减和综合递减、地面配套能力等，以及重点气田(藏)开发现状。

2)上一规划期规划执行情况分析

(1)生产建设指标完成情况。

总结分析新增动用储量、天然气产量及构成、天然气商品量构成情况；开发地震、开发钻井、产能建设、地面配套设施等工作量完成情况；采气工艺措施、老气田改造项目实施情况及效果。

(2)投资效果及评价。

投资效果及评价内容包括：开发投资(钻采投资、地面建设投资及其他投资等)完成情况，天然气开发成本、投资回报率等投资效果及效益评价。

(3)重点开发项目实施情况。

分析重点气田产能建设、地面配套设施建设以及投资完成情况。

(4)开发取得的主要成果。

分析气田产能建设、开发技术进步与创新、安全环保、合作开发、经营管理等方面取得的成果。

(5)开发规划执行的主要启示。

总结分析规划执行中政策导向、理论发展、技术进步、机制创新等对资源动用和接替、天然气生产、投资效益所产生的作用，取得的主要经验以及存在的问题。

3)天然气开发面临的形势与潜力分析

(1)天然气开发面临的基本形势分析。

天然气开发面临的基本形势分析内容包括：宏观政策、储采状况、开发技术适应性、投资成本与效益变化等分析。

(2)天然气市场需求分析。

天然气市场需求分析内容包括：天然气市场现状、产销现状、用户用气结构及分布、销售价格结构及气价分析、市场发展潜力及方向，新增天然气用户的分布及用气需求预测。

(3)天然气储量资源状况分析。

天然气储量资源状况分析内容包括：

天然气总资源量及构成情况(探明储量、控制储量、预测储量、圈闭资源量)；以勘探规划为依据，分区、分层系分析探明储量可动用性，控制储量、预测储量和圈闭资源量的转化潜力。

(4)气田开发潜力分析。

已开发气田：按上产、稳产和递减气田进行开发潜力分析。

上产气田：针对处于试采或产能建设阶段的气田，在开发评价、试气、试采等资料和研究成果的基础上，分析探明储量的可动用性，预测产量变化趋势。

稳产气田：分析评价开发方案执行情况、气藏储量动用情况，研究剩余储量潜力，预测气田稳定生产能力和产量变化趋势。

递减气田：分析气田递减规律，研究剩余储量开发潜力及延缓递减的措施，预测产量变化趋势。

已探明未开发气田：已探明未开发气田潜力分析内容包括：储量评价，分析气田主要地质特征，评价储量可动用性；产能评价，利用气井测试资料进行产能评价或利用同类型气藏(气井)进行产能类比分析；开发规模，依据开发方案或储量、产能评价结果预测开发规模。

规划探明气田：采用类比等方法对储量可动用性、产能及开发规模进行分析。

4)气藏工程规划

(1)规划目标。

规划目标包括规划期天然气产量总体目标、分阶段目标。

(2)规划工作量。

气藏工程规划工作量内容包括：分气田、分年度产量及产量构成安排；分年度前期评价工作量安排，包括开发地震、评价钻井、前期研究和现场试验安排；分年度开发钻井、产能建设工作量安排；重点开发项目及工作量、产量目标与进度安排。

(3)气藏工程规划方案比选。

编制多个气藏工程规划方案，通过必选推荐最优方案。钻井工程方案、采气工程方案、地面建设工程方案以气藏工程推荐方案为依据编制。

5)钻采工程规划

(1)规划目标。

规划目标包括钻井工艺与采气工艺的应用目标和效果目标。

(2)钻井工程方案。

钻井工程方案内容包括：井身结构、钻头选型、钻井装备、钻井液体系、储层保护等钻井技术方案总体设计；钻井新工艺、新技术试验攻关安排。

(3)采气工程方案。

采气工程方案内容包括：完井设计、储层保护、储层改造、防腐工艺等采气技术方案总体设计；排水采气、修井、上试回采等主要采气工艺措施分年度工作并次、增产气量安排；采气新工艺、新技术试验攻关安排。

(4)装备配备计划。

根据规划期钻采工程部署，分年度安排老设备更新和新装备配备计划。

6)地面建设工程规划

(1)规划目标。

规划目标包括管网布局、配套集输能力建设。

(2)天然气流向设计及现有系统适应性分析。

天然气流向设计及现有系统适应性分析内容包括：天然气商品气量、自用及损耗气量、商品率；用户结构分析、新增用户分布；产销总体平衡、管输流向设计；气田内部集输、净化能力、外输管线适应性分析。

(3)地面建设工程主要工作量。

地面建设工程主要内容包括：老区气田集输管网调整、气田水处理、增压等年度工作量安排；新区气田产能配套建设年度工作量安排；重点地面建设项目安排。

7)投资估算及经济评价

(1)投资估算。

投资估算范围确定，包括投资成本分析、投资估算、投资效果分析。

投资成本分析的内容包括：分析地震、钻井及地面建设工程成本变化趋势；预测规划期地震、钻井及地面建设工程成本。

投资估算的内容包括：开发直接投资，包括开发地震投资、钻采投资、内部集海工程投资、净化厂工程投资；净化气外输工程投资；老气田调整改造投资；非安装设备购置及其他投资。

投资效果分析的内容包括：天然气开发成本；投资回报率。

(2)经济评价。

采用气田开发方案经济评价方法，具体见《气田开发方案及调整方案经济评价技术要求》(SY/T 6177—2020)。

8)规划风险分析

从资源保障、建设进度、技术适应性、经济环境等方面分析影响规划实施的风险因素。

9）保障措施

从综合研究、资金投入、政策支持、技术创新、经营管理、人力资源建设、信息化建设、安全环保等方面提出保障措施。

10.1.3　生产能力核定方法

川东北产能核定的气藏类型主要涉及气层气和凝析油两类。天然气生产能力核定内容包括：新区新建生产能力核定、老区新增生产能力核定、天然气生产能力核减、天然气生产能力核定结果以及天然气生产能力评价等。

1）气层气生产能力核定

（1）新区新建（老区新增）生产能力。

新建气层气生产能力核定范围是指当年新建产能区具有集气站、管线的试验区以及试采区；气层气产能核定时原则上以区块为核定单元；试采区可以按单井进行核定。

新增气层气生产能力核定范围是指老区调整区块、技术改造区块等；气层气产能核定时原则上以区块为核定单元，也可以按单井进行核定。

①核定方法。

a. 单井生产能力。

单井生产能力计算公式如下：

单井生产能力（$10^8 m^3$）= 单井日产气能力（$10^4 m^3$）×生产天数（d）/10000

单井日产气能力：根据试气试采以及生产动态资料进行核定，采用采气指数曲线法、单井数值模拟法、不稳定产量分析法、稳定产量法、类比法、经验法等确定单井日产能力，要求至少采用三种方法确定单井日产能力。

生产天数：考虑气井动态监测、生产维护和地面检修等因素对生产的影响，正常生产井生产天数统一取330d，间开井、调峰井用实际生产天数。

b. 区块/气藏等生产能力。

区块/气藏新建（增）气层气生产能力：

$$\text{新建（增）气层气生产能力}(10^8 m^3) = \sum_{i=1}^{n}[\text{单井日产气能力}(10^4 m^3)\times\text{生产天数}(d)]/10000$$

其中，n 为核定井数。

新区核定井数 n 指核定范围内当年新投产井井数；老区核定井数 n 指核定范围内当年投产井，包括老区调整井、侧钻井、改采井、产能恢复井。

测试未投产井按照方案和钻遇情况预估气井产能，但不计入当年核定总产能。

②核定顺序。

核定时仍按照先整体核定，再单井核定的顺序进行。

（2）老区生产能力核减。

①可以核减的情况。

核减单元原则上以气藏或区块为单元；因气井报废、水淹停产等导致的产能降低，需相应核减天然气生产能力。在正常生产情况下，产量出现规律性递减的单元，在单元天然气生产能力变化值与上年核定结果的比率 >5%，相应核减天然气生产能力，老区生产能力核减率原则上小于产量综合递减率。核减方法包括：

方法一：针对规律递减的气藏，核减气层气产能。

核减气层气生产能力(10^8m^3)=上年底核定气层气生产能力(10^8m^3)×年度综合递减率

方法二：因气井报废、水淹停产等导致产能降低的，核减气层气产能。

核减气层气生产能力(10^8m^3) = $\sum_{i=1}^{n_r}$ [单井核减日产气能力($10^4m^3/d$) × 生产天数(d)]/10000

其中，n_r 为核减井井数。

②不予核减的情况。

在方案设计稳产期内，开发单元生产能力原则上不予核减，确有重大变化的单元，需提供依据，根据实际情况核减；

因销售或者集输问题影响的生产井，产能不予核减；通过补孔、压裂、堵水、排水采气等措施有望恢复气井产能的生产井，不予核减。

2)凝析油生产能力核定

(1)新建(增)凝析油生产能力。

方法一：

新建(增)凝析油生产能力(10^7kg) = 气藏当年平均日产凝析油能力(t/d) × 生产天数(d)/10000

方法二：

当气油比稳定时，新建(新增)凝析油生产能力也可以通过以下公式计算：

新建(增)凝析油生产能力(10^7kg) = 新建凝析气产能(10^8m^3)/气油比($10^8m^3/10kt$)

气藏当年平均日产凝析油能力根据实际试井、试油试采资料进行核定。

(2)核减凝析油生产能力。

对核减生产能力的凝析气藏相应核减凝析油产能。

核减凝析油生产能力(10^7kg) = 上年底核定凝析油生产能力(10^7kg) − 本年底核定凝析油生产能力(10^7kg)

3)天然气生产能力核定结果

当年底核定天然气生产能力(10^8m^3) = 上年度核定天然气生产能力(10^8m^3) + 当年新建天然气生产能力(10^8m^3) + 当年新增天然气生产能力(10^8m^3) − 当年核减天然气生产能力(10^8m^3)

4)天然气生产能力评价指标

天然气生产能力评价指标主要有万米进尺建产能、十亿方产能投资、工作量完成率、新建(增)产能完成率、新区产能建设符合率、老区生产能力核减率等指标。

10.1.4 可采储量标定方法

天然气可采储量是指在现有工艺技术经济条件下，能从原始地质储量中采出的资源总量，可采储量与原始地质储量的百分比值为采收率，它是衡量气藏开发效果和工艺技术水平及地质储量可采性的重要综合指标。天然气可采储量计算方法的依据是石油天然气行业标准《天然气可采储量计算方法》(SY/T 6098—2022)。

1)标定内容

天然气可采储量标定的对象是指已开发动用的地质储量和已探明未动用地质储量。

天然气可采储量标定分为气层气和溶解气可采储量标定。

已开发油气田可采储量标定包括：当年新老区产能建设新增可采储量和复核变化储量。

当年新老区产能建设新增可采储量包括：当年新区产能建设新增可采储量(含探转采新增可采储量)和老区产能建设新增可采储量。

复核变化储量包括：老井标定变化的储量、储量升级转探明储量、区块流转储量(中石化系统内不同分公司之间或不同油公司之间流转的储量)。

已探明未动用可采储量标定参照已开发动用区情况进行标定。

2)标定单元

气层气可采储量标定单元要结合开发单元确定，标定单元具有独立开发数据，原则上相对固定；溶解气可采储量标定单元应与原油的可采储量标定单元一致。

3)标定原则

天然气可采储量标定时主要遵循以下原则：已开发动用储量原则上按井控储量计算；可采储量标定时，应加强气藏动态分析，采用多种方法标定，并结合开发实际对计算结果进行综合分析、取值。凝析气藏还应标定凝析油的可采储量；年度可采储量标定时，同一标定单元的标定结果与上年度数据相比，差值在±5%以上采用新的标定结果，并分析变化原因。否则，维持上年度标定结果不变；探明储量部分动用单元，其未动用储量的采收率结合同类气藏、地质情况适当参考已开发单元的采收率。探明储量全部未动用的，沿用上报探明储量的采收率及可采储量值；经济可采储量标定结果需要和SEC储量标定结果进行对比，分析差异的原因；当年新增动用储量区块，其工作量和动用储量需要与产能核定一致。

4)气藏分类

参照国家标准《天然气藏分类》(GB/T 26979—2011)，按照储层物性、储层的岩石类型和相态等因素，结合中石化开发实践，将气藏分为碳酸盐岩气藏、低渗致密砂岩气藏、凝析气藏、火山岩气藏和中高渗砂岩气藏。

5)标定方法

技术可采储量计算方法主要有类比、物质平衡、弹性二相、产量递减、改进衰竭、预测模型、统计关系曲线、水驱特征曲线、数值模拟等九大类方法。标定时至少采用三种方法计算技术可采储量。

经济可采储量标定方法主要有类比法、现金流法和经济极限法，具体计算方法参考行业标准《天然气可采储量计算方法》(SY/T 6098—2022)。经济可采储量评价的气价参照当年实际气价或者合同气价、投资和成本等经济参数，根据对应区块实际情况，参照当年发布的“中国石化油气田产能建设项目经济评价方法与参数”进行取值。

6)可采储量分类

根据《石油天然气储量估算规范》(DZ/T 0217—2020)，可采储量按照储量规模分为：大型气藏技术可采储量$(250\sim2500)\times10^8m^3$，中型气藏技术可采储量$(25\sim250)\times10^8m^3$，小型气藏技术可采储量$(2.5\sim25)\times10^8m^3$，特小型气藏技术可采储量$<2.5\times10^8m^3$。

10.1.5 SEC 储量评估方法

SEC 储量是指按照《SEC 准则石油天然气储量自评估技术要求》(Q/SH 0679—2023)估算的储量，作为公司储量资产价值管理的基础，以资本市场信息披露为目的，服务于资本市场和企业生产经营需求。

SEC 储量主要包括年初指标预测、中期评估、年底预评估和年度评估工作。每个时间节点的评估主要包括勘探开发形势分析、已开发未开发气田产量剖面研究、SEC 储量评估、评估合理性分析、减值风险分析和未开发指标预测等相关工作。

1)工作流程

详细流程如图 10－1 所示。

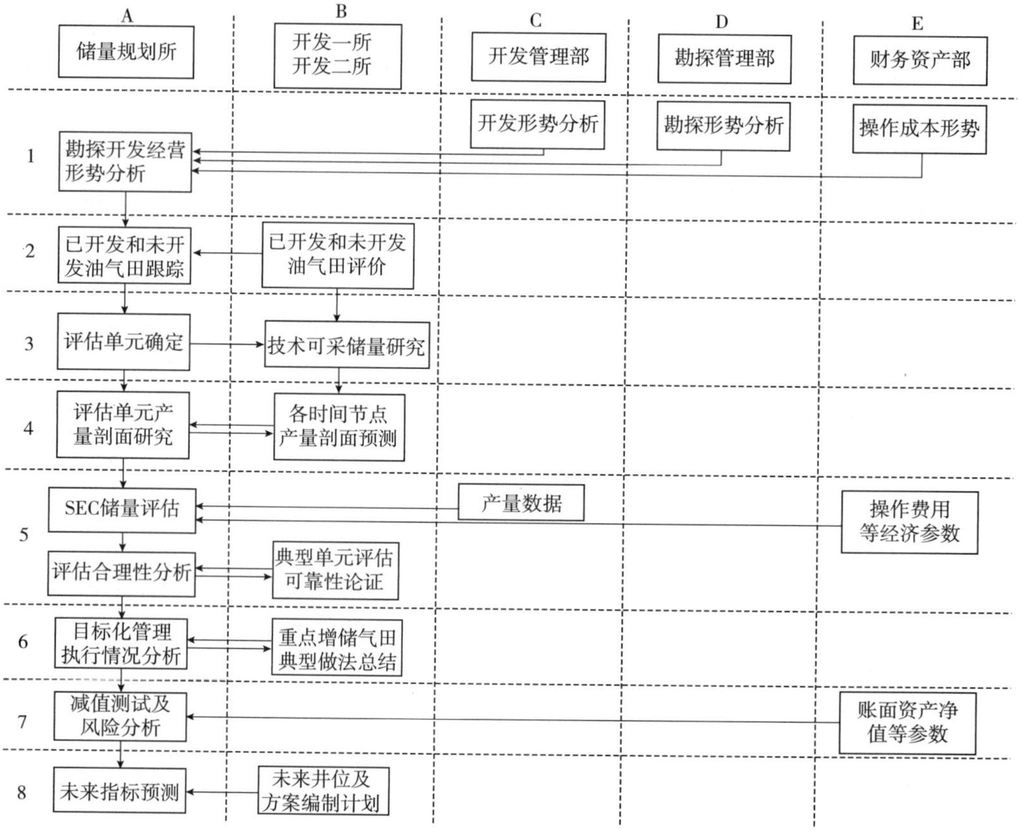

图 10－1 SEC 储量评估流程图

2)具体工作内容

(1)开发形势分析。

产量形势：根据分公司天然气、石油产量实际运行情况，开展产量形势分析，重点分析分公司产量完成与计划的差异。

新区产能建设情况：根据分公司新区产能建设实际运行情况，重点分析天然气、石油平均单井初始产量(井口)、新增产能、新增技术可采储量、平均单井 EUR(上市口径)与计划的差异。

老区产能建设情况：根据分公司老区产能建设实际运行情况，重点分析天然气、石油平均单井初始产量(井口)、新增产能、新增技术可采储量、平均单井 EUR(上市口径)与计划的差异。

提高采收率及措施情况：根据分公司提高采收率及措施实际情况，重点分析各类措施与计划的差异，以及实际增气量和增油量的情况。

(2)勘探形势分析。

根据探井及评价井钻探情况，重点分析实际成功井数、成功率与计划的差异，以及目前平均单井初始产量、平均单井 EUR 情况；并介绍新增探明储量申报情况，提供相关的多媒体材料。

(3)操作成本分析。

根据分公司总操作成本、单位操作成本实际情况，分析总操作成本、单位操作成本与计划的差异，提供相关的多媒体材料。

(4)已开发和未开发油气田评价与跟踪。

①已开发油气田评价与跟踪。

对于已开发油气田新钻井，针对开发井钻后地质油藏认识，对地质储量进行估算；对于已投入开发的井，实时跟踪生产动态变化，对于动态变化大的井，开展地质油藏综合分析，明确变化原因，并提供相关多媒体材料、文、图、表等。

上市储量评估人员分析已开发气田中新钻井储量估算情况，生产动态变化大的开发井情况，并按照 SEC 准则，评价气田地质储量情况。

②未开发油气田评价与跟踪。

对于未开发油气田，开展地质油藏方案的研究工作，以及方案的优化工作，并将方案研究成果分享给上市储量评估人员；提供相关多媒体材料、文、图、表等。

上市储量评估人员针对未开发气田地质油藏方案研究成果，按照 SEC 准则，确定储量级别、储量单元，评估证实储量。

(5)评估单元技术可采储量研究。

根据已开发和未开发油气田评价与跟踪情况，按照 SEC 准则，确定评估单元；根据评估单元油气藏特点，开展评估单元可采储量方法的研究(静态法或动态法)，进而计算各评估单元的技术可采储量，确保技术可采储量确定方法、采收率取值与油气藏类型相符，符合行业规范；提供相关多媒体材料以及相关附表。

(6)评估单元产量剖面研究。

针对各评估单元技术可采储量研究成果，提供各时间节点产量预测剖面；根据评估单元产量预测剖面，对比分析与上次评估时间节点的差异，分析变化原因及合理性；提供相关多媒体材料以及相关附表。

(7)上市储量评估及合理性分析。

根据产量预测剖面、财务资产部提供的经济参数计算各评估单元经济年限，确定评估基准日下上市的评估结果，并分析评估结果的合理性；对典型单元静态法或动态法取值原则及评估可靠性进行详细论证；提供相关多媒体材料、文、图、表等。

(8)目标化管理执行情况分析。

对于重点增储气田，总结增储典型做法；系统分析分公司整体目标化管理执行情况以及典型气田的执行情况；提供相关多媒体材料。

(9)减值测试及风险分析。

根据财务资产部提供的各成本单元账面资产净值等参数，以成本单元为单位做减值测试，并分析减值风险情况；提供相关多媒体材料以及相关附表。

(10)未来指标预测。

根据未来井位计划及新区方案编制计划，结合未来规划合理分解指标，分析分解指标的落实程度；提供相关多媒体材料以及相关附表。

(11)关键时间节点及节点文档。

上市储量主要包括年初指标预测、中期评估、年底预评估和年度评估工作，各项工作时间节点需根据汇报时间具体安排。

(12)提交成果。

财务：油气产品评估价格、操作成本、汇率、税率、弃置费、资产账面净值等经济评价参数。

评估结果：自评估软件数据(ODA 文件)、现金流报告、评估结果表审查、汇报多媒体、评估报告及总部要求的其他工作。

10.2 提高储量动用率和采收率思路与对策

截至目前，中原油田川东北工区天然气探明储量 4924.2 $\times 10^8 m^3$。方案设计动用储量 2836.2 $\times 10^8 m^3$，评价技术可采储量 1726.1 $\times 10^8 m^3$，储量动用率 57.6%，采收率 60.9%。

普光气田已投入开发 16 年。产能建设阶段，形成了少井高产效益动用技术系列，气田储量动用率提升至 62.5%，实现气田快速建成产能 115 $\times 10^8 m^3/a$。稳产阶段形成长期稳产及提高采收率技术系列，采收率达到 58.8%，实现气田稳产期较方案设计延长 3 年。现阶段气田虽然处于稳产末期阶段，通过集成攻关创新，采用滚动增储、加密调整、增压开采等手段，保持海相 63 $\times 10^8 m^3/a$ 产能继续稳产，延长稳产期，不断提高气田储量动用率和采收率。通南巴气田目前尚处于产能建设阶段，主要任务是快速规模建产。这里重点介绍普光气田提高储量动用率和采收率的思路与对策。

10.2.1 储量动用率和采收率评价方法

1)储量动用率评价方法

动用储量是针对已探明储量开展了产能建设并进行生产的那一部分(层系、区块、气田)储量，是持续按一定采出速度贡献产量的储量。动用储量与累计探明储量的比值称为储量动用率，反映气田的开发效率和经济效益。

动用储量的计算方法包括气藏工程压降法、物质平衡法、弹性二相法、不稳定生产拟合法。

气藏工程压降法是定容封闭气藏物质平衡法在特定条件下的运用，根据气藏的累计采气量与地层压力下降的关系来推算压力波及储集空间的储量。压降法要求采出程度 >10%，且至少具有 2 个关井压力恢复测试点。采出程度过低，压力产量误差对计算结果影响较大，压力数据越多，分析更准确。主要影响因素是井底积液、压力恢复程度等，井底积液可以通过环空液面测试进行校正，或取关井天数相同的点加以排除。适用于生产历史较长的一类、二类气井。压力恢复缓慢或生产时间较短以及井底积液多等因素是影响气井的主要因素，应用效果会差一些。

物质平衡法是依据渗流力学，定容封闭消耗式气藏在压降流动过程中，当所有的不渗透边界影响都达到井筒后，气体流动将达到拟稳定状态，此时气藏压力(或压差)随时间的变化率将固定不变，气藏中不同时刻的压力分布曲线彼此平行，压降(压差)与时间的关系呈线性关系。根据当气体流动达到拟稳态后，在产量相对平稳条件下，降低流压与井口套压压差值相对稳定的特征及物质平衡变形方程，求取储量。流动物质平衡的最大优点是可在不关井条件下，求取气井可动储量，该方法计算的结果可作为对压降法储量的检验。

弹性二相法是根据渗流机理，对于有界封闭低渗致密砂岩气藏，气井开井后可分为 3 个流动阶段：一是地层线性流或裂缝地层双线性流，二是平面径向流，三是稳定流动或边界流。该阶段又称为弹性二相段。根据井底压力和时间关系，绘制气藏弹性二相法压力降落曲线，并结合气藏储层岩石和流体的综合压缩系数、地层压力、产量等参数，计算弹性二相法储量。

不稳定生产拟合法是将气井的变压力/变流量生产数据等效转换为定流量生产数据，根据图版拟合生产史确定气井泄流范围属性参数，从而计算气井动态储量。该方法解决了气井工作制度频繁改变而导致评价动储量难度大的问题。目前，较常用的动态分析软件 RTA 及 Topaze 就是基于这个原理编制的。

2)采收率评价方法

采收率是指在一定技术经济条件下，从气藏中可以采出的天然气量与动用地质储量的比值，是衡量气田开发效果的重要指标。

采收率的高低与许多因素有关，不但与储层岩性、物性、非均质性、流体性质以及驱动类型等自然条件有关，而且也与开发时所采用的开发技术、采气方式、采气周期等有关。天然气采收率是一个动态指标，随着开发程度的提高，采收率逐渐提高，一般采用类比法和废弃压力法来确定。

类比法是根据气藏类型类比确定采收率。对尚未投入开发、开采时间不长或采出程度较低的气藏，可以根据气藏储集层类型、物性、边底水活跃程度等地质条件相似的同类型气藏类比确定。

废弃压力法是当气藏产量递减到经济极限产量，终止开采废弃时，采用理论公式计算的气藏采收率。

3) 储量动用率和采收率评价结果

2019 年以来，普光气田围绕气田主体及周边，按照“扩新区、稳老区”工作思路，累计新增动用储量 141.06 $\times 10^8 m^3$，储量动用率从 63.91% 提高到 66.90%；累计新增可采储量 164.28 $\times 10^8 m^3$，评价采收率从 58.80% 提高到 61.95%（表 10-1）。

表 10-1　2019 年以来普光气田评价动用率、采收率统计表

年份	新增动用储量/$10^8 m^3$	新增可采储量/$10^8 m^3$	动用率/%	采收率/%
2019	12	18.13	63.91	58.80
2020	57.48	23.02	64.46	58.66
2021		23.63	65.01	58.90
2022	13.01	46.29	66.60	59.17
2023	58.57	53.21	66.90	61.95

通南巴气田自 2019 年流转以来，立足现有资源，地面地下一体化推进新区产能建设，按照“分类评价、整体部署、分批实施”思路，开展多轮次新区评价工作，累计新增动用储量 100.4 $\times 10^8 m^3$，储量动用率从 4.70% 提高到 19.49%；由于通南巴区块处于新区产能建设阶段，以提高储量动用率为主要目标，目前累计新增可采储量 31.36 $\times 10^8 m^3$，采收率目前为 31.23%（表 10-2）。

表 10-2　2019 年以来通南巴区块动用率、采收率统计表

年份	新增动用储量/$10^8 m^3$	新增可采储量/$10^8 m^3$	动用率/%	采收率/%
2019	9	6.78	4.70	75.33
2020	0		4.70	75.33
2021	14.70	5.88	4.60	53.42
2022	15.44	6.18	7.60	48.12
2023	61.26	12.52	19.49	31.23

10.2.2　思路与对策

在气田开发过程中，通过开发动态监测和动态分析，认清气藏开发规律、存在的主要问题和矛盾，研究形成解决问题的思路和对策，并论证实施开发调整挖潜方案和措施方案，不断提高储量动用率和采收率，不断提高气田开发水平，这是一项伴随气田全生命周期的系统工程。

1) 开发面临的主要问题

目前，普光气田处于稳产末期，即将进入递减阶段。现阶段气田开发面临的主要问题有以下几方面。

(1) 地质储量及其动用状况需进一步评价落实。

普光气田目前开发动用的主要是飞一二段优质储量，动用程度差或没动用的储量主要分布在飞三段、飞一二段顶底及周边、长兴组，属于低品位储量。宣汉—达县区块东北部

"金三角"区域，飞三段和长兴组有效储层整体精细描述达不到精细开发要求，影响Ⅲ类储层有效建产关键因素认识不清；受调整井实施情况和飞三段、飞一二段、长兴组气层连通状况认识不一致等因素的影响，区内地质储量和动用状况评价结论不统一，差距较大，影响下步调整挖潜部署安排。

(2)产剖不完善，层内、层间矛盾突出，直接影响井控储量动用程度。

产气剖面测试结果显示，气井产出气层厚度占投产气层厚度平均仅有30.2%左右。气井平均产气贡献率，飞三段占6.42%，飞一二段占74.23%，长兴组占4.67%，仪器遇阻段以下贡献14.68%。产剖不完善再叠加发育隔夹层、碳酸盐岩储层的强非均质性，导致飞三段、飞一二段和长兴组气层层内、层间矛盾突出，直接影响气田储量动用程度和采收率的提高。普光气田由于特高含H_2S、中含CO_2，为了确保气井长期生产安全，论证采用带井下安全阀和永久封隔器的酸压生产一体化管柱，气井井下增产措施受限，常规完善产剖措施难以实施。

(3)治水工艺不能满足调整挖潜要求。

普光主体投产后，部署在普光主体东部气水边界附近的P104－1、P104－3、P105－1H、P105－2、P203－1、P103－1、P103－2、P103－4、P204－2H、P305－2等10口井先后停产，调整井P305－3T、P203－2T出水后间歇生产。气井水淹停产后，由于没有形成有效的复产措施，在普光主体东边气水过渡带形成纵深2～3km生产井空白带，后面部署的侧钻井没能达到预期效果，没能有效解决普光主体东部气水过渡带剩余储量的有效控制和有效开发问题。

(4)套变井治理难度大，严重影响气井生产，导致井网不完善。

普光主体投产过程中验证发生严重套变的气井主要有P304－3、P103－2、P103－4、P104－2、P203－1、P201－2、P204－2H等。其中P304－3由于套变严重无法治理，未能投产；D405－3由于未下入抗硫合金套管，安全隐患大，治理难度大，提前永久封井，P203－1、P103－4大修未成永久封井，P204－2H、P201－2套管破裂导致油管变形停产。目前，由于套变，明显影响生产的气井有P103－2、P104－2等。井网不完善叠加产气剖面不完善严重影响普光主体飞三段、飞一二段和长兴组储量的均衡整体动用，影响产能发挥，不利于提高采收率。

(5)硫沉积堵塞由地面流程向井下发展，对气井产能影响越来越严重。

在开发过程中，随着压力和温度的持续下降，天然气中的单质硫将会达到过饱和并从气相中析出。目前，普光气田地面集输流程和井筒已经出现硫沉积堵塞，在探测和治理方面形成了较成熟的经验做法。2016年D402－2H井首次出现井筒硫堵，随后井筒硫堵气井不断增加，井筒硫堵深度不断下降，井筒治理时效也在下降，治理难度不断增加。但随着下一步地层压力的下降，必将会在储层，特别是近井地带储层孔喉中形成硫沉积堵塞，降低储层渗流能力，导致气井产能降低甚至停喷。储层中硫沉积治理将是普光气田开发后期面临的又一大难题。

(6)钻采工艺技术不能满足低品位储量有效动用要求。

钻采工艺技术不适应，主要表现在钻完井储层污染严重、储层改造效果差，严重影响低品位未动用储量评价和动用对策论证实施，同时也影响深层新含气层系评价和勘探进展。现有钻采工艺主要存在以下问题：

①实钻泥浆比重远高于地层压力系数，钻进过程中泥浆漏失、滤失严重，储层污染严重，导致近井地带储层堵塞严重，且不同程度影响测井解释成果的准确性。

②实钻泥浆封堵性强，黏度大、性能稳定，又添加堵漏剂和加重剂(主要为重晶石)等，进一步加剧了储层污染。这对低孔低渗储层的伤害更是致命的。

③在完井作业期间，多数气井泥浆未完全替换，推入投产气层段，主要进入相对优质储层，严重影响储层物性和气井产能。

④投产改造工艺不能有效解除近井地带污染，不能有效提升低孔低渗气层产能，不能满足有效建产的要求。

2)对策与思路

解放思想，调整思路，不断提升老区开发水平，稳住"基本盘"是关键。需要紧盯"新井建产工程"和"老井增产工程"这两条主线，切实做好"完善井网""完善产剖""储层保护""储层改造"等关键工作，畅通天然气"渗流通道"，提高单井产能，不断提高储量动用率，不断提高采收率。

(1)评价储量动用状况，摘清地质储量家底，厘清剩余储量潜力。

围绕"宣汉—达县"区块东北角"金三角"有利沉积相带核心区域，按照"地震数据体挤压构造恢复(消除构造对地层厚度的影响)、古地貌恢复(图10－2)、沉积相沉积微相研究、相控储层预测、含气性检测，结合构造位置和实钻资料确定气水界面，精细气层描述(图10－3)，评价计算储量，基于开发情况评价储量动用状况、有利目标区，形成提高储量动用技术对策等"的研究思路，首先分类系统化精细化连片评价老君构造—普光构造—普光西块—大湾构造—毛坝构造—分水岭构造有利相带区(图10－2)，然后基于"相控储层"的认识开展储层预测，深化气藏精细描述(图10－3)，分飞三段、飞一二段、长兴组三个层段，分类测算Ⅰ类、Ⅱ类、Ⅲ类储层储量规模，摸清整体储量家底，最后应用动静态资料，评价储量动用状况，摸清可动用储量潜力层段和潜力区，并制定精准动用技术对策。为不断提高地质储量动用程度打下坚实基础。

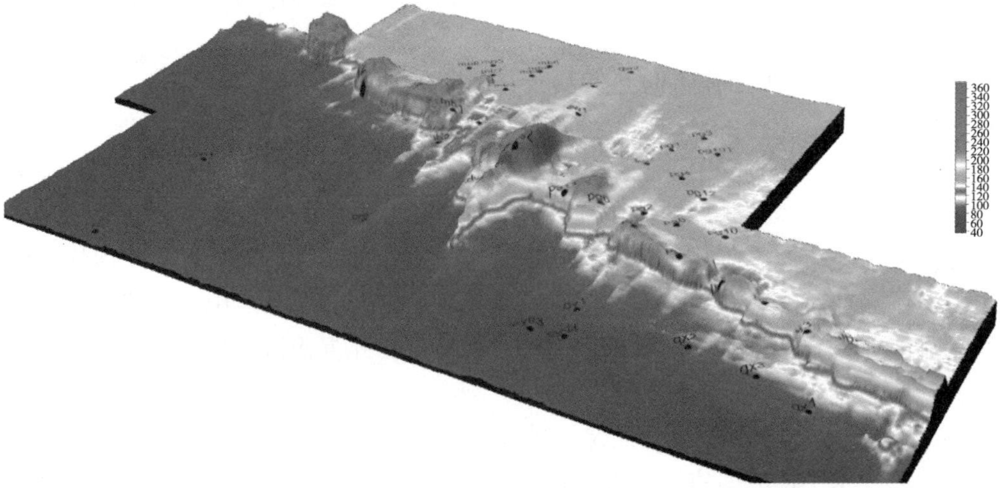

图10－2　普光主体北部长兴组沉积末期恢复古地貌图

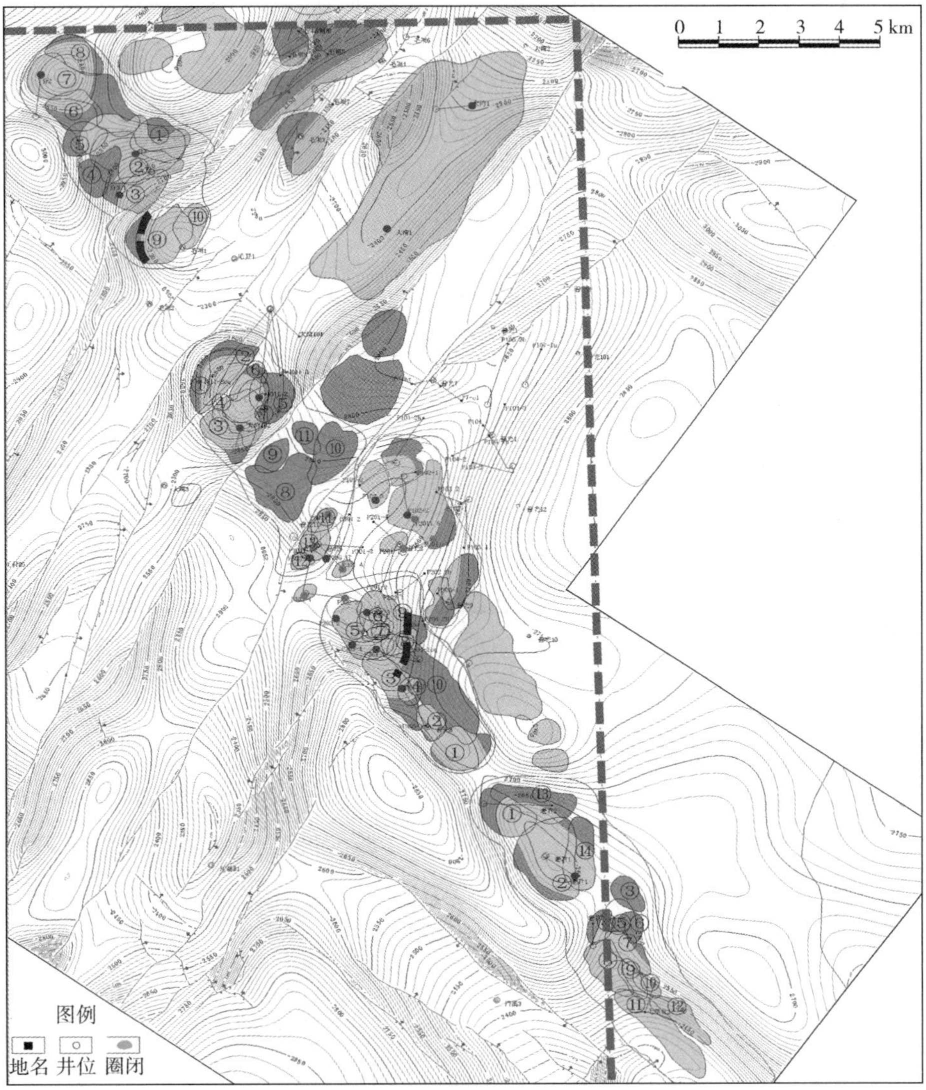

图 10 – 3 普光主体北部长兴组生物礁含气面积图

(2)论证部署实施开发调整方案，不断提高储量动用程度和采收率。

飞三段、飞一二段、长兴组三个层段储层物性差异非常大，飞三段和飞一二段之间、长兴组—飞一二段之间发育隔层，连通性差或不连通。在开发建设阶段部署一套井网笼统开发，在整个开发生产过程中暴露出很多不足和问题，特别是发育超400m巨厚、非均质性很强储层的普光主体。大湾区块开发方案设计部署开发井13口，新建产能$30\times10^8m^3/a$；通过论证实施开发调整方案，先后新部署开发调整井近17口，新增动用储量超$100\times10^8m^3$，不但延长了稳产期，且产能达到$45\times10^8m^3/a$，并实现连续稳产。普光主体应该借鉴大湾区块开发调整提高产能并延长稳产期的经验，结合国外类似气田开发经验，根据飞三段、飞一二段、长兴组储层物性特点、气水关系和隔层发育情况等分别论证部署实施开发调整方案，重点是针对飞三段、飞一二段、长兴组三个开发层部署完善开发井网，优化钻完井工艺和完井管柱方案，优选采用“储层专打+先期裸眼完井+大管径油管”工艺把储层保护落到实处，切实有效整体提高飞三段、飞一二段、长兴组储量动用程度，提高普光主体产能和延长稳产期能力，为不断提高探明储量采收率奠定基础。

分三层部署完善开发井网，要基于气藏精细描述，开展充分效果评价、深化地质气藏再认识、明确剩余气潜力分布，在剩余潜力较大区域，根据合理开发技术政策，部署完善合理开发井距下的开发调整井。开发调整井是气田开发过程中调整挖潜的重要措施，在气田增产稳产中具有重要的作用，对于改善气田开发效果、提高采气速度、提高气田最终采收率至关重要。

(3)提高老井产气剖面完善程度，不断提高井控储量动用程度。

普光主体开发井产气剖面完善程度(气井产出气层厚度占投产气层厚度)仅为27.6%，后经过论证实施完善产剖措施，产剖完善程度也只提升到了30.2%，严重影响井控储量动用程度，严重影响气井产能的释放。普光气田采用带井下安全阀和永久封隔器的酸压生产一体化管柱，常规措施难以实施。首先，要认真分析前期老井增产措施方案实施情况，充分总结经验教训，借鉴国内外类似气田增储上产有效措施经验做法，论证实施经济有效完善生产剖面措施，畅通近井地带渗流通道(图10－4)，把普光主体开发井产剖完善程度由目前的平均30.2%提升到60%以上，降低层内矛盾、层间矛盾，有效提高井控储量、特别是井控低品位储量动用程度，充分释放气井产能，为提高最终采收率创造有利条件。总结前期气井增产措施方案及实施情况，“过油管深穿透射孔技术”可以不动生产管柱开展井下措施施工，是最经济有效的完善产剖措施(图10－4)。

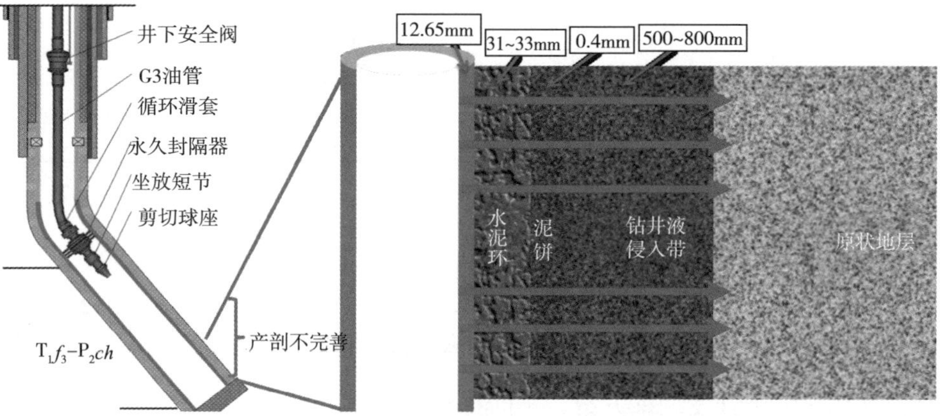

图10－4　过油管深穿透射孔技术完善产剖示意图

(4)开展先导实验研究，做好储层硫沉积堵塞治理技术措施储备。

针对储层硫沉积堵塞治理措施持续开展研究，形成治理措施初步方案并开展现场先导试验研究，储备形成适应普光气田实际需要的储层硫沉积堵塞治理技术措施。基于井下PVT取样和室内实验测试分析结果，建立了适用于普光气田的天然气中单质硫溶解度预测模型。应用模型预测硫沉积发生区域为井筒周围范围及主要集中分布区；模拟预测硫沉积堵塞对近井地带储层物性的影响、对气井产能的影响及发展趋势。基于模拟预测成果认识，开展近井地带储层硫沉积堵塞防治技术措施的研究和现场先导试验工作，做好普光高含 H_2S 气藏硫沉积堵塞防控、治理技术的准备工作。

(5)增压开采提高稳产能力、降低废弃压力，持续提高采收率。

增压开采是降低气藏废弃压力，提高采收率的重要手段。在气田开发后期，由于地层压力下降，井口压力低于管道集输最低压力，不能满足集输要求，而采取的通过地面压缩机的建立，降低气井井口流动压力，维持气井生产，不断提高采出能力和地面输送能力的采输方法。

目前普光气田管网技术压力 9MPa，按照方案设计，分两个阶段增压，第一阶段由 9MPa 下降至 4MPa；第二阶段由 4MPa 下降至 1MPa。采用物模、数模相结合，评价增压潜力、确定增压技术政策，开展现场先导试验，逐步规模应用，实施一级增压后可提高采收率 5.9 个百分点。

(6)循环注气补能，有效提高采收率。

注气补能技术主要包括向气藏注入不同的气体，如 CO_2、N_2、干气等，以增加气藏的压力，从而达到提高采收率的目的。适用于气藏开发的中后期，此时气藏的压力和能量下降，需要通过注入气体来补充能量，提高采收率。CO_2 注入可以提高采收率 7% ~25%，是提高采收率的一种重要方法。注气方式包括循环注气、吞吐注气等。脉冲注气方式结合了循环注气和吞吐注气的优势，气驱效果最优。从经济效益的角度来看，衰竭式开采虽然是最具经济效益的开采方式，但在气源充足的情况下，循环注干气的投入产出比最高，是一种首选的补充能量方式。

注气补能技术通过向气藏注入不同气体来补充能量，提高采收率。在气藏开发的中后期特别有效，通过选择合适的注气方式和气体类型，可以实现经济效益和采收率的双重提升。普光气田 CO_2 含量 9.6%，年产量达 200×10^7kg。为有效利用 CO_2 资源，正开展注气补能控水控硫提采机理实验评价、低分压 CO_2 捕集工艺等研究，开展现场先导试验，尽早实现注 CO_2“一举四得”。

(7)排水采气延长产水井生命周期，提高单井 EUR。

针对普光超深高含硫气井水侵问题，持续攻关连续气举排水采气工艺，攻关不动管柱井筒缓释泡排技术。开展高含 H_2S 气井不动管柱冲孔气举先导实验，采用气举 + 泡排复合工艺，实现连续排液，为普光海相排采提供了新途径。

10.3　川东北区块勘探开发前景展望

川东北地区天然气资源非常丰富，宣汉—达县区块和通南巴区块更是最具勘探开发潜力的地区之一，具备开发建成“百年大气田”的资源基础。海相地层发育五套成藏组合，自上而下分别是上二叠统—中下三叠统成藏组合、中下二叠统成藏组合、志留系—石炭系成藏组合、寒武系—奥陶系成藏组合、下寒武统—震旦系成藏组合。每个成藏组合都有不少气田发现并投入开发(表 10 -3)。上部陆相上三叠统—侏罗系成藏组合致密气、页岩气也是川东北区块天然气高质量发展的战略性补充。陆相致密气、页岩气勘探开发工作“十五五”有望实现快速发展。预计 2025 年致密气页岩气产量将达到 $4.0\times10^8m^3$，2030 年产量将达到 $20.0\times10^8m^3$，占油田天然气总产量的 1/5 ~1/4。

表 10－3　四川盆地海相地层成藏组合类型统计表

地层				岩性剖面	生油层	产层	成藏组合	成藏组合类型	代表气田
系	统	组	代号						
三叠系	上	须家河组	T_3x						
	中	雷口坡组	T_2l				上二叠统—中下三叠统成藏组合	下生上储	新场、磨溪、中坝、卧龙河
	下	嘉陵江组	T_1j						磨溪、麻柳场、东溪
		飞仙关组	T_1f						渡口河、罗家寨、铁山坡、普光、龙岗
二叠系	上	长兴组	P_3ch						普光、元坝、龙岗
		龙潭组/吴家坪组	P_3l						
	中	茅口组	P_2m				中下二叠统成藏组合	自生自储 下生上储	自流井、卧龙河、阳高寺
		栖霞组	P_2q						双鱼石
	下	梁山组	P_1l						
石炭系		黄龙组	C_2hl				志留系—石炭系成藏组合	下生上储	大天池、大池干、七里峡、卧龙河
泥盆系		观雾山组	D_2g						
		金宝石组	D_2j						
志留系	中	回星哨组	S_2hx						
		韩家店组	S_2h						
	下	小河坝组/石牛栏组	S_2x/S_2s						
		龙马溪组	S_2l					自生自储	长宁、涪陵
奥陶系	上	五峰组	O_3w				寒武系—奥陶系成藏组合	下生上储	
		临湘组	O_3l						
		宝塔组	O_3b						
	中	十字铺组	O_2s						
	下	湄潭组	O_1m						
		红花园组	O_1h						
		桐梓组	O_1t						
寒武系	上	洗象池组	ϵ_3x						
	中	高台组	ϵ_2g						
	下	龙王庙组	ϵ_1l						安岳
		沧浪铺组	ϵ_1c				下寒武统—震旦系成藏组合	自生自储	
		筇竹寺组	ϵ_1q						
震旦系	上	灯影组	Z_2dn					上生下储 旁生侧储	安岳、威远
	下	陡山沱组	Z_1d						
前震旦系			Anz						

图例：白云岩　灰岩　泥灰岩　页岩　泥岩　砂岩　石膏　侵入岩　鲕粒　生屑　不整合

10.3.1　勘探前景

普光气田目前主要开发层系属于最上部的上二叠统—中下三叠统成藏组合，通南巴区块陆相上三叠统—侏罗系成藏组合勘探程度较高，目前处于产能建设阶段。中下二叠统成藏组合和志留系—石炭系成藏组合是川东北区块目前主要勘探主攻目标，深层的寒武系—奥陶系成藏组合、下寒武统—震旦系成藏组合属于远景勘探目标。川东北区块属于天然气多层段高度富集区，形成立体勘探割据，推动海陆共进实现上下左右依次突破，持续扩大储量规模，能为川东北天然气长期上产稳产奠定资源基础。下面自上而下依次介绍不同成藏组合的勘探潜力。

1)陆相上三叠统—侏罗系成藏组合

该组合属于陆相层系，是通南巴气田主要开发层系，是普光气田主要试采层系。普光气田该组合以须家河组—千佛崖组砂岩、页岩为主要储层，以其中的泥岩、碳质泥岩、页岩、煤层为烃源岩及盖层，泥质页岩类处于成熟阶段，为区域性自生自储型组合。

该组合见到了众多的含气层、气层、煤层气等显示，但储集层位主要发育于砂泥互层中的薄层细砂岩、粉细砂岩、页岩，储层以裂缝、微裂隙为主要储集空间，储集性能较差。主要表现为岩性气藏。普光 2、普光 3、普光 4 井，毛坝 2 井在须家河组中途测试分别产气 162m^3/d、448m^3/d、267m^3/d、548m^3/d，普陆页 1HF 井、1－6H 井、普陆 4 井在千佛崖组测试中获得工业气流，雷西 2 井在沙溪庙组产气 1207m^3/d，以干层、干层含气、低产气层、气层为主，但该类储层具有酸压改造的空间。邻近的渡口河构造上的渡 3、渡 5 井分别在自流井组珍珠冲段及上沙溪庙组下部获得工业性气流。

通南巴气田该组合以须家河组二、四段砂岩为主要储层，以其中的泥岩、碳质泥岩、页岩、煤层为烃源岩及盖层，泥质页岩类处于成熟阶段，为区域性自生自储型组合。储层主要发育须二、四段，须二下亚段砂岩主要为石英砂岩，其次为岩屑石英砂岩。须二上亚段岩石类型以岩屑砂岩为主，其次为长石岩屑砂岩。须四段 1 砂组主要为长石岩屑砂岩。须四段 3 砂组砂岩岩石类型主要为岩屑砂岩。通南巴区块须家河组气藏有 31 口井 59 井次进行了试气作业(须二段 23 井次、须四段 36 井次)，8 口井测试产量超过 $10\times10^4m^3$/d，其余测试井为低产气层，产量均低于 $6\times10^4m^3$/d。

须家河组、自流井组、千佛崖组发育断缝体、混积岩、近源孔隙型等多种储集类型，形成 3 套致密气成藏层系，评价有利区总资源量 $5666\times10^8m^3$(表 10－4)。

表 10－4　川东北中原探区致密气资源量统计表

层系	储集类型	普光探区/10^8m^3	通南巴/10^8m^3	代表井
须家河组	断缝体	300	450	分 4、马 3
	近源孔隙	1606	556	普陆 201H、马 14H
自流井	混积岩	1370		普陆 8
千佛崖组	近源孔隙	678	706	普陆 3、马 12H
合计		3954	1712	

普光探区北部以须家河组、南部以大安寨为主要勘探层系，兼探侏罗系，计划实施探井 12 口，新增探明储量 $370\times10^8m^3$，其中，分水岭构造和铁山构造大安寨段、须家河组致密气，新增探明储量 $210\times10^8m^3$；双石庙构造和东岳场构造须家河组，兼探大安寨、千佛崖组，新增探明储量 $160\times10^8m^3$。

通南巴探区主攻池溪向斜须家河组断缝、源内孔隙型，千佛崖组孔隙型气藏，计划实施探井 12 口，新增探明 $330\times10^8m^3$。其中，母家梁须家河组断裂带断缝体、池溪向斜须家河组近源孔隙型气藏，兼探千佛崖组，新增探明储量 $190\times10^8m^3$；池溪向斜北部、洼陷区断缝体、孔隙型气藏潜力，新增探明储量 $140\times10^8m^3$。

2）海相上二叠统—中下三叠统成藏组合

该组合勘探程度最高，是普光气田主要开发层系，但在通南巴气田该组合勘探没有实现突破。普光气田区内该组合以长兴组生物礁滩相、飞仙关组暴露浅滩—浅滩相溶孔白云岩等为储层，以飞四段膏岩、泥岩为盖层，以下伏下志留统—上二叠统龙潭组为烃源岩层，该套组合在陆棚区也具有一定的生烃能力，可作为补充性烃源岩，主要为一套下生上储型组合。是本区储层物性最好、规模最大、天然气最富集的成藏组合。该组合中长兴组—飞仙关组储层发育在横向上具有明显的分区性，在普光—毛坝场台地边缘区，以发育鲕粒溶孔白云岩储层为主，储层孔渗条件优越、储集能力好，目前已发现了普光主体、大湾区块飞仙关组、长兴组气藏；邻区发现了黄龙场长兴组生物礁气藏，渡口河、罗家寨、铁山坡等飞仙关组暴露浅滩—浅滩相气藏、上二叠统长兴组生物礁相气藏和下三叠统飞仙关组鲕滩相气藏不仅空间位置紧邻，而且储层特征、圈闭特征及烃源岩演化特征都具有相似性。

川东北上二叠—下三叠系多类型台内浅滩评价资源量 $3100\times10^8m^3$，是下步重点勘探增储领域。宣汉—达县区块付家山—东岳寨及其以南陆棚区，普光上二叠系大隆组（长兴组）主要为灰黑、深灰色炭质泥岩、页岩，上部夹深灰色泥质灰岩。评价大隆组资源量 $3146\times10^8m^3$，南部四个构造带埋藏较浅，是千亿方增储的有利区；具备储层品质优、裂缝发育且保存条件好等有利因素，已部署雷页 1 井组，明 1 侧，进一步落实富集规律。平面上聚焦南部 4 个正向构造带，纵向上瞄准大隆组，攻关高陡成像解释技术和效益动用对策，勘探开发一体化部署，新增探明储量 $1000\times10^8m^3$。

3）海相“中下二叠统成藏组合”

该组合是目前重点勘探层系，以二叠统茅口组裂缝岩溶灰岩、上二叠统龙潭组炭质、灰质页岩、裂缝灰岩为储层，致密灰岩、页岩为盖层及烃源岩层，其储层段主要为茅二、三段岩溶储层、龙潭组页岩储层，储集空间受不整合面溶蚀和构造裂缝双重作用控制，是一套下生上储、自生自储型储盖组合。

该组合在雷音铺、渡口河、龙会、九龙山、沙罐坪、相国寺等构造上发现较好油气显示，个别井获高产工业气流。宣汉—达县地区以裂缝型储层为主要储集空间，目前在东岳寨、毛坝构造发现了该套储层。普光 5 井、明 1 井、杨柳 1 井等在龙潭组、茅口组均见到了气显示，测试产气量 $200\sim30000m^3$；川岳 84 井在龙潭组产少量天然气、在茅口组产少量天然气及凝析油，毛坝 2 井在龙潭组产气 $72.5m^3/d$，雷西 1 井在茅口组产少量水，储层发育较差。结合实钻资料研究明确二叠系茅口组宣汉北次洼、宣汉南次洼、东岳寨—清溪场构造带、分水岭南四个重点区带，有利面积 $210.03km^2$，评价资源量 $1121\times10^8m^3$。

4)海相志留系—石炭系成藏组合

该成藏组合是下步重点勘探层系，其以志留统龙马溪组、下二叠统梁山组、栖霞组页岩、灰岩为烃源岩，以中石炭统黄龙组潮间带粒屑白云岩、角砾白云岩为储集岩，储集空间有粒内孔、粒间孔、晶间孔、溶蚀缝和构造裂缝，以下二叠统梁山组、栖霞组页岩、致密灰岩为盖层，是一套下生上储、上生下储型储盖组合。

该组合是川东北地区的主力产气组合，已发现五百梯、大池干、大天池等一大批大中型气田，在邻区也发现了沙罐坪、雷音铺、铁山等气田。

地球物理含气性检测研究认为，普光气田探明区下志留统龙马溪组预测含气性异常区面积约35km^2，测算含气区内地质储量(300～500)×10^{8}m^3(图10－5)。矿权区内，根据钻探成果及储层预测，黄龙组储层厚度10～20m，主要分布于清溪场－东岳寨－付家山一带，普光5井、双石1井钻遇储层测试为干层，雷西1井遇储层测试微产气获干层，为一套次要组合。

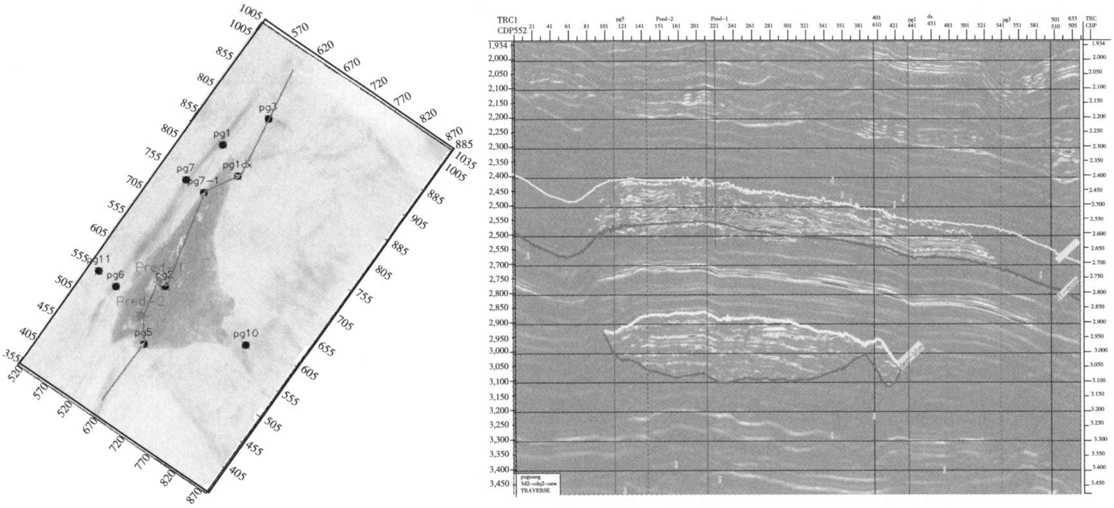

图10－5 普光主体地震数据体结构异常值预测志留系含气性成果图

5)海相寒武系—奥陶系成藏组合、下寒武统—震旦系成藏组合

深层的寒武系—奥陶系成藏组合、下寒武统—震旦系成藏组合在宣汉—达县区块和通南巴区块实钻地层资料很少，属于远景勘探目标。中国石油基于对震旦—寒武沉积期绵阳—长宁拉张槽的认识，形成“四古控藏”(古裂陷、古岩溶、古隆起、古油藏裂解)理论，发现了四川盆地最大的气田——安岳气田。油田勘探系统前期对所属川东北区块震旦—寒武层段做了初步研究评价工作，预测震旦系灯影组台缘丘滩相储层有利区面积485km^2，厚度80～130m，圈闭资源量3191×10^{8}m^3。寒武系龙王庙组台内滩储层有利区603km^2，储层厚19～38m，资源量1287×10^{8}m^3。

基于“普光下面找普光，普光上面找普光”的勘探思路，借鉴外围勘探成果经验，“由浅及深”系统部署依次推进勘探工作。“十四五”末油田按照“陆相展开致密气/页岩气，海相突破页岩气”的思路，取得陆相致密气突破，形成3个千亿立方米增储阵地；海陆相页岩气突破，落实2个千亿立方米增储领域。在此基础上，开展陆相多层系致密气、海陆相页岩气攻关，突破二叠系、三叠系台内滩多类型浅滩，准备海相深层裂缝气、龙马溪页岩气，预计陆相 3 个层系致密气探明 $700 \times 10^8 m^3$，页岩气探明 $1000 \times 10^8 m^3$。“十五五”“十六五”重点向纵深推进，依靠钻完井工程技术进步，重点勘探评价中下二叠统成藏组合和志留系—石炭系成藏组合，力争早日实现商业突破，为川东北区块长期高产稳产奠定资源基础，持续推进“百年大气田”建设。

10.3.2 开发展望

首先，要不断提升老区开发水平，稳住“基本盘”。要系统全面深化“金三角”区“沉积相、储层、裂缝、气水关系”的精细描述，分层、分类摸清剩余储量，特别是低丰度、低品位储量分布和动用状况，明确有利目标区和层段，制定精准动用技术对策，不断提升老区储量动用程度、稳产能力，为勘探突破争取更大时间、空间。

其次，要瞄准四川盆地海相上部“三大成藏系统”，力争早日实现坎通纳突破，不断夯实稳产资源基础。立足四川盆地成藏规律突破川东北区块深层勘探，创新推动“勘探开发一体化”“地质工程一体化”，强化先进钻完井工程工艺技术的引进与应用，大力推进并尽早实现“立体勘探”向“立体开发”的转变，不断滚动拓展“新开发区和新开发层系”，确保实现气田持续高产高效发展。

“十五五”期间，川东北工区近期天然气开发增储上产潜力主要有以下几方面。

1）海相酸性气藏增储上产潜力

海相酸性气位居川东北天然气产量的主要位置，立足深挖潜力，通过老区加密调整、增压开采、新区滚动建产等方式，保持在年产 $52 \times 10^8 m^3$ 以上的规模，“十五五”期间年均产量 $57 \times 10^8 m^3$。

一是通过分层系整体评价，在普光周边长兴组、飞仙关组、嘉陵江组有滚动增储的潜力，评价礁后滩、台内滩等类型储层地质储量 $181.2 \times 10^8 m^3$（表 10－5）。

表 10－5　普光酸性气藏分层系评价潜力目标统计表

层系	有利目标	储层类型	落实储量/$10^8 m^3$
飞三段	大湾、主体、老君、分水岭	台缘滩	53.69
飞一二段	普光南部相变带	台缘滩	20.50
长兴组	大湾、主体、老君、分水岭	礁后滩	77.78
嘉陵江组	清溪场	台缘滩	29.23
合计			181.20

二是围绕气藏剩余气分布研究，在调整方案的基础上，针对过渡带和水淹区 $275 \times 10^8 m^3$ 剩余气储量，采取分类治理的对策。过渡带剩余气 $139.28 \times 10^8 m^3$，考虑剩余气丰度及井网完善程度采用“套损井侧钻”挖潜；水淹区剩余气 $136.3 \times 10^8 m^3$，分布零散，开展“水上漂”先导试验井落实工艺技术可行性和产能。

三是 2024—2025 年全气田开展一次增压，其中普光主体 2024 年实施，大湾气田 2025 年实施，预计期末压力下降至 4MPa，增可采潜力 $154.4 \times 10^8 m^3$。“十五五”末二次增压，预计期末压力下降至 1MPa，评价增可采潜力 $75.5 \times 10^8 m^3$。

2)陆相致密气藏潜力

通南巴须家河组致密气评价地质储量1239.59×10^8m^3，其中，近期可动用一二类储量潜力413.21×10^8m^3；远期可动用三类潜力储量650.96×10^8m^3；通过整体开发方案实施，“十五五”期间具备8×$10^8m^3/a$的生产能力，产量规模达到6.5×10^8m^3并持续稳产。

普光须家河、千佛崖探明未动用储量138.07×10^8m^3，具备建成6×$10^8m^3/a$产能的资源基础。在先导实验评价的基础上，逐步加大产建规模，产量规模逐步提升至4×10^8m^3。

3)非常规页岩气潜力

千佛崖组发育湖相页岩，厚度稳定，具有“中等有机碳、高孔隙度、高含气量”特征，评价资源量4921×10^8m^3；先导试验井普陆页1-3井试采产量稳中有升，揭示良好的开发潜力。水平井井壁垮塌成井难是面临的最大挑战，一旦工程工艺成熟可形成2.5×$10^8m^3/a$建产能力。

二叠系海相页岩气纵向上发育三套页岩，页岩品质好、平面分布广、资源规模大。其中，大隆组页岩品质好、厚度大，是首选有利目标。分构造样式刻画有利区，评价普光南部雷音铺、铁山坡、双庙场、双石庙四条构造带大隆组天然气储量1764.32×10^8m^3。部署试验井组，落实产能，验证开发技术政策，不断技术迭代，提高产能，实现效益开发。攻克产能关和效益关后快速建产，“十五五”末生产能力可达到8×10^8m^3。

“十五五”期间，通过海相气藏控递减、深挖潜力，陆相致密气页岩气评建一体化快速建产，立足多层系、多类型立体开发，实现海相稳定、陆相上产，“十五五”期间，川东北天然气产量上至70×10^8m^3(图10-6)。

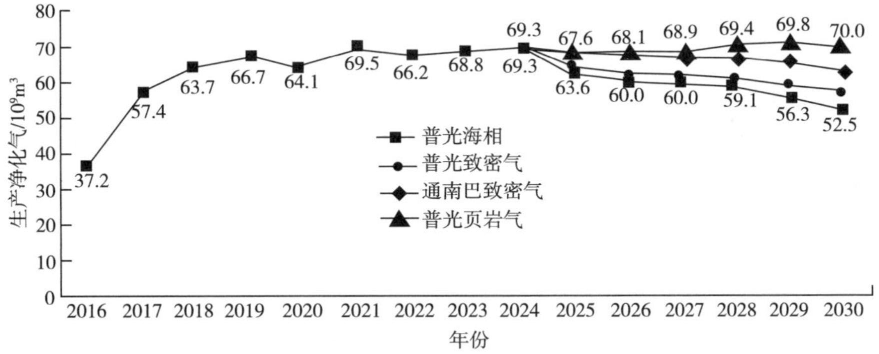

图10-6　“十五五”期间川东北天然气产量构成曲线

气田开发是一项系统性多专业复杂工程！充分认清“地质储量是基础，渗流通道是关键，地层压力是灵魂”。只要“明确整体指导思想，厘清勘探开发思路，搞好战略增储部署，抓好年度增产方案”！通过持续深化科研攻关，工程技术迭代升级，多层系多领域多类型气藏“立体勘探”“立体开发”一体化有力推进，就能够保障天然气资源有效接替，保证天然气生产能力稳定提升，确保中原油田川东北区块天然气产业的持续高质量发展，就一定能够把普光气田开发工作推向新高度！

参考文献

[1]石兴春，曾大乾，张数球，等．普光高含硫气田高效开发技术与实践[M]．北京：中国石化出版社，2014.
[2]何生厚，曹耀峰．普光高酸性气田开发[M]．北京：中国石化出版社，2010.
[3][美]布鲁斯，D. 克雷格．酸气开发设计指南[M]．钱治家，郭平，译．北京：石油工业出版社，2003.
[4]钱峥．碳酸盐岩成岩作用及储集层[M]．北京：石油工业出版社，2000.
[5]司马立强，心壮志．碳酸盐岩储层测井评价方法及应用[M]．北京：石油工业出版社，2009.
[6]肖立志．核磁共振测井原理与应用[M]．孟繁莹，译．北京：石油工业出版社，2007.
[7][美]罗伯特，沃特恩伯格．气藏工程[M]．王玉普，郭万奎，等，译．北京：石油工业出版社，2007.
[8]谢兴礼，朱玉新，冀光等．气藏产能评价方法及其应用[J]．天然气地球科学，2004(3)：276－279.
[9]刘月田，蔡晖，丁燕飞．不同类型气藏生产效果评价指标及评价标准研究[J]．天然气工业，2004，(3)：102－104＋150－151.
[10]马永生，郭旭升，郭彤楼，等．四川盆地普光大型气田的发现与勘探启示[J]．地质论评，2005(4)：477－480.
[11]苏立萍，罗平，罗忠，等．川东北飞仙关组鲕粒滩储层特征研究[J]．天然气工业，2005(6)：14－17＋166－167.
[12][美]萨格．碳酸盐岩层序地层学：近期进展及应用[M]．马永生，刘波，梅冥相，等，译．北京：海洋出版社，2002.
[13]周宗良，蔡明俊，石占中．油气田开发地质方法论与实践[M]．北京：石油工业出版社，2016.
[14]马永生，主译．碳酸盐岩微相：分析、解释及应用[M]．北京：地质出版社，2006.
[15]裘亦楠，薛叔浩，应凤祥，等．油气储层评价技术[M]．北京：石油工业出版社，2001.
[16]陆基孟，王永刚，等．地震勘探原理[M]．东营：中国石油大学出版社，2009.
[17]庞彦明，黄德利，刘云燕，等译．使用开发地震[M]．北京：石油工业出版社，2001.
[18]钱荣钧，王尚旭，詹世凡，等．石油地球物理勘探技术进展[M]．北京：石油工业出版社，2006.
[19]强子同．碳酸盐岩储层地质学[M]．北京：中国石油大学出版社，2007：98－101.
[20]郭正吾，邓康龄，韩永辉，等．四川盆地形成与演化[M]．北京：地质出版社，1996.
[21]马永生．四川盆地普光超大型气田的形成机制[J]．石油学报．2007，(2)：9－14＋12.
[22]李士伦，杜建芬，郭平，等．对高含硫气田开发的几点建议[J]．天然气工业，2007，(2)：137－140＋163－164.
[23]林昌荣，王尚旭，马在田，等．地震数据体结构特征时空关系与油气预测[J]．石油勘探与开发，2009，36(2)：208－215.
[24]刘剑平，汪新文，周章保，等．伸展地区变换构造研究进展[J]．地质科技情报，2000(3)：27－32.
[25]安福利，张焱林，郭忻．川东黄金口构造带普光构造演化及油气成藏模式[J]．海洋地质动态，2009(5)：25－29.
[26]钱峥．川东石炭系碳酸盐岩沉积环境探讨[J]．天然气工业，1999(4)：32－35＋5.
[27]王恕一，蒋小琼，管宏林，等．川东北普光气田鲕粒白云岩储层粒内溶孔的成因[J]．沉积学报，2010，28(1)：10－16.

[28]张学丰，胡文瑄，张军涛．白云岩成因相关问题及主要形成模式[J]．地质科技情报，2006(5)：32－40.
[29]王恕一，蒋小琼，管宏林，等．川东北地区普光气田飞仙关组储层孔隙演化[J]．石油实验地质，2009，31(1)：26－30.
[30]李振宏，杨永恒．白云岩成因研究现状及进展[J]．油气地质与采收率，2005(2)：5－8＋81.
[31]魏国齐，杨威，张林，等．川东北飞仙关组鲕滩储层白云石化成因模式[J]．天然气地球科学，2005(2)：162－166.
[32]陶士振，邹才能，张宝民，等．川东北飞仙关鲕滩气藏储层流体包裹体与成藏特征[J]．矿物岩石地球化学通报，2006(1)：42－48.
[33]马波，冉崎，罗礼军．川东北部地区飞仙关组鲕滩储层量化预测技术[J]．天然气勘探与开发，2004(3)：1－7.
[34]曾云贤，杨雨，刘微．川东北部飞仙关组鲕滩气藏储层裂缝发育特征[J]．天然气勘探与开发，2003(4)：14－18.
[35]张旺青，刘阳平，程超，等．储层相控随机建模研究[J]．断块油气田，2008(5)：44－46.
[36]于兴河，李胜利，赵舒，等．河流相油气储层的井震结合相控随机建模约束方法[J]．地学前缘，2005(4)：33－41.
[37]严申斌，李少华，邓恒．相控储层建模在胜南油田的应用[J]．断块油气田，2008(1)：16－17＋60.
[38]夏明军，曾大乾，邓瑞健，等．普光气田长兴组台地边缘礁、滩沉积相及储层特征[J]．天然气地球科学，2009，20(4)：549－556＋562.
[39]马永生，蔡勋育，李国雄．四川盆地普光大型气藏基本特征及成藏富集规律[J]．地质学报，2005(6)：858－865.
[40]孔凡群，王寿平，曾大乾．普光高含硫气田开发关键技术[J]．天然气工业，2011，31(3)：1－4＋105.
[41]曾大乾，游瑜春，李中超，等．普光高含硫碳酸盐岩气田开发调整关键技术[J]．天然气工业．2023，43(9)：102－111.
[42]于吉旺，庞雄奇，郑定业，等．普光地区深层碳酸盐岩气藏主控因素及有利区预测[J]．特种油气藏，2022，29(3)：28－35.
[43]陈更生，曾伟，杨雨，等．川东北部飞仙关组白云石化成因探讨[J]．天然气工业，2005(4)：40－41＋6－7.
[44]刘晓燕，赖凤鹏，史海东，等．边底水碳酸盐岩气田生产动态特征及合理配产研究[A]．第33届全国天然气学术年会(2023)论文集(02气藏开发)[C]. 2023.
[45]张纪喜．普光地区二叠—三叠系地质模型研究[D]．青岛：中国石油大学，2009.
[46]何生厚，孔凡群，王寿平，等．普光气田高效井设计技术[J]．中国工程科学，2010，12(10)：24－28.
[47]孙耀庭，谭海芳，于世建．普光气田储层特征及测井解释方法[J]．石油天然气学报，2008(1)：83－87＋390.
[48]彭鑫岭，张世民，张雪松，等，普光气田气井投产层段优化方法与效果[J]．天然气工业，2011，31(5)：61－63＋119.
[49]郭海敏．生产测井导论[M]．北京：石油工业出版社，2010.
[50]王敬农，鞠晓东．石油地球物理测井技术进展[M]．北京：石油工业出版社，2006.
[51]马永生．四川盆地普光超大型气田的形成机制[J]．石油学报，2007(2)：9－14＋21.
[52]王道成，李闽，乔国安，等．天然气启动压力梯度实验研究[J]．钻采工业，2007(5)：53－55＋166.

[53]聂锐利，卢德唐，张同义，等．气井动态产能预测方法研究[J]．测井技术，2005(6)：517－519＋571.

[54]张烈辉，李成勇，刘启国，等．高含硫气藏气井产能试井解释理论[J]．天然气工业，2008(4)：86－88＋145－146.

[55]试井手册编写组．试井手册[M]．北京：石油工业出版社，1992.

[56][美]阿曼纳特，U. 乔德瑞．国外油气勘探开发新进展丛书(五)气井试井手册[M]．北京：石油工业出版社．2008.

[57]冯曦，钟兵．天然气井试井技术规范[S]．国家能源局，SY/T 5440—2009.

[58]韩永新，万玉金，杨希翡．天然气藏分类[S]．中国国家标准化管理委员会，GB/T26979—2011.

[59]卢德唐．现代试井理论及应用[M]．北京：石油工业出版社，2009.

[60]曾大乾，彭鑫岭，付德奎，等．普光高含硫气田开发动态监测技术[J]．天然气工业，2018，38(10)：63－69.

[61]曾大乾，王寿平，孔凡群，等．大湾复杂高含硫气田水平井开发关键技术[J]．断块油气藏，2017，24(6)：793－799.

[62]路遥．普光地区上三叠统须家河组致密砂岩储层特征研究[D]．长江大学，2012.

[63]唐群英．普光地区陆相地层石油地质综合研究[D]．长江大学，2012.

[64]于吉旺．普光地区气藏类型判别与有利区预测[D]．北京：中国石油大学，2022.

[65]郭艳艳．普光地区须家河组储层特征研究[D]．长江大学，2013.

[66]齐艳平，刘晓敏．普光高含硫气田高效开发技术与实践[J]．中国科技纵横，2020.

[67]刘华强，罗邦林．高含硫气田水平井试井工艺技术[J]．天然气工业．2005.

[68]黎洪珍．川东高含硫气田安全高效开发对策探讨[C]．第七届全国天然气藏高效开发技术研讨会，2016.

[69]刘言，吴亚军，龙开雄，等．超深高含硫生物礁气田安全高效开发技术[J]．天然气工业，2016.

[70]王卫红，刘传喜，穆林，等．高含硫碳酸盐岩气藏开发技术政策优化[J]．石油与天然气地质，2011，32(2)：302－310.

[71]马新华．四川盆地天然气发展进入黄金时代[J]．天然气工业，2017，37(2)：1－10.

[72]靳秀菊，毕建霞，刘红磊，等．水平井优化设计技术在普光气田产能建设中的应用[J]．天然气工业，2011，31(5)：58－60，118.

[73]曾大乾，彭鑫岭，刘志远，等．普光气田礁滩相储层表征方法[J]．天然气工业，2011，31(3)：9－13，106.

[74]李玉丹，曾大乾，郑文波，等．海相碳酸盐岩酸性气藏储层特征描述与开发关键技术[J]．天然气工业，2022，42(S1)：41－45.

[75]刘冉，霍飞，王鑫，等．普光气田下三叠统飞仙关组碳酸盐岩储层特征及主控因素分析[J]．中国石油勘探，2017，22(6)：34－46.

[76]何莹，胡东风，张箭，等．四川盆地大湾—毛坝—铁山坡地区飞仙关组储层特征及其主控因素[J]．中国地质，2008(5)：922－939.

[77]李建忠，谷志东，鲁卫华，等．四川盆地海相碳酸盐岩大气田形成主控因素与勘探思路[J]．天然气工业，2021，41(6)：13－26.

[78]夏明军，曾大乾．普光气田长兴组台地边缘礁、滩沉积相及储层特征[J]．天然气地球科学，2009，20(4)：549－556，562.

[79]李中超，孙利，王峻，等．普光地区飞仙关组储层主控因素分析[J]．中国矿业，2013，22(2)：53－56.

[80]李文涛，涂利辉，鲁明宇，等．基于数字岩心的碳酸盐岩复杂孔隙特征研究——以普光气田飞仙关

组储层为例[J]. 断块油气田，2024.
[81]黄玉. 川东北 HCL 地区飞仙关组三段鲕滩储层地震预测研究[D]. 成都：成都理工大学硕士学位论文，2009.
[82]林昌荣，孙立春，崇仁杰. 地震数据结构特征与油气预测[J]. 中国海上油气(地质)，2000(6)：52－56.
[83]刘伟方，于兴河，黄兴文，等. 利用地震属性进行无井条件下的储层及含油气预测[J]. 西南石油学院学报，2006(4)：22－25，102.
[84]王小鲁，许正豪，李江涛，等. 水驱多层砂岩气藏射孔层位优化的实用方法[J]. 天然气工业，2004(4)：57－59，9.
[85]考森蒂诺. 国外油气勘探开发新进展丛书(二)：油藏评价一体化研究[M]李阳，王大锐，张正卿，等，译. 北京：石油工业出版社，2003.
[86]穆龙新，赵国良，田中元，等.《沉积模式与地质模型新进展丛书》之四：储层裂缝预测研究[M]. 北京：石油工业出版社，2009.
[87]罗伯特，沃特恩伯格. 国外油气勘探开发新进展丛书(四)：气藏工程[M]. 王玉普，郭万奎，庞颜明，等，译. 北京：石油工业出版社，2007.
[88]彭鑫岭，曾大乾，张世民，等. 普光气田高含硫化氢气井开发测井工艺优选与应用[J]. 天然气工业，2012，32(11)：32－35，115.
[89]王颖，施雷霆，舒政. 高含硫气藏硫溶解度的关联和预测研究[J]. 断块油气田，2007(4)：57－59，92－93.
[90]齐真真，赵永刚，李永杰，等. 利用产出剖面分析合采产出效果[J]. 天然气工业，2010，30(12)：41－43，124.
[91]刘能强. 实用现代试井解释方法[M]. 5 版. 北京：石油工业出版社，2008.
[92]乔德瑞. 国外油气勘探开发新进展丛书(五)：气井试井手册[M]. 冉新权，刘海浪，等，译. 北京：石油工业出版社，2008.
[93]郭海敏. 生产测井导论[M]. 2 版. 北京：石油工业出版社，2010.
[94]裘亦楠，薛叔浩，等. 油气储层评价技术(修订版)[M]. 北京：石油工业出版社，2001.
[95]马永生. 碳酸盐岩微相：分析、解释及应用[M]. 北京：地质出版社，2006.
[96]唐泽尧. 天然气开采工程丛书(一)：气田开发地质[M]. 北京：石油工业出版社，1997.
[97]洪有密. 测井原理与综合解释[M]. 北京：中国石油大学出版社，2008.
[98]刘成川，向丹，黄大志. 川东北 PG 构造三叠系飞仙关组台缘鲕滩储层特征[J]，天然气工业，2005(7). 17－19，14.
[99]强子同. 碳酸盐岩储层地质学[M]. 东营：石油大学出版社，1998：347－354.
[100]齐真真，赵永刚，李永杰，等. 利用产出剖面分析合采产出效果[J]，天然气工业，2010，30(12)：41－43，124.
[101]何生厚. 普光高含 H_2S、CO_2 气田开发技术难题及对策[J]. 天然气工业. 2008(4)：82－85，145.
[102]魏风玲，等. 普光高含硫气田采气管柱的优选[J]. 天然气工业，2009，29(6)：91－93，146.
[103]魏风玲，姚慧智，魏鲲鹏，等. 普光高含硫气田完井工艺技术研究与应用[J]. 断块油气田，2009，16(4)：132－133.
[104]朱光有，张水昌，李剑，等. 中国高含硫化氢天然气的形成及其分布[J]. 石油勘探与开发，2004(3)：18－21.
[105]赵海洋，邬蓝柯西，刘青山，等. 不同完井方式下水平井不稳定产能研究[J]. 西南石油大学学报(自然科学版)，2012，34 (5)：133－136.
[106]何生厚. 高含硫化氢和二氧化碳天然气田开发工程技术[M]. 北京：中国石化出版社，2008.

[107]石俊生，古小红，王木乐，等．普光高含硫气田裸眼水平井投产工艺技术[J]．天然气工业，2012，32（1）：71－74，124－125.
[108]赵立强，李年银，李文锦，等．普光气田大型酸压改造技术[J]．天然气工业，2007(7)：4－7，129.
[109]李津，孙渊，张成利．地震属性参数神经网络油气预测应用研究[J]．西安石油学院学报(自然科学版)，1999(6)：17－19.
[110]郭淑文．二维叠前模式识别方法研究[J]．石油地球物理勘探，2008(3)：313－317，370，23.
[111]郑春雷，史忠科．基于神经网络的油气预测方法[J]．西北工业大学学报，2003(5)：574－577.
[112]刘伟方，于兴河，黄兴文，等．利用地震属性进行无井条件下的储层及含油气预测[J]．西南石油学院学报，2006(4)：22－25，102.
[113]刘雯林．油气田开发地震技术[M]．北京：石油工业出版社，1996.
[114]王振国，陈小宏，王学军，等．AVO 方法检测油气应用实例分析[J]．石油地球物理勘探，2007(2)：194－197，123.
[115]顾功叙．顾功叙文集[M]．北京：地质出版社，1999.
[116]黄绪德．油气预测与油气藏描述：地震勘探直接找油气[M]．南京：江苏科学技术出版社，2003.
[117]刘文岭，李刚，夏海英．地震波形特征分析定量描述方法[J]．大庆石油地质与开发，1999(2)：46－47，56.
[118]林昌荣，王尚旭，夏强．川东北地区飞仙关组地震反射特征及地震相分析[J]．油气田地面工程，2007(4)：10－11.
[119]林昌荣，王尚旭，张骥东．储层物性参数预测技术在大牛地气田开发中的应用[J]．天然气工业，2007，27(ZB)：44－47.
[120]林昌荣，孙立春，崇仁杰．地震数据结构特征与油气预测[J]．中国海上油气(地质)，2000，6：52－56.
[121]岑芳，赖枫鹏，姜辉，等．改进定容含硫气藏储量计算方法[J]．石油与天然气地质，2007，3：320－323，366.
[122]杨学锋．高含硫气藏特殊流体相态及硫沉积对气藏储层伤害研究[D]．成都：西南石油大学，2006.
[123]杨学锋，黄先平，杜志敏，等．考虑非平衡过程元素硫沉积对高含硫气藏储层伤害研究[J]．大庆石油地质与开发，2007，26(6)：67－70.
[124]朱光有，张水昌，李剑，等．中国高含硫化氢天然气的形成及其分布[J]．石油勘探与开发，2004(3)：18－21.
[125]李云波，李相方，姚约东，等．高含硫气田开发过程中 H_2S 含量变化规律[J]．石油学报，2007(6)：99－102.
[126]曾平，赵金洲，周洪彬，等．高含硫气藏元素硫沉积对储集层的伤害[J]．石油勘探与开发，2005(6)：113－115.
[127]钟太贤，袁士义，周龙军，等．含硫天然气相态及渗流[J]．石油勘探与开发，2004(5)：109－111.
[128]王琛．硫的沉积对气井产能的影响[J]．石油勘探与开发，1999(5)：56－58，3.
[129]杜志敏，张勇，郭肖，等．高含硫气藏中的硫微粒运移和沉积[J]．西安石油大学学报(自然科学版)，2008(1)：69－72，113.
[130]付德奎．高含硫裂缝性气藏储层综合伤害数学模型研究[D]．成都：西南石油大学，2010.
[131]付德奎，郭肖，邓生辉．基于溶解度实验的硫沉积模型及应用研究[J]．西南石油大学学报，2007(1)：57－59，144.
[132]张勇，杜志敏，杨学锋，等．高含硫气藏气－固两相多组分数值模型[J]．天然气工业，2006(8)：

93－95，169.

[133]杜志敏．国外高含硫气藏开发经验与启示[J]．天然气工业，2006(12)：35－37，193－194.

[134]郭肖，杜志敏，陈小凡，等．高含硫裂缝性气藏流体渗流规律研究进展[J]．天然气工业，2006(1)：30－33，157－158.

[135]杨学锋，胡勇，黄先平，等．高速非达西流动时元素硫沉积模型研究[J]．天然气地球科学，2007(5)：764－766，773.

[136]曾平，李治平．高含硫气藏地层硫沉积预测模型[J]．试采技术，2004，25(4)：12－14.

[137]欧成华，胡晓东，万红心．含硫气藏元素硫沉积及防治对策研究[J]．钻采工艺，2005(6)：97－100，103，10.

[138]司马立强，赵冉，王培春，等．普光缝洞性储层流体性质测井判别适应性[J]．西南石油大学学报(自然科学版)，2010，32(1)：11－15，189－190.

[139]张岩，郑智君，鲁改欣，等．三维地质建模与数值模拟技术在裂缝型有水气藏开发中的应用[J]．天然气地球科学，2010，21(5)：863－867.

[140]石晓燕．Petrel 软件在精细地质建模中的应用[J]．新疆石油地质，2007(6)：773－774.

[141]邵才瑞，印兴耀，李洪奇，等．储层属性的遗传神经克里金插值方法及其应用[J]．中国石油大学学报(自然科学版)，2007(5)：35－40.

[142]刘滨，石晓燕，何伯斌，等．复杂断块油藏建模技术在丘陵油田的应用[J]．新疆石油地质，2010，31(5)：548－550.

[143]杨继盛．采气工艺基础[M]．北京：石油工业出版社，1992.

[144]杨继盛，刘建仪．采气实用计算[M]．北京：石油工业出版社，1994.

[145]邬光辉，漆家福．黄骅盆地一级构造变换带的特征与成因[J]．石油与天然气地质，1999(2)：29－32.

[146]彭英，弋戈等．中坝气田某气藏高效开发经验[J]．天然气勘探与开发．2004(4)：35－39，82.

[147]乔海波，欧成华，刘晓旭．含硫气体元素硫溶解度预测模型研究[J]．钻采工艺，2006(5)：91－93，142.

[148]黄兰，孙雷，孙良田，等．高含硫气藏硫沉积预测模型和溶解度计算方法研究[J]．重庆科技学院学报(自然科学版)，2008(2)：13－17.

[149]尹小红，刘强，徐锋．高含硫气藏元素硫溶解度计算方法研究[J]．内江科技，2013，34(4)：37－38.

[150]李洪，李治平，赖枫鹏，等．高含硫气藏元素硫溶解度预测新模型[J]．西安石油大学学报(自然科学版)，2015，30(2)：88－92，11.

[151]张勇．高含硫气藏硫微粒运移沉积数值模拟研究[D]．成都：西南石油大学，2006.

[152]张勇，杜志敏，郭肖等．硫沉积对高含硫气藏产能影响数值模拟研究[J]．天然气工业，2007(6)：94－96，157.

[153]杨满平，彭彩珍，李翠楠．高含硫气田元素硫沉积模型及应用研究[J]．西南石油学院学报，2004(6)：54－56，59－100.

[154]陈中华，熊齐胜，张岛．高含硫气田不同井型元素硫沉积模型及应用研究[J]．天然气勘探与开发，2007(1)：54－57，80－81.

[155]张苏，张烈辉，梁斌．高含硫气藏元素硫沉积模型研究[J]．西南石油大学学报，2007(S2)：39－42，170－171.

[156]卞小强，杜建芬，李明军，等．高含硫气藏元素硫沉积及其对储层伤害模型研究[J]．西安石油大学学报(自然科学版)，2008(3)：43－46，119.

[157]张舒琴，李海涛，杨时杰，等．高含硫气藏硫沉积预测模型[J]．断块油气田，2009，16(6)：

73 – 75.

[158]付德奎，郭肖，杜志敏，等．高含硫裂缝性气藏储层伤害数学模型[J]．石油学报，2010，31(3)：463 – 466.

[159]张勇，杜志敏，王强，等．硫微粒在多孔介质中运移沉积模型[J]．新疆石油地质，2009，30(5)：606 – 608.

[160]卫增杰，王树平，李治平．高含硫气藏硫沉积预测及实施除硫作业时机选择[J]．石油天然气学报，2010，32(6)：154 – 157，531.

后　　记

能源安全和粮食安全是国家的生命线，习近平总书记强调能源的饭碗和中国的饭碗都必须牢牢端在自己手里。高含硫气田是保障能源安全、助力粮食安全的重要力量，在我国拥有近4万亿立方米的资源量，安全高效开发该类资源意义重大。普光气田是我国首个成功开发并安全平稳运行至今的特大型海相高含硫气田，先后建立了我国高含硫气田开发技术体系和人才高地，引领我国高含硫气田安全高效开发，带动我国涉硫装备及材料技术进步，使我国成为世界少数几个掌握高含硫气田开发核心技术的国家之一和世界唯一具备高含硫气田开发装备全产业链的国家。

气田开发技术贯穿于天然气开采全过程，普光高含硫气田经过十多年的高产稳产开发，取得了显著的经济社会效益，形成了具有高含硫特色的开发技术。总结、学习、推广、应用、提升开发技术，有助于不断深化气田开发规律认识，提高气田开发效率和最终气田采收率。为更好地支持我国高含硫气田安全高效开发和现场岗位实践，固化、传承、推广好做法，在气田前期开发技术研究及实践的基础上，结合近些年技术发展和经验更新编写了这本《气田开发技术》，这既是编著的最终成果，也是普光气田开发建设的重要成果之一。

本书是一本集理论和实操于一体的培训教材，通过对气田开发技术的深入研究和系统梳理，并紧密结合普光气田生产现场实际编写，能够科学有效指导职工岗位实践、提升培训的实用性和针对性、促进职工素质能力提升，对保障气田安全高效开发具有重要作用。

在编写过程中，吴红旗、杭广社、杨大静、马志建全程统筹协调，确保编写工作的高质量推进。彭鑫岭结合多年积累的丰富的高含硫气田开发理论知识和实践经验，带领编写组查阅了大量的文献资料、研究报告以及气田开发实例，每一个章节、每一个段落的撰写都经过了反复的斟酌和思考，数易其稿，力求将气田开发技术最准确、最实用的知识呈现给读者，让读者更好地理解和掌握这门重要的专业技术。张庆生、曹英斌、宿亚仙、彭君、古小红等专家给予了重要的指导和宝贵的支持与帮助，他们的建议和意见使本书的内容更加丰富、科学、全面。

衷心感谢所有参与教材编写审核工作的同事和专家们，还要感谢那些在百忙之中抽出时间为本书提供案例和数据的一线工作人员，是他们的付出让本书更具有实践指导意义。特别向曾经在高含硫气田勘探开发领域做出重要贡献的工作者致以崇高的敬意，他们在气田开发初期艰苦奋斗、不懈探索，他们的经验和智慧是本书的重要理论和实践基础，他们崇高的科学家精神和石油人精神激励着我们不断前行，也让我们更加坚定将这些宝贵知识世代相传的决心。

对于广大的读者，希望本书能够成为你们学习气田开发技术的良师益友。无论是从事天然气开发的专业人员，还是对开发领域感兴趣的读者，都能从本书中获得有益的知识和启发。当然，由于我们的水平有限，书中难免会存在一些不足之处，欢迎大家批评指正，我们将不胜感激。

最后，要感谢出版社的编辑们，是他们的专业精神和辛勤工作才让本书得以顺利出版。他们对书稿的精心编辑和排版，使本书的质量得到了极大的提升。

气田开发技术的发展是一个不断演进的过程，相信随着科技的不断进步和实践经验的不断积累，这门技术将会不断完善和提高。希望本书能够为气田开发技术的发展起到一定的推动作用，也希望更多的人能够关注和参与到这一领域的研究与实践中来，为我国的天然气产业的发展做出更大的贡献。

本书编写组